Bewertung von Produktvarianten mittels Process Data Mining

Evaluation of Product Variants Using Process Data Mining

Von der Fakultät für Maschinenwesen
der Rheinisch-Westfälischen Technischen Hochschule Aachen
zur Erlangung des akademischen Grades eines
Doktors der Ingenieurwissenschaften
genehmigte Dissertation

vorgelegt von

Alexander Dominic Menges

AF629024

Berichter:

Univ.-Prof. Dr.-Ing. Dipl.-Wirt. Ing. Günther Schuh
apl. Prof. Dr.-Ing. Wolfgang Boos

Tag der mündlichen Prüfung: 02. März 2022

ERGEBNISSE AUS DER PRODUKTIONSTECHNIK

Alexander Menges

Bewertung von Produktvarianten mittels Process Data Mining

Herausgeber:
Prof. Dr.-Ing. T. Bergs
Prof. Dr.-Ing. Dipl.-Wirt. Ing. G. Schuh
Prof. Dr.-Ing. C. Brecher
Prof. Dr.-Ing. R. H. Schmitt

Band 18/2022

WZL | RWTH AACHEN UNIVERSITY

Fraunhofer IPT

Bibliografische Information der Deutschen Nationalbibliothek
Die Deutsche Nationalbibliothek verzeichnet diese Publikation in der Deutschen Nationalbibliografie; detaillierte bibliografische Daten sind im Internet über https://portal.dnb.de abrufbar.

Alexander Menges:

Bewertung von Produktvarianten mittels Process Data Mining

1. Auflage, 2022

Gedruckt auf holz- und säurefreiem Papier, 100% chlorfrei gebleicht.

Apprimus Verlag, Aachen, 2022
Wissenschaftsverlag des Instituts für Industriekommunikation und Fachmedien an der RWTH Aachen
Steinbachstr. 25, 52074 Aachen
Internet: www.apprimus-verlag.de, E-Mail: info@apprimus-verlag.de

Druck: CPI Druckdienstleistungen GmbH, Ferdinand-Jühlke-Straße 7 I 99095 Erfurt

ISBN 978-3-98555-066-1

D 82 (Diss. RWTH Aachen University, 2022)

Here's to the crazy ones.

Zusammenfassung

Eine möglichst korrekte Bewertung von Produktvarianten ist für Unternehmen entscheidend, um Entscheidungen für einen nachhaltigen wirtschaftlichen Unternehmenserfolg treffen zu können. Aufgrund steigender Gemeinkosten bieten herkömmliche Kostenrechnungsverfahren keine ausreichende Genauigkeit für eine exakte Bewertung zahlreicher Produktvarianten. Um die zunehmenden Gemeinkosten verursachungsgerecht den entsprechenden Produktvarianten zuzuordnen wurden prozessorientierte Verfahren entwickelt, die aufgrund des hohen Aufwands, der geringen Genauigkeit, Zuverlässigkeit und Aktualität in Unternehmen nur selten Anwendung finden. Die zunehmend automatische Erfassung von Prozessdaten in Informationssystem bietet Möglichkeiten, die genannten Defizite zu adressieren. Durch die Entdeckung von Wissen basierend auf diesen Prozessdaten können tatsächliche Aktivitäten, Prozesse und Ressourcenbeanspruchungen ermittelt werden. Die Nutzung dieser Daten für eine systematische Bewertung von Produktvarianten ist bisher noch nicht erfolgt.

Das Ziel dieser Dissertation besteht daher in der Reduktion des Aufwands sowie in der Steigerung der Verursachungsgerechtheit, der Zuverlässigkeit, der Genauigkeit und der Aktualität der Bewertung von Produktvarianten. Anhand einer durchgängigen Methodik sollen die in Informationssystemen erfassten Prozessdaten mittels Process Data Mining analysiert und hieraus die tatsächlichen Ressourcenbeanspruchungen sowie die damit einhergehenden Prozesskosten ermittelt werden.

Die Methodik besteht aus fünf Teilmodellen. Zunächst gilt es im ersten Schritt, Produktvarianten aus unternehmensexterner und unternehmensinterner Perspektive so zu beschreiben, dass die Anwendung von Process Data Mining ermöglicht wird. Im zweiten Schritt werden Unternehmensressourcen sowie deren jeweilige Kostensätze beschrieben. Im dritten Schritt sind die für die Prozesskostenermittlung und -zuordnung erforderlichen Prozessdaten zu beschreiben. Im vierten Schritt erfolgt die Entwicklung einer Methodik zur Ermittlung varianteninduzierten Prozesskosten mittels Process Data Mining. Die so ermittelten Kosten werden im fünften Schritt verursachungsgerecht zugeordnet und die Produktvarianten zur Unterstützung von Entscheidungen bewertet.

Summary

The most accurate possible evaluation of product variants is crucial for companies to be able to make decisions for sustainable economic success. Due to increasing overhead costs, conventional cost accounting methods do not offer sufficient accuracy for an exact evaluation of numerous product variants. In order to allocate the increasing overhead costs to the corresponding product variants, process-oriented methods have been developed. These are rarely used in companies due to the high effort, low accuracy, reliability and timeliness. The increasingly automatic collection of process data in information systems offers possibilities to address the deficits mentioned. By discovering knowledge based on this process data, actual activities, processes and resource consumptions can be determined. The use of these data for a systematic evaluation of product variants has not been done so far.

Therefore, the aim of this dissertation is to reduce the effort as well as to increase the causality, reliability, accuracy and timeliness of the evaluation of product variants. Using a comprehensive methodology, the process data collected in information systems is to be analysed by means of Process Data Mining and the actual resource requirements and the associated process costs are to be determined from this.

The methodology consists of five sub models. The first step is to describe product variants from an external and internal perspective in such a way that Process Data Mining can be applied. In the second step, company resources and their respective cost rates are described. In the third step, the process data required for process cost determination and allocation are to be described. In the fourth step, a methodology for the determination of variant-induced process costs using Process Data Mining is developed. In the fifth step, the costs determined in this way are allocated according to cause and the product variants are evaluated to support decisions.

Inhaltsverzeichnis

Verzeichnis der Abbildungen

Verzeichnis der Tabellen

Verzeichnis der Abkürzungen

ABC	Activity-based Costing
BCG	Boston Consulting Group
BPM	Business Process Management
BPMN	Business Process Model and Notation
bspw.	beispielsweise
bzgl.	bezüglich
bzw.	beziehungsweise
ca.	circa
CAD	Computer Aided Design
d	Tag
d. h.	das heißt
DBC	Duration-based Costing
DIN	Deutsches Institut für Normung e.V.
DIN	Deutsches Institut für Normung e.V.
EDV	Elektronische Datenverarbeitung
E-ID	Ereignis-Identifikationsnummer
EK	Einzelkosten
EP	Endprodukt
ERP	Enterprise Resource Planning
et al.	et alii

f.	folgende
ff.	fortfolgende
FL-TDABC	Fuzzy Logic Time-driven Activity-based Costing
ggf.	gegebenenfalls
GmbH	Gesellschaft mit beschränkter Haftung
h	Stunde
Hrsg.	Herausgeber
i. d. R.	in der Regel
i. e. S.	im eigentlichen Sinne
i. S. e.	im Sinne einer/ eines
ID	Identifikationsnummer
IT	Informationstechnologie
KDD	Knowledge Discovery in Databases
KPI	Key Performance Indicator
min.	Minute
Nr.	Nummer
OCEL	Object-Centric Event Logs
OMG	Object Management Group
PAIS	Process Aware Information Systems
PAM	Process Accounting Model
PDM	Product Data Management
PKR	Prozesskostenrechnung
PLM	Product Lifecycle Management
PSE	Produktstrukturelement
PV	Produktvariante

RCA	Resource Consumption Accounting
R-ID	Ressourcen-Identifikationsnummer
RPKR	Ressourcenorientierten Prozesskostenrechnung
RWTH	Rheinisch-Westfälische Technische Hochschule
S.	Seite
sec.	Sekunde
SFLA	Shuffled Frog Leaping Algorithm
SysML	Systems Modeling Language
TCO	Total Cost of Ownership
TDABC	Time-driven Activity-based Costing
u.a.	unter anderem
UML	Unified Modeling Language
vgl.	vergleiche
W3C	World Wide Web Consortium
WZL	Werkzeugmaschinenlabor der RWTH Aachen
XML	eXtensible Markup Language
z. B.	zum Beispiel
z. T.	zum Teil

Verzeichnis der Formelzeichen

$\mathbb{R}$	Menge der reellen Zahlen
Ψ	Menge der Kostenträger
Ω	Menge der Unternehmensressourcen
Ω_{sd}	Menge der Unternehmensressourcen mit Bezug zu Absatzmenge
Ω_{pd}	Menge der Unternehmensressourcen mit Bezug zu Produktionsmenge
Φ	Menge der Ereignisse
$\Phi_{\psi,a}$	Menge der Ereignisse, in denen Kostenträger ψ referenziert ist und die Aktivität a durchgeführt wird
$\Phi^{e}_{\psi,a}$	Menge der Ereignisse, in denen Kostenträger ψ referenziert ist und als einmalig klassifizierte Aktivitäten durchgeführt werden
$\Phi^{f}_{\psi,a}$	Menge der Ereignisse, in denen Kostenträger ψ referenziert ist und als laufend klassifizierte Aktivitäten durchgeführt werden
A	Menge der Aktivitäten
A_{ψ}	Menge der für deinen Kostenträger ψ durchgeführten Aktivitäten
A^{f}_{ψ}	Menge der als laufend klassifizierten Aktivitäten eines Kostenträgers ψ
A^{e}_{ψ}	Menge der als einmalig klassifizierten Aktivitäten eines Kostenträgers ψ
AS	Menge der Ausprägungen
F	Menge der Frequenzen
G	Menge der Gebäuderessourcen
ME	Menge der Merkmale
P	Menge der Personalressourcen

PE	Menge der Produktstrukturelemente
PV	Menge der Produktvarianten
T	Menge der IT-Ressourcen
U_s	Menge der Startzeitpunkte
U_e	Menge der Endzeitpunkte
bA	Binäre Ausprägungskombinationsmatrix
bP	Binäre Produktbedarfsmatrix
DBM	Direktbedarfsmatrix
GBM	Gesamtbedarfsmatrix
RBM	Ressourcenbedarfsmatrix
P	Produktbedarfsmatrix
$b_{i,j}$	Ressourcenbedarf der Ressource i an Ressource j
$\vec{b}$	Vektor der Regressionskoeffizienten
c_0	Praktische Kapazität
$\vec{c}_0$	Vektor der praktischen Kapazitäten
cc	$= \{0 \cap F\}$, Kostenkategorien
db	Deckungsbeitrag
$\vec{e}$	Vektor der Residuen der Regression
ek	Einzelkosten
$f_{\psi,a}$	Frequenz eines Tupels $(\psi, a), \psi \in \Psi, a \in A_{\psi}^{f}$ [-]
g	Index der Gebäuderessourcen
g_c	Relativer Verwendungsgrad
$h_{\psi,a}$	Anzahl Ereignisse pro Segment eines Tupels $(\psi, a), \psi \in \Psi, a \in A_{\psi}^{f}$ [-]
$\$i$	Anzahl der Segmente, für die Regelmäßigkeitskriterium erfüllt ist [-]

k	Ressourcenkostensatz
$\vec{k}$	Ressourcenkostensatzvektor
k_0	Initialkosten
$\vec{k}_0$	Vektor der Initialkosten
kg_{ka}	Kalkulatorische Abschreibungen
kg_{mk}	Mietkosten
kg_{kk}	Kapitalkosten
kg_{ok}	Objektmanagementkosten
kg_{bk}	Betriebskosten
kg_{ih}	Instandhaltungskosten
ki_{lk}	Lizenzkosten pro Jahr [EUR/a]
ki_{ka}	Kalkulatorische Abschreibungen pro Jahr [EUR/a]
ki_{zk}	Kalkulatorische Zinsen pro Jahr [EUR/a]
ki_{bk}	Betriebskosten pro Jahr [EUR/a]
ki_{ak}	Aktualisierungskosten pro Jahr [EUR/a]
kp_{de}	Direktentgeltkosten pro Jahr [EUR/a]
kp_{zk}	Personalzusatzkosten pro Jahr [EUR/a]
kp_{gs}	Gesetzliche Sozialleistungskosten pro Jahr [EUR/a]
kp_{ss}	Sonstige Sozialleistungskosten [EUR/a]
$nE_{\psi,a}$	$=\lvert\Phi_{\psi,a}\rvert$, Anzahl aller Ereignisse eines Tupels $(\psi, a), \psi \in \Psi, a \in A_{\psi}^{f}$
nK	Anzahl Kostenträger
ref	Mengenbezug
p	Index der Personalressourcen
pc_0^s	Einmalige Prozessstückkosten
$\overrightarrow{pc}_0^s$	Vektor der einmaligen, kostenträgerspezifischen Prozesskosten
pc_f^s	Laufende Prozessstückkosten

$\overrightarrow{pc}_f^s$	Vektor der laufenden, kostenträgerspezifischen Prozesskosten
pr	Preis
pv	Index der Produktvarianten
$\vec{s}_a$	Vektor der Absatzmengen der Ausprägungen
s_{pd}	Produzierte Stückzahl
$\vec{s}_{pr}$	Primärbedarfsvektor
s_{sd}	Abgesetzte Stückzahl
$st_{i,j}$	Strukturstufe des Kostenträgers i in Bezug auf Kostenträger j
$sz_{i,j}$	Stückzahl des Kostenträgers i in Bezug auf Kostenträger j
t	Index der IT-Ressourcen
t_e	Endzeitpunkt
t_r	Ereignisreferenzzeitpunkt
t_s	Startzeitpunkt
Δt	Ereignisdauer
Δt_{cy}	Länge eines Kalenderjahres
Δt_p	Frequenzanalysezeitraum
tp_{yd}	Tage in Kalenderjahr [d]
tp_{dn}	Nicht gearbeitete Tage pro Kalenderjahr [d]
tp_{dh}	Arbeitsstunden pro Tag [h/d]
tp_{hn}	Durchschnittlich nicht gearbeitete Stunden pro Tag [h/d]
tp_{pf}	Produktivitätsfaktor [-]
vc	Variable Kosten
X	Matrix der unabhängigen Variablen
$\vec{y}$	Vektor der abhängigen Variablen
$\bar{\mu}$	Mittelwert der Ereignisstückkosten

1 Einleitung

1.1 Motivation

GUTENBERG beschreibt den übergeordneten Zweck sämtlicher unternehmerischer Betätigung darin, „Güter materieller Art zu produzieren oder Güter immaterieller Art bereitzustellen“[1]. Das grundlegende Ziel einer jeden Unternehmung ist nach der ökonomischen Theorie dabei die Maximierung des Gesamtgewinns,[2] welches durch die Planung der richtigen Produktvarianten in der jeweils richtigen Menge angestrebt wird.[3] Entscheidungen zur Auswahl derjenigen Produktvarianten, die eine Maximierung des Gesamtgewinns ermöglichen, basieren maßgeblich auf der Bewertung der Produktvarianten hinsichtlich des jeweiligen Stückgewinns.[4] Voraussetzung für die Erzielung von Gewinn ist dabei stets der erfolgreiche Absatz der Produktvarianten, sodass deren Gestaltung im Speziellen als auch die Gestaltung des Produktportfolios im Allgemeinen den kundenseitigen Anforderungen bestmöglich anzugleichen sind.[5] Dabei führt eine stringente Ausrichtung des Unternehmens an immer individuelleren Kundenbedürfnissen sowie eine zunehmende Verschiebung der Marktmacht zur Kundenseite zu einer kontinuierlichen Erhöhung der Vielfalt im Produkt- und Leistungsprogramm.[6] In einer Studie des Werkzeugmaschinenlabors WZL der RWTH Aachen aus dem Jahr 2017 gaben 57% der befragten Unternehmen eine Steigerung der Anzahl an Produktvarianten in den vergangenen drei Jahren an.[7] Die Zunahme der Produktvielfalt in Kombination mit sich in den letzten Jahrzehnten verändernden Wertschöpfungsstrukturen führen insgesamt zu einer Verschiebung der Kostenstrukturen im Unternehmen. Während früher die Einzelkosten einen maßgeblichen Anteil an den Selbstkosten ausmachten, nimmt der Anteil der der Gemeinkosten immer weiter zu

[1] Gutenberg (1971) - Grundlagen der Betriebswirtschaftslehre, S. 1.
[2] Vgl. Gutenberg (1971) - Grundlagen der Betriebswirtschaftslehre, S. 281.
[3] Vgl. Gutenberg (1971) - Grundlagen der Betriebswirtschaftslehre, S. 151.
[4] Vgl. Gutenberg (1971) - Grundlagen der Betriebswirtschaftslehre, S. 153.
[5] Vgl. Gutenberg (1971) - Grundlagen der Betriebswirtschaftslehre, S. 113.
[6] Vgl. Schuh und Riesener (2017) - Produktkomplexität managen, S. 1f.
[7] Vgl. Werkzeugmaschinenlabor WZL der RWTH Aachen (2017) - Globales Komplexitätsmanagement; Schuh und Riesener (2017) - Produktkomplexität managen, S. 20.

und übersteigt den Einzelkostenanteil mittlerweile teils um das zehnfache.[8] Dies stellt Unternehmen vor eine besondere Herausforderung, da die Kenntnis des Stückgewinns eines jeden Produktes zwar eine zentrale Grundlage strategischer Entscheidungen bzgl. des Produktportfolios darstellt,[9] klassische Kostenrechnungsverfahren Gemeinkosten allerdings nicht verursachungsgerecht zuordnen können.[10] In einer Studie der Wirtschaftsprüfungsgesellschaft DELOITTE wird die Bewertung der von einem Unternehmen hergestellten Produktvarianten anhand einer Deckungsbeitragsrechnung und einer verursachungsgerechten Kostenzuordnung verglichen. Während die Deckungsbeitragsrechnung einen positiven Stückgewinn für 96% der Produktvarianten ergibt, wurde anhand der verursachungsgerechten Kostenzuordnung festgestellt, dass tatsächlich nur 25% der Produktvarianten profitabel sind.[11] Diese Ambiguität in der Bewertung von Produktvarianten kann zu falschen und erfolgsmindernden Entscheidungen führen.

Für eine Steigerung der Kostentransparenz, insbesondere in indirekten Leistungsbereichen, wurden prozessorientierte Kostenrechnungsverfahren entwickelt.[12] Diese streben an, „die in den indirekten Bereichen anfallenden Planungs-, Steuerungs-, Überwachungs- und Koordinationsaufgaben kostenträgerbezogen zu erfassen und zuzurechnen“[13]. Hierfür werden zunächst die Prozesse und Aktivitäten in den indirekten Leistungsbereichen anhand von Interviews oder Prozessmodellen ermittelt und deren jeweiligen (zeitlichen) Aufwände werden abgeschätzt oder gemessen. Weiterhin werden die für die Aufwände verantwortlichen Kostentreiber identifiziert und die Aufwände jeweils hierauf bezogen. Die Kostenzuordnung der indirekten Leistungsbereiche zu den Produktvarianten erfolgt anschließend über die Quantifizierung der Kostentreiber für jede Produktvariante sowie die Zuordnung der damit einhergehenden Aufwände bzw. Kosten.[14] Prozessorientierte Kostenrechnungsverfahren führen dabei zu einer erheblichen Verbesserung der Bewertung von Produktvarianten[15], weisen allerdings auch Schwachstellen und Herausforderungen in der Umsetzung auf.

---

[8] Vgl. Coenenberg et al. (2016) - Kostenrechnung und Kostenanalyse, S. 159ff.

[9] Vgl. Gutenberg (1971) - Grundlagen der Betriebswirtschaftslehre, S. 153.

[10] Vgl. Coenenberg et al. (2016) - Kostenrechnung und Kostenanalyse, S. 158.

[11] Vgl. Deloitte (2016) - Komplexitätsmanagement in der Automobilindustrie, S. 4.

[12] Vgl. Cooper und Kaplan (1988) - Measure Costs Right; Horváth und Mayer (1989) - Prozesskostenrechnung; Schuh (1989) - Gestaltung und Bewertung von Produktvarianten; Kaplan und Anderson (2003) - Time-Driven Activity-Based Costing.

[13] Ehrlenspiel et al. (2014) - Kostengünstig Entwickeln und Konstruieren, S. 445.

[14] Vgl. Coenenberg et al. (2016) - Kostenrechnung und Kostenanalyse, S. 164ff.

[15] Vgl. Horsch (2018) - Kostenrechnung, S. 282.

Als zentrale Herausforderung gilt insbesondere der für die Einführung und Umsetzung einer prozessorientierten Kostenrechnung erforderliche Aufwand. Ein entsprechendes Kostensystem ist aufgrund der damit einhergehenden hohen Aufwände häufig nicht wirtschaftlich umsetzbar.[16] Darüber hinaus sind die Ergebnisse prozessorientierter Kostenrechnungsverfahren beliebig ungenau. Ein Grund hierfür ist, dass die Prozesskostenermittlung anhand idealisierter Prozessmodelle erfolgt. Prozessmodelle stimmen dabei allerdings so gut wie nie mit den tatsächlich ablaufenden Prozessen überein,[17] sodass die so ermittelten Prozesskosten unweigerlich von den tatsächlichen Prozesskosten abweichen.[18] Darüber hinaus werden die Aufwände zur Durchführung bestimmter Aktivitäten anhand von Interviews abgeschätzt. Hieraus ergibt sich eine weitere Verzerrung der Ergebnisse, da die Schätzungen zwar gut sind, i. d. R. aber subjektiven Einflüssen unterliegen und die Realität daher nicht ausreichend exakt abbilden.[19] Neben den schätzungsbasierten Fehlern bzgl. der Höhe der Aufwände entsteht eine weitere Verfälschung der Ergebnisse aus der Pauschalisierung der Aufwände zur Durchführung bestimmter Aktivitäten. Die Abhängigkeiten in der zeitlichen Beanspruchung von Unternehmensressourcen durch Produkte sind so vielfältig, dass eine generalisierte Abschätzung und Formalisierung der Zusammenhänge nicht sinnvoll möglich ist.[20] Dieser Umstand wird im Rahmen der prozessorientierten Kostenrechnungsverfahren zwar methodisch berücksichtigt, eine entsprechende Detaillierung des Modells ist in der Praxis aufgrund des mit dem Detaillierungsgrad ansteigenden Aufwands allerdings nur selten möglich.[21] Zusammengefasst bestehen die Defizite aktueller Kostenrechnungsverfahren in einem hohen Aufwand sowie einer geringen Zuverlässigkeit, Genauigkeit und Aktualität. Hieraus abgeleitete Entscheidungen unterliegen daher stets einer gewissen Unsicherheit und sind nur mit zeitlichem Verzug zu treffen.

Eine Lösungsmöglichkeit ergibt sich aus der zunehmenden Digitalisierung sowie der damit einhergehenden Durchführung von Tätigkeiten und Aufgaben in Informationssystemen. Die hierin durchgeführten Aktivitäten werden automatisch erfasst und um weitere Informationen, wie der Aktivitätendauer, ergänzt. Basierend auf diesen Pro-

[16] Vgl. Dierkes (1998) - Planung und Kontrolle von Prozeßkosten, S. 93.

[17] Vgl. van der Aalst (2016) - Process Mining, S. 30.

[18] Vgl. Adams et al. (2015) - Cost-Informed Process Support, S. 3f.

[19] Vgl. Kaplan und Anderson (2003) - Time-Driven Activity-Based Costing, S. 9; Teuteberg und Tönnissen (2020) - Auswirkungen der Digitalisierung, S. 36.

[20] Vgl. Wouters und Stecher (2017) - Real-time product cost measurement, S. 18f.

[21] Vgl. Coners und Hardt (2004) - Time-driven activity-based costing, S. 110.

zessdaten ermöglicht bspw. Process Mining die automatisierte Erkennung und realitätsgetreue Abbildung der tatsächlich im Unternehmen ablaufenden Prozesse.[22] Process Mining ist bereits in zahlreichen Unternehmen im Einsatz und führt nachweislich zu einer erheblichen Steigerung der Effizienz und Effektivität von Prozessen,[23] sodass die praktische Anwendbarkeit sowie die Verfügbarkeit von Prozessdaten als gegeben angesehen werden kann. Im Kontext der prozessorientierten Kostenrechnung ergeben sich durch die automatische Erfassung von Prozessdaten Potenziale zur Steigerung von Effizienz, Zuverlässigkeit, Genauigkeit und Aktualität.[24] Wie diese Potenziale in der unternehmerischen Praxis genutzt werden und eine Verbesserung der Bewertung von Produktvarianten erzielt werden kann, soll im Rahmen dieser Arbeit erarbeitet werden. Die Zielsetzung dieser Arbeit wird im folgenden Abschnitt erläutert.

1.2 Zielsetzung der Arbeit

Basierend auf der beschriebenen Ausgangssituation und den ermittelten Defiziten besteht das übergeordnete Ziel dieser Arbeit in der Reduktion des Aufwands sowie in der Steigerung der Verursachungsgerechtheit, der Zuverlässigkeit, der Genauigkeit und der Aktualität der Bewertung von Produktvarianten. Hierdurch sollen fundierte Entscheidungen zur Steigerung der Unternehmensprofitabilität unterstützt werden.

Die Bewertung von Produktvarianten erfolgt anhand der varianteninduzierten Prozesskosten sowie der am Markt erzielten Preise. Die Kosten werden dabei über die für eine Produktvariante jeweils beanspruchten Ressourcen quantifiziert, wobei die beschriebenen Ziele durch die Auswertung automatisch erfasster Prozessdaten erreicht werden sollen. Die Auswertung der Prozessdaten zur Ermittlung der varianteninduzierten Prozesskosten erfolgt durch die Anwendung von Process Data Mining. Dieses beschreibt die Analyse von Prozessdaten (engl.: process data) durch Verfahren des Data Mining (siehe Kapitel 2.4.2), sodass Process Data Mining im Allgemeinen eine spezialisierte Anwendung von Data Mining darstellt. Process Mining (siehe Kapitel 2.4.3), das auf Prozessdaten basiert und hierin Prozesse erkennt, ist eine bereits erfolgreich

---

22 Vgl. van der Aalst (2016) - Process Mining.

23 Vgl. van der Aalst (2015) - Extracting Event Data to Unleash Process Mining, S. 105; Teuteberg und Tönnissen (2020) - Auswirkungen der Digitalisierung, S. 36.

24 Vgl. Sonnenberg und vom Brocke (2014) - The missing link between BPM and accounting, S. 213ff.

angewandte Methodik, die zu einer Steigerung der Effizienz und Effektivität im Geschäftsprozessmanagement führt. Das übergeordnete Ziel des vorliegenden Forschungsvorhabens lässt sich daher zusammenfassend wie folgt formulieren:

Die Zielsetzung dieser Arbeit ist die Entwicklung einer Methodik zur Verbesserung[25] der Bewertung von Produktvarianten mittels Process Data Mining.

Aus der übergeordneten Zielsetzung lassen sich die folgenden Teilziele ableiten:

1. Erarbeitung eines **Beschreibungsmodells** zur Beschreibung von Produktvarianten aus externer und interner Perspektive sowie zur Anwendung im Kontext von Process Data Mining
2. Erarbeitung eines **Beschreibungsmodells** zur Beschreibung von Unternehmensressourcen und den zugehörigen Kostensätzen
3. Erarbeitung eines **Beschreibungsmodells** zur Beschreibung von prozesskostenrelevanten Prozessdaten
4. Entwicklung eines **Erklärungsmodells** zur Ermittlung und frequenzbasierten Klassifikation varianteninduzierter Prozesskosten mittels Process Data Mining
5. Entwicklung eines **Entscheidungsmodells** zur Bewertung von Produktvarianten durch die verursachungsgerechte Zuordnung varianteninduzierter Prozesskosten

Zur Eingrenzung des Betrachtungsbereichs auf Basis des theoretischen Problems der Praxis sowie zur Absicherung des Forschungsprozesses empfiehlt KUBICEK die Formulierung grundlegender Forschungsfragen.[26] Aus der übergeordneten Zielsetzung kann für die vorliegende Dissertation die folgende Hauptforschungsfrage abgeleitet werden:

„Wie lassen sich varianteninduzierte Prozesskosten mittels Process Data Mining ermitteln und zur Bewertung von Produktvarianten verursachungsgerecht zuordnen?“

Die Beantwortung der dargestellten Forschungsfrage erfolgt im Rahmen eines Forschungsprozesses, dessen Konzeption im Folgenden beschrieben wird.

---

[25] i. S. d. Reduktion des Aufwands sowie der Steigerung der Verursachungsgerechtheit, Aktualität, Zuverlässigkeit und Genauigkeit

[26] Vgl. Kubicek (1976) - Heuristische Bezugsrahmen, S. 25.

1.3 Forschungskonzeption

Nach BINDER UND KANTOWSKY[27] lässt sich der Prozess wissenschaftlicher Forschung mit einer Reise vergleichen. Demnach erschließt der Forschende auf seiner Reise durch Entdeckungen neuer Orte und Länder „eine neue Wirklichkeit für sich und die ‚scientific community'"[28]. Zu Beginn dieser Reise ist dem Reisenden zunächst lediglich ein noch nicht genaues Ziel bekannt. Während der Reise sind durch die zahlreichen Erkenntnisse Richtungskorrekturen vorzunehmen, wobei das grobe Ziel stets im Blick behalten und angestrebt wird. Am Ende der Reise wird schlussendlich ein spezifisches Ziel erreicht. Die grundlegende Herausforderung für den Forschenden zur Realisierung der Entdeckungen, die ihn zu dem spezifischen Ziel bringen, besteht daher darin, sich die Erkenntnisperspektive sowie die methodologische Vorgehensweise des Erkenntnisprozesses zu verdeutlichen.[29] Durch eine Einordnung in die Wissenssystematik von ULRICH UND HILL[30] wird die Grundlage zur Bestimmung der Erkenntnisperspektive gebildet. Der Bereich der Wissenschaften lässt sich demnach in die Teilbereiche Formalwissenschaften und Realwissenschaften untergliedern (siehe Abbildung 1-1).

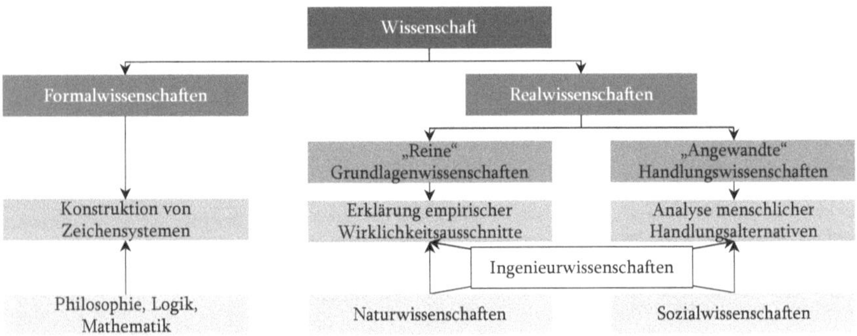

Abbildung 1-1: Wissenschaftssystematik nach ULRICH UND HILL[31]

[27] Binder und Kantowsky (1996) - Technologiepotentiale.

[28] Binder und Kantowsky (1996) - Technologiepotentiale, S. 3.

[29] Vgl. Binder und Kantowsky (1996) - Technologiepotentiale, S. 4f.; Riesener (2015) - Ähnlichkeitsbasierte Produktkonfiguration im Maschinenbau, S. 7.

[30] Ulrich und Hill (1979) - Wissenschaftstheoretische Grundfragen der Wirtschaftswissenschaften.

[31] In Anlehnung an Ulrich und Hill (1979) - Wissenschaftstheoretische Grundfragen der Wirtschaftswissenschaften, S. 305; Rudolf (2013) - Produktionsgerechte Baukastengestaltung, S. 5.

Die Formalwissenschaften behandeln die Konstruktion von Sprachen, welche „Zeichensysteme mit Regeln zur Verwendung dieser Zeichen“[32] beinhalten. Hierzu gehören beispielsweise die Logik, die Mathematik und die Philosophie. Im Gegensatz hierzu verfolgen die Realwissenschaften die empirische Deskription, Explikation und Gestaltung sinnlich wahrnehmbarer Wirklichkeitsausschnitte. Die Realwissenschaften werden weiterhin unterteilt in reine Grundlagenwissenschaften, welche die Erklärung empirischer Wirklichkeitsausschnitte zum Ziel haben sowie in angewandte Handlungswissenschaften, welche menschliche Handlungsalternativen analysieren.

Die vorliegende Arbeit, welche die Entwicklung einer Methodik zur Bewertung von Produktvarianten mittels Process Data Mining adressiert, ist dem Bereich der Ingenieurwissenschaften zuzuordnen. Die Ingenieurwissenschaften sind im Bereich der Realwissenschaften an der Schnittstelle zwischen den angewandten Handlungswissenschaften und den reinen Grundlagenwissenschaften eingeordnet, da diese an reale Problemstellungen angelehnt und aufgrund des Verzichts auf Geschlossenheit und vollkommene Mathematisierung nicht mehr als „reine Theorie“ anzusehen sind.[33] Die Idee der vorliegenden Dissertation ist im Rahmen der Beratung produzierender Unternehmen entstanden und steht somit in einem direkten Praxiszusammenhang. Diese Arbeit ist somit folgerichtig den angewandten Handlungswissenschaften zuzuordnen, da sich diese auf spezifische und praktische Ziele fokussieren.[34]

Zur Gestaltung der Forschungsreise ist nach der Darstellung der Erkenntnisperspektive der Weg zum Erkenntnisgewinn zu beschreiben. Der Methodologie der Sozialforschung folgend steht die Beherrschung der Realität im Fokus der vorliegenden Arbeit, sodass vielmehr der Verständnisgewinn als die Erkenntnissicherung als Maßstab für den wissenschaftlichen Fortschritt angesetzt wird. Der wissenschaftliche Fortschritt wird insbesondere durch die Analyse unbeabsichtigter Wirkungen planvoller Handlungen, durch kontraintuitive Erkenntnisse und durch das Aufzeigen von Perspektiven zur Identifikation von Gemeinsamkeiten in zuvor als verschieden angesehenen Phänomenen erzielt.[35]

---

[32] Ulrich und Hill (1979) - Wissenschaftstheoretische Grundfragen der Wirtschaftswissenschaften, S. 305.

[33] Vgl. Ulrich und Hill (1979) - Wissenschaftstheoretische Grundfragen der Wirtschaftswissenschaften, S. 308; Dölle (2017) - Projektsteuerung in der Produktentwicklung mittels Predictive Analytics, S. 9.

[34] Vgl. Schanz (2009) - Wissenschaftsprogramme der Betriebswirtschaftslehre, S. 111f.

[35] Vgl. Kubicek (1976) - Heuristische Bezugsrahmen, S. 7; Dölle (2017) - Projektsteuerung in der Produktentwicklung mittels Predictive Analytics, S. 9.

In Anlehnung an KUBICEK bildet die in Kapitel 1.2 formulierte Forschungsfrage ein Abbild des erfahrungsbasierten Vorverständnisses des Forschers und dient der Gewinnung von neuen, verständniserweiternden Fragestellungen. Dieses Vorgehen wird von KUBICEK als iterative Heuristik bezeichnet.[36] Durch die Definition von im Problemkontext formulierten Annahmen, Fragen und Interpretationsmuster auf ein als generell angesehenes Problem wird nach KUBICEK das Vorverständnis expliziert und damit der heuristische Bezugsrahmen definiert.[37] Im Rahmen der vorliegenden Arbeit erfolgt dies über die Formulierung der folgenden Teilforschungsfragen, die aus der übergeordneten Forschungsfrage sowie den definierten Teilzielen abgeleitet werden:

1. Wie lassen sich **Produktvarianten** aus externer und interner Perspektive zur Anwendung von Process Data Mining **beschreiben**?
2. Wie lassen sich **Unternehmensressourcen** zur Prozesskostenermittlung mittels Process Data Mining **beschreiben**?
3. Wie lassen sich **Prozessdaten** zur Prozesskostenermittlung mittels Process Data Mining **beschreiben**?
4. Wie lassen sich **varianteninduzierte Prozesskosten** mittels Process Data Mining **ermitteln**?
5. Wie lassen sich die varianteninduzierten Prozesskosten zur **Bewertung von Produktvarianten** verursachungsgerecht zuordnen?

Diese Forschungsfragen bilden die Grundlage für die Strukturierung der vorliegenden Arbeit und werden in Kapitel 4.4 durch die entsprechenden Teilmodelle aufgegriffen. Durch die Forschungsfragen wird die Richtung der Forschungsreise festgelegt, da diese durch den Forscher auf der Forschungsreise zu beantworten sind, um das angestrebte Ziel zu erreichen. Im Folgenden die Realität aus Sicht des Forschers, welche sich einer empirischen Überprüfung entzieht, untersucht. Durch die Offenlegung der Prämissen des Forschers wird das Subjektivitätskriterium überwunden.[38] In diesem Zusammenhang bezeichnet die Wissenschaftstheorie das allgemeine Verständnis einer Leitidee als Forschungsprogramm, Paradigma oder Erkenntnisprogramm mit dem Ziel, der Wissenschaftsgemeinschaft eine Orientierung in Form von Grundmodellen zu geben.[39]

[36] Kubicek (1976) - Heuristische Bezugsrahmen, S. 14.

[37] Vgl. Kubicek (1976) - Heuristische Bezugsrahmen, S. 16.

[38] Vgl. Ulrich und Hill (1979) - Wissenschaftstheoretische Grundfragen der Wirtschaftswissenschaften, S. 306; Riesener (2015) - Ähnlichkeitsbasierte Produktkonfiguration im Maschinenbau, S. 10.

[39] Vgl. Kuhn (2001) - Die Struktur wissenschaftlicher Revolutionen, S. 25.

Im zentralen Grundmodell der Betriebswirtschaftslehre wird hierbei zwischen dem entscheidungstheoretischen Ansatz nach HEINEN, dem theoretischen Ansatz nach GUTENBERG und dem systemtheoretischen Ansatz nach ULRICH unterschieden.[40] Die vorliegende Arbeit basiert aufgrund der Interdisziplinarität, der Praxisorientierung sowie der Nähe zu den Ingenieurwissenschaften auf dem systemtheoretischen Ansatz nach ULRICH[41]. Der zugrundeliegende Forschungsprozess ist in Abbildung 1-2 dargestellt.

		Angewandte Wissenschaft im Theorie- und Praxisbezug nach ULRICH	Forschungsprozess der vorliegenden Arbeit
Praxis	1	Erfassung und Typisierung praxisrelevanter Probleme	Formulierung des Problems auf Basis des praktisch erworbenen Erfahrungsschatzes
	2	Erfassung und Interpretation problemrelevanter Theorien und Hypothesen der empirischen Grundlagenwissenschaft	Erfassung bestehender Theorien zur Variantenbewertung
	3	Erfassung und Spezifizierung problemrelevanter Verfahren der Formalwissenschaften	Nutzung bestehender Erkenntnisse aus dem Bereich der Data Science
	4	Erfassung und Untersuchung des relevanten Anwendungszusammenhangs	Nutzung der Erfahrung aus Forschungs- und Beratungsprojekten
	5	Ableitung von Beurteilungskriterien, Gestaltungsregeln und -modellen	Exploration des Erfahrungswissens durch die analytische Ableitung der Lösungselemente
	6	Prüfung der Regeln und Modelle im Anwendungszusammenhang	Transfer der Erkenntnisse durch bilaterale Projekte, Arbeitskreise und Seminare
	7	Beratung der Praxis	Validierung der entwickelten Methodik anhand detaillierter Fallbeispiele

Abbildung 1-2: Forschungsprozess der vorliegenden Arbeit nach ULRICH[42]

Die Identifikation praxisrelevanter Problemstellungen ergibt sich aus den Erfahrungen und Erkenntnissen, die im Rahmen einschlägiger Beratungs- und Forschungsprojekte im Maschinen- und Anlagenbau als wissenschaftlicher Mitarbeiter am Lehrstuhl für Produktionssystematik des Werkzeugmaschinenlabors WZL der RWTH Aachen erlangt wurden. Die von ULRICH geforderte Interdisziplinarität wird durch eine Literaturstudie zum Komplexitätsmanagement im Allgemeinen sowie zur prozesskostenbasierten Bewertung von Produktvarianten und Verfahren der Datenanalyse im Speziellen berücksichtigt. Hierauf basierend wird die Methodik in Modellen entwickelt und abschließend anhand von Fallstudien bei ausgewählten Unternehmen überprüft. Der Aufbau der Arbeit wird im folgenden Abschnitt erläutert.

---

40 Vgl. Ulrich und Hill (1979) - Wissenschaftstheoretische Grundfragen der Wirtschaftswissenschaften, S. 307f.

41 Ulrich und Hill (1979) - Wissenschaftstheoretische Grundfragen der Wirtschaftswissenschaften.

42 In Anlehnung an Ulrich et al. (1984) - Management, S. 193.

1.4 Aufbau der Arbeit

Der Aufbau der vorliegenden Arbeit folgt dem Forschungsprozess mit Theorie- und Praxisbezug nach ULRICH (siehe Abbildung 1-3).

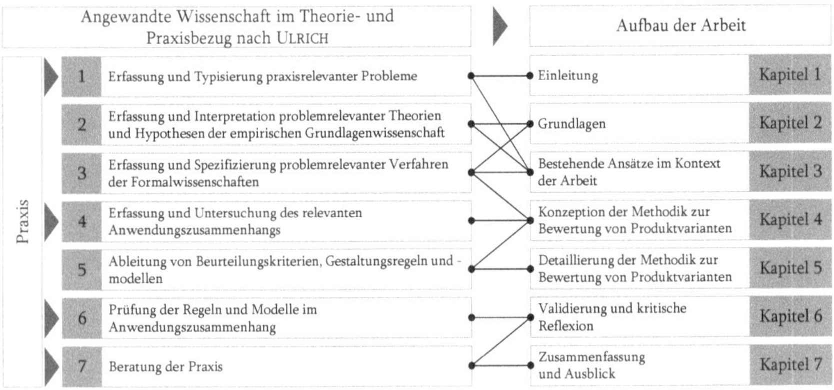

Abbildung 1-3: Aufbau der Arbeit in Anlehnung an ULRICH[43]

Im ersten Kapitel erfolgt die Einführung in die Thematik der vorliegenden Dissertation. Hierfür werden zunächst die Motivation und die daraus abgeleitete Zielsetzung dargestellt. Weiterhin erfolgt die Erläuterung des forschungsmethodischen Ansatzes sowie die Darlegung des Aufbaus der Arbeit.

Das zweite Kapitel dient der Darstellung der grundlegenden, für das Verständnis der Arbeit notwendigen Begrifflichkeiten und Zusammenhänge. Hierfür werden zunächst die Grundlagen zur Unternehmensführung sowie die Einordung der Bewertung von Produktvarianten zur Entscheidungsunterstützung erläutert. In diesem Zusammenhang erfolgt weiterhin die Erläuterung der Grundlagen zum Komplexitätsmanagement sowie zur verursachungsgerechten Kostenrechnung. Das Kapitel schließt mit der Darstellung der relevanten Grundlagen zur Datenanalyse mit dem Ziel der Wissensentdeckung in Datenbanken.

Im dritten Kapitel wird die wissenschaftliche Relevanz der im Kontext der vorliegenden Arbeit behandelten Forschungsfragen in Form des Forschungsbedarfs herausgearbeitet. Zur Darstellung der praxisrelevanten Probleme sowie des Praxisdefizits wird

---

43 Vgl. Ulrich et al. (1984) - Management, S. 193.

zunächst auf die zentralen Herausforderungen der im Kontext dieser Arbeit behandelten Problemstellung für die industrielle Praxis eingegangen. Weiterhin erfolgt die Vorstellung bestehender wissenschaftlicher Ansätze sowie deren Bewertung anhand definierter Kriterien hinsichtlich der Erfüllung des Objekt- und Zielbereichs sowie der Lösungshypothese. Aus der zusammenfassenden Analyse des Erfüllungsgrads wird das Theoriedefizit abgeleitet. Aus dem Praxis- und Theoriedefizit wird der Forschungsbedarf bzgl. der Bewertung von Produktvarianten herausgestellt.

Basierend auf der Zielsetzung sowie dem identifizierten Forschungsbedarf dieser Arbeit wird im vierten Kapitel das Grobkonzept in Form von fünf Teilmodellen vorgestellt. Hierfür werden zunächst die inhaltlichen und formalen Anforderungen an die zu erarbeitende Methodik definiert und weiterhin die Nutzenpotenziale der Bewertung von Produktvarianten mittels Process Data Mining dargelegt. Die Grobkonzeptionierung dient der strukturierten Erarbeitung und Verknüpfung der im Rahmen der Teilmodelle entwickelten Methodik.

Unter Berücksichtigung der definierten Anforderungen werden die Teilmodelle des Grobkonzepts sowie die Methodik zur Bewertung von Produktvarianten mittels Process Data Mining im fünften Kapitel detailliert.

Die Validierung der vorgestellten Methodik erfolgt in Kapitel sechs anhand von Fallstudien in einem praktischen Anwendungszusammenhang bei ausgewählten produzierenden Unternehmen. Hierbei wird die Methodik einer kritischen Reflexion unterzogen und die Ergebnisse dargestellt.

Abschließend werden in Kapitel sieben die im Rahmen der Dissertation erlangten Erkenntnisse zusammengefasst sowie ein Ausblick auf weiteren Forschungsbedarf gegeben.

2 Grundlagen und Definitionen im Kontext der Arbeit

Nach der Einführung in die Thematik der vorliegenden Dissertation erfolgt in diesem Kapitel die Erarbeitung der relevanten Grundlagen und Definitionen. Hierbei erfolgt zunächst die Einordnung der Thematik in den Kontext der Unternehmensführung sowie die Erläuterung der Notwendigkeit, Entscheidungen zielgerichtet zu unterstützen (siehe Kapitel 2.1). Eine zentrale Aufgabe der Unternehmensführung stellt das Management der externen und internen Komplexität dar, welches die Sicherstellung des Unternehmenserfolgs anstrebt. Daher werden weiterhin die Grundlagen und Definitionen des Komplexitätsmanagements erläutert (siehe Kapitel 2.2). Die Unterstützung zielgerichteter Entscheidungen in der Unternehmensführung sowie im Komplexitätsmanagement ist Aufgabe der Kostenrechnung, deren Grundlagen basierend auf den vorangegangenen Erläuterungen eingeführt werden (siehe Kapitel 2.3). Zur Umsetzung der in dieser Arbeit angestrebten Zielsetzung erfolgt abschließend die Einführung der Grundlagen und Definitionen der Datenanalyse (siehe Kapitel 2.4).

2.1 Unternehmensführung

Das Ziel dieses Kapitels ist die Einordnung der mit dieser Arbeit angestrebten Zielsetzung in den Kontext der Unternehmensführung, um hieraus die Notwendigkeit für eine Verbesserung der Bewertung von Produktvarianten zu begründen.

Nach GUTENBERG besteht der Sinn „betrieblicher Betätigung […] darin, Güter materieller Art zu produzieren oder Güter immaterieller Art bereitzustellen“[44]. DOMSCHKE UND SCHOLL definieren Betriebe als „planvoll organisierte Wirtschaftseinheiten zur Herstellung von Sachgütern und Dienstleistungen“[45], wobei zwischen öffentlichen und privaten Betrieben unterschieden wird. Öffentliche Betriebe befinden sich in der Hand

[44] Gutenberg (1971) - Grundlagen der Betriebswirtschaftslehre, S. 1.

[45] Domschke und Scholl (2005) - Grundlagen der Betriebswirtschaftslehre, S. 4.

öffentlicher Trägerschaften und verfolgen das Ziel, den Betriebszweck unter der Minimierung der hierfür erforderlichen Kosten zu erfüllen. Private Betriebe bzw. Unternehmen befinden sich in der Hand privater Trägerschaften, welche eine langfristige Gewinnmaximierung anstreben.[46] Unternehmen sind charakterisiert durch das erwerbswirtschaftliche Prinzip (langfristige Gewinnmaximierung als Zielsetzung), das Autonomieprinzip (Entscheidungsfreiheit des Unternehmers über zu erbringende Leistungen) sowie das Prinzip des Privateigentums (Grundlage für Anspruch auf Alleinbestimmung).[47] Nach HUNGENBERG UND WULF ist ein Unternehmen aus betriebswirtschaftlicher Sicht eine „Einheit, die [...] Produkte und Dienstleistungen erstellt und vermarktet und dabei [...] von bestimmten Zielen geleitet wird"[48]. Für die Erreichung der angestrebten Unternehmensziele bedarf es der Koordination der unternehmerischen Tätigkeiten im Sinne der Unternehmensführung.[49] Die Aufgaben und Tätigkeiten der Unternehmensführung sowie die Grundlagen für effiziente und zielgerichtete Entscheidungen werden im Folgenden erläutert.

2.1.1 Grundlagen der Unternehmensführung

In diesem Abschnitt werden die Grundlagen der Unternehmensführung vor dem Hintergrund der mit dieser Arbeit verfolgten Zielsetzung erläutert. Hierzu wird die Unternehmensführung zunächst in den gesamtunternehmerischen Kontext eingeordnet und hierauf basierend die unterschiedlichen Dimensionen der Unternehmensführung erläutert.

Die Elementarfaktoren zur betrieblichen Leistungserstellung werden nach GUTENBERG in Betriebsmittel, Werkstoffe und menschliche Arbeitsleistungen.[50] Der Elementarfaktor der menschlichen Arbeitsleistung wird weiterhin in objektbezogene und dispositive Arbeitsleistungen untergliedert, wobei diese jeweils betriebliche Elementarfaktoren für sich darstellen. Objektbezogene Arbeitsleistungen sind demnach „unmittelbar mit der Leistungserstellung, der Leistungsverwertung und mit finanziellen Aufgaben in Zusammenhang"[51] stehend. Demgegenüber befassen sich dispositive Arbeitsleistungen mit der Leitung und Lenkung betrieblicher Vorgänge und dienen der Kombination

[46] Vgl. Domschke und Scholl (2005) - Grundlagen der Betriebswirtschaftslehre, S. 4.

[47] Vgl. Domschke und Scholl (2005) - Grundlagen der Betriebswirtschaftslehre, S. 5; Gutenberg (1971) - Grundlagen der Betriebswirtschaftslehre, S. 510ff.

[48] Hungenberg und Wulf (2015) - Grundlagen der Unternehmensführung, S. 18.

[49] Vgl. Hungenberg und Wulf (2015) - Grundlagen der Unternehmensführung, S. 19.

[50] Vgl. Gutenberg (1971) - Grundlagen der Betriebswirtschaftslehre, S. 3.

[51] Gutenberg (1971) - Grundlagen der Betriebswirtschaftslehre, S. 3.

der übrigen Elementarfaktoren zu einer produktiven Einheit. Die dispositive Einheit wird Geschäfts- und Betriebsführung genannt,[52] wobei der Begriff Führung sowohl die Einheit als auch deren Aufgaben bezeichnet.[53] Zur Differenzierung führen HUNGENBERG UND WULF die Unternehmensführung als Institution und die Unternehmensführung als Funktion ein.[54] Erstere bezeichnet diejenigen Menschen, die aufgrund organisatorischer oder rechtlicher Regelungen zur Einflussnahme auf andere Menschen legitimiert sind, um deren Arbeitsleistung zu koordinieren. Diese Menschen werden Führungskräfte oder Manager genannt.[55] Die Unternehmensführung als Funktion (synonym: Management) bezeichnet die Aufgaben und das Handeln der Führungskräfte.[56] Nach GUTENBERG kulminiert in der Unternehmensführung als Institution sämtliche Anordnungs- und Entscheidungsbefugnis.[57] WIENDAHL sowie HUNGERBERG UND WULF manifestieren diese Ansicht, indem Entscheidungen das zentrale Element der Unternehmensführung darstellen. Der Prozess der Unternehmensführung lässt sich in Planung, Steuerung und Kontrolle strukturieren (siehe Abbildung 2-1).

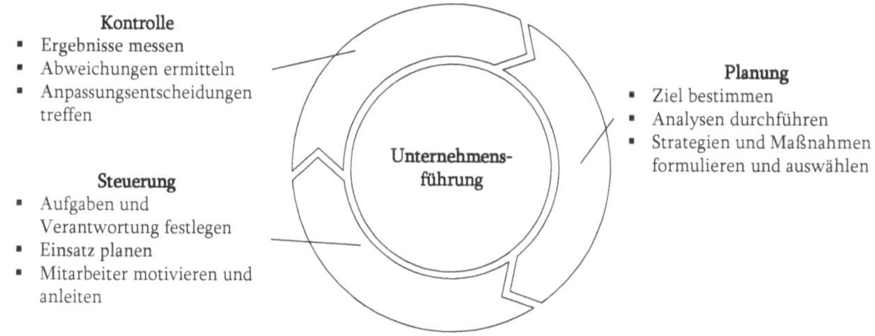

Abbildung 2-1: Prozess der Unternehmensführung[58]

[52] Vgl. Gutenberg (1971) - Grundlagen der Betriebswirtschaftslehre, S. 5f.

[53] Vgl. Hungenberg und Wulf (2015) - Grundlagen der Unternehmensführung, S. 19ff.; Wiendahl (2014) - Betriebsorganisation für Ingenieure, S. 76f.; Domschke und Scholl (2005) - Grundlagen der Betriebswirtschaftslehre, S. 341.

[54] Vgl. Hungenberg und Wulf (2015) - Grundlagen der Unternehmensführung, S. 19; Domschke und Scholl (2005) - Grundlagen der Betriebswirtschaftslehre, S. 341f.

[55] Vgl. Hungenberg und Wulf (2015) - Grundlagen der Unternehmensführung, S. 20.

[56] Vgl. Hungenberg und Wulf (2015) - Grundlagen der Unternehmensführung, S. 21.

[57] Vgl. Gutenberg (1971) - Grundlagen der Betriebswirtschaftslehre, S. 131.

[58] In Anlehnung an Hungenberg und Wulf (2015) - Grundlagen der Unternehmensführung, S. 22.

Die Planung dient der Vorbereitung von Entscheidungen, indem zunächst die Ausgangslage erfasst, Ziele formuliert und schließlich Maßnahmen und Strategien zur Umsetzung definiert werden.[59] GUTENBERG versteht unter der Planung außerdem ein „klares und systematisches Durchdenken und Vorausbedenken“[60], ohne die kein unternehmerisches Vorhaben und kein Entschluss durchgeführt werden sollte.[61]

Die Steuerung verfolgt die Umsetzung von Entscheidungen über die Festlegung von Aufgaben und Verantwortlichkeiten sowie die Vorgabe des zu erzielenden Ergebnisses unter Berücksichtigung der verfügbaren Kapazitäten. Im Rahmen der Steuerung sind die Mitarbeiter zur Durchführung der Aufgaben zu motivieren und zu befähigen, damit sie die ihnen betrauten Aufgaben erfüllen können.[62]

Die erzielten Ergebnisse werden mit den angestrebten Zielen im Rahmen der Kontrolle abgeglichen und hieraus Abweichungen identifiziert. Werden Abweichungen festgestellt, sind Entscheidungen zur Korrektur der Abweichungen zu treffen. Somit bildet die Kontrolle gleichermaßen das Ende des Unternehmensführungsprozesses und gleichermaßen die Grundlage für die weitere Planung.[63]

Die unternehmerischen Entscheidungen, die während des Unternehmensführungsprozesses zu treffen sind, differenzieren sich in Bezug auf den zeitlichen Horizont, die Freiheitsgrade sowie die Bedeutung und Reichweite für den Unternehmenserfolg.[64] In Anlehnung an das St. Galler Management-Modell nach ULRICH UND KRIEG[65] erfolgt die Unterteilung in die normative, strategische und operative Unternehmensführung. In der normativen Unternehmensführung werden Entscheidungen hinsichtlich der generellen Ziele sowie der Werte, Prinzipien und Normen, nach denen ein Unternehmen geführt werden soll, getroffen.[66] Hierüber wird die Identität des Unternehmens definiert, welche in Form einer unternehmerischen Vision und Mission festgehalten wird. Durch unternehmenspolitisches Handeln und entsprechendes Verhalten wird den Mitgliedern des Unternehmens als soziales System Sinn und Identität, sowohl im

---

59 Vgl. Domschke und Scholl (2005) - Grundlagen der Betriebswirtschaftslehre, S. 342; Hungenberg und Wulf (2015) - Grundlagen der Unternehmensführung, S. 22.

60 Gutenberg (1971) - Grundlagen der Betriebswirtschaftslehre, S. 132.

61 Vgl. Gutenberg (1971) - Grundlagen der Betriebswirtschaftslehre, S. 132.

62 Vgl. Domschke und Scholl (2005) - Grundlagen der Betriebswirtschaftslehre, S. 342; Hungenberg und Wulf (2015) - Grundlagen der Unternehmensführung, S. 22.

63 Vgl. Domschke und Scholl (2005) - Grundlagen der Betriebswirtschaftslehre, S. 342; Hungenberg und Wulf (2015) - Grundlagen der Unternehmensführung, S. 22.

64 Vgl. Bleicher (2004) - Integriertes Management, S. 80.

65 Vgl. Ulrich und Krieg (1972) - Das St. Galler Management-Modell.

66 Vgl. Ulrich et al. (1984) - Management, S. 329.

Inneren als auch im Äußeren, vermittelt.[67] Die Voraussetzungen für die Realisierung der von der normativen Unternehmensführung definierten Leitgrößen in Bezug auf die Entwicklung eines Unternehmens werden im Rahmen der strategischen Unternehmensführung geschaffen.[68] Nach BLEICHER geschieht dies über „den Aufbau, die Pflege und die Ausbeutung von Erfolgspotentialen“[69], welche den Einsatz von Ressourcen erfordern.[70] Zentrales Element der strategischen Unternehmensführung ist die Ausrichtung der externen, marktorientierten Faktoren (Produkte) sowie der internen, unternehmensorientierten Faktoren (Ressourcen und Prozesse. Durch diese Ausrichtung sollen Vorteile gegenüber dem Wettbewerb erzielt werden. Hierüber schafft die strategische Unternehmensführung einen langfristig gültigen Handlungsrahmen, in dem über die Auslegung von Strukturen und Systemen im Unternehmen ausrichtend auf die Aktivitäten eingewirkt wird.[71] Für Entscheidungen hinsichtlich der externen und internen Ausrichtung eines Unternehmens ist vor dem Hintergrund des Unternehmenszwecks Wissen über die Profitabilität und Wirtschaftlichkeit im Allgemeinen sowie in Bezug auf einzelne Erzeugnisse, d. h. Produktvarianten, im Speziellen erforderlich.[72]

Wie bereits erläutert, ist das Treffen unternehmenserfolgssichernder Entscheidungen zentrales Element der Unternehmensführung. Entscheiden i. e. S. bedeutet das Wählen zwischen verschiedenen Möglichkeiten.[73] Das Treffen von Entscheidungen basiert auf entscheidungstheoretischen Überlegungen, die im Folgenden dargelegt werden.

2.1.2 Entscheidungstheorie

In diesem Abschnitt werden die Grundlagen der Entscheidungstheorie eingeführt, um hieraus die Notwendigkeit einer guten Entscheidungsunterstützung im Kontext der Bewertung von Produktvarianten herzuleiten.

Die Entscheidungstheorie behandelt die Systematik des Treffens von Entscheidungen, d. h. der Auswahl zwischen zwei oder mehr Handlungsalternativen zur Lösung von

---

67 Vgl. Bleicher (2004) - Integriertes Management, S. 80f.

68 Vgl. Ulrich et al. (1984) - Management, S. 329f.; Bleicher (2004) - Integriertes Management, S. 81f.

69 Bleicher (2004) - Integriertes Management, S. 81.

70 Vgl. Bleicher (2004) - Integriertes Management, S. 81; Heina (1999) - Variantenmanagement, S. 40.

71 Vgl. Hungenberg und Wulf (2015) - Grundlagen der Unternehmensführung, S. 23; Bleicher (2004) - Integriertes Management, S. 82.

72 Vgl. Gutenberg (1971) - Grundlagen der Betriebswirtschaftslehre, S. 151ff.

73 Vgl. Ulrich et al. (1984) - Management, S. 330f.

Entscheidungsproblemen.[74] Das zentrale Element des entscheidungstheoretischen Ansatzes der Betriebswirtschaftslehre ist der Unternehmensführungsprozess (siehe Kapitel 2.1.1), in dem Entscheidungen getroffen und durchgesetzt werden.[75]

Die Entscheidungstheorie wird maßgeblich in die deskriptive und die präskriptive Entscheidungstheorie differenziert.[76] Fokus der deskriptiven Entscheidungstheorie ist die Beschreibung und Erklärung der Zusammenhänge, die zu einer in der Realität getroffenen Entscheidung geführt haben. Ziel hierbei ist die Ableitung empirischer Hypothesen, die Aufschluss über das Verhalten von Gruppen oder Individuen ermöglichen. Durch die Kenntnis jeweiliger Entscheidungssituationen lassen sich somit Entscheidungen vorhersagen bzw. steuern.[77] Ziel der präskriptiven Entscheidungstheorie ist die Unterstützung im Entscheidungsprozess durch die Entwicklung von Richtlinien für eine rationale Auswahl von Handlungsalternativen.[78] Hierbei erfolgt eine Abstrahierung vom konkreten Gehalt einer Entscheidungssituation, worüber Grundprobleme in der Entscheidungssituation identifizierbar und analysierbar werden.[79]

Entscheidungen sind stets vor dem Hintergrund einer Zielsetzung zu treffen, anhand der die Konsequenzen und der Zielerreichungsgrad der Handlungsalternativen zu bewerten sind. Die Entscheidungstheorie fungiert hierbei als Wegweiser, anhand dessen Ziele und Zielvorstellungen eines Entscheidenden in ein kongruenzfreies Zielsystem überführt werden, um anschließend die mit dem Zielsystem einhergehende Handlungsalternative auszuwählen.[80] Für das Treffen einer Entscheidung ist stets ein Entscheidungskriterium erforderlich, das Aufschluss über die Güte einer Entscheidung bzw. deren Auswirkungen in Bezug auf die Zielerreichung zulässt.[81] Für das Erreichen eines Ziels durch das Lösen von Problemstellungen sind nach ULRICH ständig Entscheidungen in Bezug auf den Ausschluss und die weitere Berücksichtigung von Handlungsalternativen zu treffen, welche jeweils den Freiheitsraum einengen und schließlich die auszuwählende Handlungsalternative offenbaren (siehe Abbildung 2-2).[82]

---

[74] Vgl. Domschke und Scholl (2005) - Grundlagen der Betriebswirtschaftslehre, S. 47; Ulrich et al. (1984) - Management, S. 331.

[75] Vgl. Hungenberg und Wulf (2015) - Grundlagen der Unternehmensführung, S. 24.

[76] Vgl. Laux et al. (2018) - Entscheidungstheorie, S. 4.

[77] Vgl. Laux et al. (2018) - Entscheidungstheorie, S. 4.

[78] Vgl. Domschke und Scholl (2005) - Grundlagen der Betriebswirtschaftslehre, S. 41.

[79] Vgl. Laux et al. (2018) - Entscheidungstheorie, S. 4.

[80] Vgl. Laux et al. (2018) - Entscheidungstheorie, S. 5.

[81] Vgl. Ulrich et al. (1984) - Management, S. 331; Laux et al. (2018) - Entscheidungstheorie, S. 5.

[82] Vgl. Ulrich et al. (1984) - Management, S. 331.

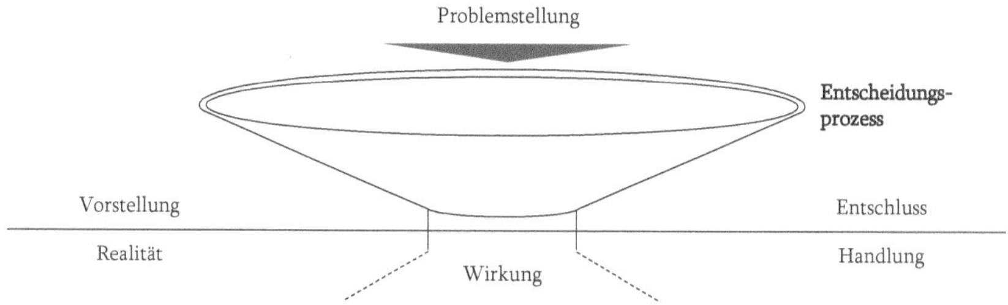

Abbildung 2-2: Der Entscheidungsprozess als Entscheidungstrichter[83]

Die vorliegende Arbeit gliedert sich in den Bereich der strategischen Unternehmensführung. Die hierbei zu treffenden Entscheidungen hinsichtlich der internen und externen Ausrichtung sollen durch eine zuverlässige, genaue und aktuelle Bewertung von Produktvarianten unterstützt werden. Vor dem Hintergrund der unternehmerischen Zielsetzung gilt es hierbei Entscheidungen zur Maximierung des Gewinns zu treffen. Das Entscheidungsobjekt (Unternehmen) ist hierbei ein komplexes System, welches die Erfassung und Beherrschung des Systemzustands sowie die Ermittlung der Entscheidungsauswirkungen a priori erschwert. BLEICHER sieht die „Handhabung von Komplexität als Kern der Managementaufgabe“[84]. Eine erfolgreiche Unternehmensführung bedarf daher dem Management der Komplexität. Im folgenden Kapitel werden die Grundlagen und Definitionen zum Komplexitätsmanagement erläutert.

2.2 Komplexitätsmanagement

Nach der Erläuterung der relevanten Grundlagen zur Unternehmensführung wird in diesem Kapitel auf die Grundlagen und Definitionen im Rahmen des Komplexitätsmanagements eingegangen. Das Komplexitätsmanagement ist eine zentrale Funktion in der Planung, Steuerung und Kontrolle von Unternehmen und leistet einen maßgeblichen Beitrag zum Unternehmenserfolg sowie zur Sicherstellung der Wettbewerbsfähigkeit.[85] In diesem Kapitel wird ein übergreifendes Verständnis zum Management der Komplexität durch die Einführung relevanter Grundlagen und Begrifflichkeiten vermittelt. Neben dem Management der externen und internen Komplexität erfolgt die

[83] In Anlehnung an Ulrich et al. (1984) - Management, S. 331.

[84] Bleicher (2004) - Integriertes Management, S. 37.

[85] Vgl. Gleich (2013) - Komplexitätscontrolling, S. 5.

Erläuterung der durch die Komplexität induzierten Auswirkungen und Kosten im Unternehmen.

2.2.1 Relevante Begrifflichkeiten

Zur Erläuterung des im Rahmen dieser Arbeit vorliegenden Verständnisses des Komplexitätsmanagements werden in diesem Abschnitt die relevanten Begrifflichkeiten und Definitionen eingeführt und erläutert.

Der Begriff Komplexität leitet sich aus dem lateinischen "complexus" ab und bedeutet so viel wie ineinandergreifend, verwoben und verflochten.[86] Nach SCHUH UND RIESENER zeichnet sich Komplexität durch die Koexistenz einer hohen Vielfalt, einer hohen Veränderlichkeit und einer hohen Dynamik aus.[87] Im Kontext produzierender Unternehmen wird maßgeblich zwischen externer Komplexität (z. B. Kundenanforderungen, Marktkomplexität) und interner Komplexität (z. B. Produkt- und Prozesskomplexität) unterschieden.[88] Da diese beiden Ausprägungen in direktem Zusammenhang zueinander stehen,[89] besteht die Aufgabe des Komplexitätsmanagements in dem optimalen Abgleich zwischen der externe und internen Komplexität.[90] Nach SCHUH UND RIESENER umfasst das Komplexitätsmanagement dabei „die Gestaltung, Steuerung und Entwicklung der Vielfalt des Leistungsspektrums (Produkte, Prozesse und Ressourcen) im Unternehmen. Durch die Verstärkung und Dämpfung der Komplexität wird die Fähigkeit angestrebt, die Vielfalt in allen Wertschöpfungsstufen so zu beherrschen, dass ein maximaler Beitrag zum Kundennutzen bei gleichzeitig hoher Wirtschaftlichkeit des Leistungserstellers erzielt werden kann“[91]. Für ein einheitliches Verständnis in Bezug auf das Management der externen und internen Komplexität werden im Folgenden die relevanten Begrifflichkeiten in Bezug auf Produkte, Prozesse und Ressourcen dargelegt.

Zunächst werden die relevanten Begrifflichkeiten zu Produkten und den im Kontext dieser Arbeit fokussierten Produktvarianten eingeführt. Ein Produkt (von lateinisch producere: hervorbringen) ist ein materielles (Sachgut) oder immaterielles (Dienstleistung) Erzeugnis, das unter Einsatz der Elementarfaktoren Arbeit, Betriebsmittel und

[86] Vgl. Gleich (2013) - Komplexitätscontrolling, S. 5.
[87] Vgl. Schuh und Riesener (2017) - Produktkomplexität managen, S. 10.
[88] Vgl. Bayer (2010) - Integriertes Variantenmanagement, 16f.
[89] Vgl. Schoeneberg (2014) - Komplexitätsmanagement in Unternehmen, S. 17.
[90] Vgl. Gleich (2013) - Komplexitätscontrolling, S. 17.
[91] Schuh und Riesener (2017) - Produktkomplexität managen, S. 15.

Rohstoffe hergestellt wird.[92] Ein Erzeugnis ist nach DIN 199-2 ein gebrauchs- bzw. verkaufsfähiger Gegenstand bestehend aus Gruppen und Einzelteilen.[93] ULRICH UND EPPINGER verstehen unter einem Produkt „something sold by an enterprise to its customers"[94], sodass die Begriffe Produkt und Erzeugnis Synonyme darstellen. Insgesamt bezeichnet ein Produkt im Kontext dieser Arbeit einen verkaufsfähigen, materiellen Gegenstand. Eine Produktvariante ist nach DIN 199-2 ein Produkt „ähnlicher Form und/ oder Funktion mit einem in der Regel hohen Anteil identischer Gruppen oder Teile"[95]. Die Gesamtheit der von einem Unternehmen produzierten und am Markt angebotenen Produktvarianten sind nach RENNER in einem Produktportfolio zusammengefasst.[96] Ein Produktportfolio wird in Anlehnung an LINGNAU durch dessen Breite und Tiefe beschrieben. Die Produktportfoliobreite hat dabei maßgeblich strukturierenden Charakter, die Produktportfoliotiefe ist durch die Produktvarianten ausgeprägt und beschreibt somit die Inhalte des Produktportfolios.[97] In dieser Arbeit sei ein Produktportfolio daher durch die Produktvarianten beschrieben. Das Maß der Produktkomplexität ist damit die Vielfalt der Produktvarianten eines Produktportfolios, welche sich nach FRANKE aus der Anzahl und der Verschiedenartigkeit der Produktvarianten ergibt.[98] Produktvarianten befinden sich an der Schnittstelle der externen und internen Komplexität. Sie werden gleichermaßen am Markt (externe Komplexität) abgesetzt als auch im Unternehmen (interne Komplexität) hergestellt. Die externe Komplexität in Bezug auf die Produkte lässt sich durch Merkmale und Ausprägungen repräsentieren. Die interne Produktkomplexität ergibt sich aus den Komponenten, die zur Herstellung einer Produktvariante erforderlich sind.[99] Auf das Management der Produktkomplexität wird in den nachfolgenden Kapiteln unter Berücksichtigung der externen (siehe Kapitel 2.2.2) und der internen (siehe Kapitel 2.2.3) Komplexität eingegangen. Neben den Komponenten beeinflussen Prozesse die interne Komplexität maßgeblich. Im Folgenden werden die grundlegenden Begrifflichkeiten der Prozesse erläutert.

[92] Vgl. Riesener (2015) - Ähnlichkeitsbasierte Produktkonfiguration im Maschinenbau, S. 16.

[93] Vgl. Deutsches Institut für Normung (1977) - Begriffe im Zeichnung- und Stücklistenwesen, S. 5.

[94] Ulrich und Eppinger (2016) - Product design and development, S. 2.

[95] Deutsches Institut für Normung (1977) - Begriffe im Zeichnung- und Stücklistenwesen, S. 9.

[96] Vgl. Renner (2007) - Funktionsorientierter Baukastenentwicklung, S. 12.

[97] Vgl. Lingnau (1994) - Variantenmanagement, S. 105f.; Renner (2007) - Funktionsorientierter Baukastenentwicklung, S. 12.

[98] Vgl. Franke (2002) - Variantenmanagement in der Einzel- und Kleinserienfertigung, S. 12.

[99] Vgl. Schuh und Riesener (2017) - Produktkomplexität managen, S. 17.

Ein Prozess (von lateinisch procedere: vorwärtsgehen), im Kontext der vorliegenden Arbeit äquivalent zu Geschäftsprozess (engl. Business Process), ist in Anlehnung an das Verständnis von GEHRING „eine zielgerichtete, zeitlich-logische Abfolge von Aufgaben, die arbeitsteilig von mehreren Organisationen oder Organisationseinheiten unter Nutzung von Informations- und Kommunikationstechnologien ausgeführt werden [...]. Er dient der Erstellung von Leistungen entsprechend den vorgegebenen, aus der Unternehmensstrategie abgeleiteten Prozesszielen“[100]. Nach BECKER ET AL. sind Aktivitäten elementare Bestandteile von Aufgaben und Grundbestandteil von Prozessen.[101] Synonym zu Aktivität können die Begriffe Prozessschritt und Tätigkeit verwendet werden.[102] Aktivitäten lassen sich nach PORTER in direkte und indirekte Aktivitäten differenzieren.[103] Direkte Aktivitäten weisen einen unmittelbaren Bezug zum Produkt auf und leisten einen Beitrag zum wirtschaftlichen Ergebnis. TAYLOR klassifiziert diese Aktivitäten als Ausführungsaktivitäten und stellt sie den Planungsaktivitäten gegenüber.[104] Letztere werden von PORTER als indirekte Aktivitäten bezeichnet und haben keinen direkten Bezug zum Wertschöpfungsprozess.[105] Die Gesamtheit der direkten und indirekten Aktivitäten lassen sich zu entsprechenden Bereichen zusammenfassen, welche wiederum in organisatorische Unternehmensbereiche aggregiert werden: Die direkten und indirekten Unternehmens- bzw. Leistungsbereiche, welche äquivalent zu den Aktivitäten hinsichtlich des Bezugs zur Wertschöpfung bzw. zum Produkt differenziert werden.[106] Ausgehend von einem Referenzprozess sind Prozessvarianten nach DÖHRING ET AL. durch eine strukturelle Abweichung (Menge und Ablauf der prozessspezifischen Aktivitäten) charakterisiert.[107] Die Prozessvielfalt beschreibt die Gesamtheit aller Prozesse, welche aus Referenzprozessen und hieraus abgeleiteten Prozessvarianten bestehen. Zur Planung, Steuerung und Kontrolle der Prozessvielfalt und der damit einhergehenden Komplexität dient das sogenannte Geschäftsprozessmanagement (engl. Business Process Management (BPM)).[108] Nach GADATSCH sind die Ziele des Geschäftsprozessmanagements insbesondere die Senkung der Prozesskosten und der Prozessdauer sowie die Steigerung der Unternehmenserlöse und Gewinne.[109]

---

[100] Gehring und Gadatsch (1999) - Modellierung von Geschäftsprozessen und Workflows, S. 3.

[101] Vgl. Becker et al. (2012) - Prozessmanagement, S. 6.

[102] Vgl. u.a. Gadatsch (2017) - Grundkurs Geschäftsprozess-Management, S. 5ff.

[103] Vgl. Porter (2000) - Wettbewerbsvorteile, S. 63ff.

[104] Vgl. Taylor (1998) - The principles of scientific management, S. 9ff.

[105] Vgl. Porter (2000) - Wettbewerbsvorteile, S. 63ff.

[106] Vgl. Hilmer (2016) - Prozessmanagement in indirekten Bereichen, S. 60.

[107] Vgl. Döhring et al. (2014) - Business process variant maintenance, S. 1.

[108] Vgl. Becker et al. (2012) - Prozessmanagement, S. 8.

[109] Vgl. Gadatsch (2015) - Geschäftsprozesse analysieren und optimieren, S. 7.

Die Durchführung von Prozessen erfolgt im Unternehmen durch Ressourcen. Im Folgenden werden die relevanten Begrifflichkeiten in Bezug auf Ressourcen eingeführt.

Eine Ressource (von französisch ressource: Mittel, Quelle) ist nach DIN 69901-5 eine „abgrenzbare Gattung bzw. Einheit von Personal, Finanzmitteln, Sachmitteln, Informationen, Naturgegebenheiten, Hilfs- und Unterstützungsmöglichkeiten, die zur Durchführung oder Förderung von Vorgängen, Arbeitspaketen oder Projekten herangezogen werden können."[110] Der Einsatz von Ressourcen ist erforderlich, um die Aufgaben und Ziele einer Unternehmung umzusetzen.[111] Nach EHRLENSPIEL ET AL. ist die Schaffung von Produkten bzw. das Erbringen von Dienstleitungen das primäre Ziel des Ressourceneinsatzes.[112] Für die Maximierung des mit dem Ressourceneinsatz erzielten Ergebnisses bedarf es nach STERRER dem Ressourcenmanagement.[113] Ziel hierbei ist es, Ressourcen „nach strategischen Gesichtspunkten optimal zu steuern, Ressourcenengpässe [...] frühzeitig zu erkennen und rechtzeitig Steuerungsmaßnahmen einzuleiten"[114]. Ressourcen können nach SCHUH maßgeblich in materielle und immaterielle Ressourcen untergliedert werden.[115] Zentrale Charakteristik von Ressourcen ist nach ALTER außerdem deren limitierte Verfügbarkeit.[116]

Nach der Einführung der relevanten Begrifflichkeiten in Bezug auf Produkte, Prozesse und Ressourcen werden im Folgenden Methoden zum Management der externen und internen Komplexität dargestellt.

2.2.2 Management der externen Komplexität

In diesem Abschnitt werden Methoden zum Management der externen Komplexität dargelegt. Die externe Komplexität ist durch das vom Kunden wahrgenommenen Leistungsspektrum charakterisiert.[117] Im Rahmen dieser Arbeit wird das Leistungsspektrum durch die Produktvarianten gebildet. Die zentrale Aufgabe im Management der externen Komplexität ist die optimale Ausrichtung der Produktvarianten zur möglichst ganzheitlichen und zeitgerechten Erfüllung der Kundenanforderungen.[118] Bei

[110] Vgl. Deutsches Institut für Normung (2009) - Projektmanagement, S. 17.

[111] Vgl. Weske (2019) - Business Process Management, S. 4.

[112] Vgl. Ehrlenspiel et al. (2014) - Kostengünstig Entwickeln und Konstruieren, S. 7.

[113] Vgl. Sterrer (2014) - Das Geheimnis erfolgreicher Projekte, S. 40.

[114] Sterrer (2014) - Das Geheimnis erfolgreicher Projekte, S. 40.

[115] Vgl. Schuh (2011) - Business Engineering, S. 8.

[116] Vgl. Alter (2019) - Projektportfolio-Managements, S. 18.

[117] Vgl. Schuh und Riesener (2017) - Produktkomplexität managen, S. 21.

[118] Vgl. Schoeneberg (2014) - Komplexitätsmanagement in Unternehmen, S. 166; Schuh und Riesener (2017) - Produktkomplexität managen, S. 21.

zunehmend individuellen Kundenanforderungen dient die Realisierung spezifischer Produktvarianten dem Zweck, kundenindividuelle Anforderungen zu erfüllen und durch den somit generierten Zusatznutzen zusätzliche Märkte zu erschließen,[119]woraus eine häufig sehr hohe Anzahl angebotener Produktvarianten und damit eine hohe externe Vielfalt resultiert.[120] Um einer ausufernden Vielfalt der Produktvarianten entgegenzuwirken, ist es erforderlich, die externe Produktkomplexität systematisch zu managen.[121] Im Folgenden werden Möglichkeiten zur Unterstützung des Managements der externen Produktkomplexität vorgestellt.

Die externe Produktkomplexität lässt sich nach SCHUH UND RIESENER anhand von kundenrelevanten Merkmalen und Ausprägungen beschreiben, wobei sich eine Variante als Kombination von Ausprägungen ergibt.[122] Nach DIN 4000-1:2019-03 ist ein Merkmal definiert als „Eigenschaft, die zum Beschreiben und Unterscheiden von Gegenständen dient“[123]. Eine Ausprägung ist ein „konkreter Wert eines Merkmals“[124]. Die externe Produktkomplexität kann in Form eines Merkmalbaums visualisiert werden (siehe Abbildung 2-3). Jeder vollständige Ast im Merkmalbaum definiert eine Produktvariante, die von Kunden über die Kombination der jeweiligen Ausprägungen gewählt (z. B. in Form eines Produktkonfigurators) bzw. differenziert werden kann. Die Visualisierung unterstützt bei dem Management der externen Komplexität sowie der systematischen Ausrichtung der Produktvarianten und deren Eigenschaften an den Kundenanforderungen.[125]

Nach EHRLENSPIEL ET AL. kann anhand der Merkmale und Ausprägungen die systematische Analyse der externen Produktkomplexität erfolgen sowie die operative und strategische Planung unterstützt werden.[126] Im Rahmen der Analyse können Produktvarianten bspw. hinsichtlich der abgesetzten Stückzahlen sowie des erzielten Umsatzes und Gewinns bewertet werden. Hieraus lassen sich Erkenntnisse über den Erfolg und die Wirtschaftlichkeit der Produktvarianten ableiten. Basierend hierauf kann die operative und strategische Unternehmensführung unterstützt werden.

---

[119] Vgl. Rapp (1999) - Produktstrukturierung, S. 11.

[120] Vgl. Kantelberg (2018) - Gestaltung agiler Entwicklungsprozesse technischer Produkte, S. 1f.

[121] Vgl. Schuh und Riesener (2017) - Produktkomplexität managen, S. 119.

[122] Vgl. Schuh und Riesener (2017) - Produktkomplexität managen, S. 119ff.

[123] Deutsches Institut für Normung (2019) - Sachmerkmal-Listen, S. 5.

[124] Deutsches Institut für Normung (2019) - Sachmerkmal-Listen, S. 6.

[125] Vgl. Schuh und Riesener (2017) - Produktkomplexität managen, S. 119ff.; Krause und Gebhardt (2018) - Methodische Entwicklung modularer Produktfamilien, S. 222f.

[126] Vgl. Ehrlenspiel et al. (2014) - Kostengünstig Entwickeln und Konstruieren, S. 307; Schuh und Riesener (2017) - Produktkomplexität managen, S. 217ff.

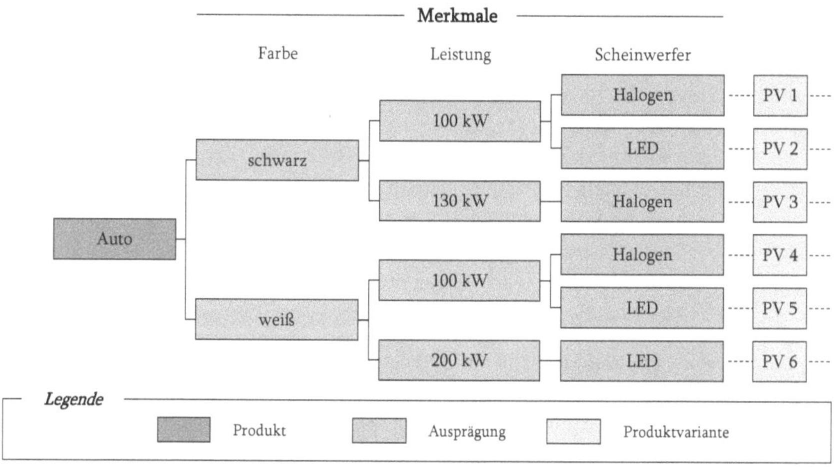

Abbildung 2-3: Merkmalbaum am Beispiel eines Automobils[127]

Indem besonders unwirtschaftliche Produktvarianten eliminiert und neue, gewinnversprechende Produktvarianten eingeführt werden, lässt sich eine Steigerung des Unternehmenserfolgs erzielen.[128] Für entsprechende Entscheidungen ist insbesondere die Bewertung von Produktvarianten hinsichtlich des jeweiligen Stückgewinns erforderlich.[129] Die Bewertung von Produktvarianten ist daher für die Sicherstellung des Unternehmenserfolgs unabdingbar und ist im Kontext dieser Arbeit wie folgt definiert:

Die **Bewertung von Produktvarianten** bezeichnet die Ermittlung des Stückgewinns einer Produktvariante über den Vergleich der Stückkosten und der Verkaufspreise.[130]

Während der Verkaufspreis einer Produktvariante bekannt und die für Kunden relevante Größe darstellt, entstehen die Kosten im Unternehmen. Im Folgenden werden die Grundlagen zum Management der internen Komplexität sowie hierfür geeignete Methoden eingeführt.

[127] In Anlehnung an Schuh und Riesener (2017) - Produktkomplexität managen, S. 120.
[128] Vgl. Ehrlenspiel et al. (2014) - Kostengünstig Entwickeln und Konstruieren, S. 298ff.
[129] Vgl. Gutenberg (1971) - Grundlagen der Betriebswirtschaftslehre, S. 153.
[130] Vgl. Gutenberg (1971) - Grundlagen der Betriebswirtschaftslehre, S. 153.

2.2.3 Management der internen Komplexität

Nach der Einführung der Grundlagen zum Management der externen Komplexität werden in diesem Abschnitt die Grundlagen zum Management der internen Komplexität eingeführt. Die interne Komplexität wird durch die Vielfalt der Baugruppen und Einzelteile, die Vielfalt der Prozesse sowie die Vielfalt der Ressourcen charakterisiert.[131] Aufgrund der mit einer ansteigenden externen Komplexität einhergehenden Zunahme der internen Komplexität[132] gilt es die für die Realisierung der Produktvarianten erforderlichen Prozessen unter dem optimalen Einsatz von Ressourcen zu gestalten.[133] Im Folgenden werden Methoden vorgestellt, die das Management der Vielfalt in den Dimensionen der internen Komplexität ermöglichen.

2.2.3.1 Management der internen Produktkomplexität

In erster Linie wird das Management der produktbezogenen Vielfalt durch die Produktstruktur unterstützt. Die Produktstruktur gibt Aufschluss über die physische Zusammensetzung einer Produktvariante aus den dazugehörigen Baugruppen und Einzelteilen (siehe Abbildung 2-4).[134]

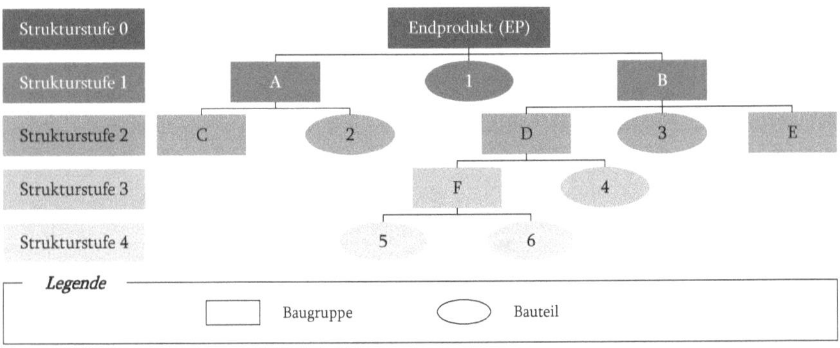

Abbildung 2-4: Mehrstufige Produktstruktur[135]

Dem Endprodukt, d. h. der Produktvariante, wird die Strukturstufe „0“ zugeordnet. Die darunterliegenden Elemente erhalten eine jeweils um „1“ erhöhte Strukturstufe.

[131] Vgl. Krause und Gebhardt (2018) - Methodische Entwicklung modularer Produktfamilien, S. 35.

[132] Vgl. Ehrlenspiel et al. (2014) - Kostengünstig Entwickeln und Konstruieren, S. 302f.

[133] Vgl. Schuh und Riesener (2017) - Produktkomplexität managen, S. 5ff.

[134] Vgl. Krause und Gebhardt (2018) - Methodische Entwicklung modularer Produktfamilien, S. 77f.; Feldhusen et al. (2013) - Technische Systeme, S. 255f.

[135] Vgl. Schuh und Riesener (2017) - Produktkomplexität managen, S. 124.

Hieraus ergibt sich die hierarchische Zusammensetzung des Produktes sowie der jeweiligen Baugruppen und Einzelteile.[136] Nach KRAUSE UND GEBHARDT ist die Produktstrukturierung insbesondere für die Realisierung eines variantenreichen Produktportfolios von entscheidender Bedeutung, da hierdurch die Konfiguration zu unterschiedlichen Produktvarianten erleichtert wird.[137] Da Produktstrukturen umfangreiche Zusammenhänge aufweisen können und somit schnell unübersichtlich werden, haben sich zur transparenten Dokumentation die Strukturstückliste, der Gozintograph und die Direktbedarfsmatrix etabliert ((siehe Abbildung 2-5).

Strukturstückliste

Sachnummer	Strukturstufe	Menge
EP	0	1
A	1	3
C	2	2
2	2	2
1	1	5
B	1	4
D	2	3
F	3	3
5	4	2
6	4	7

Gozintograph

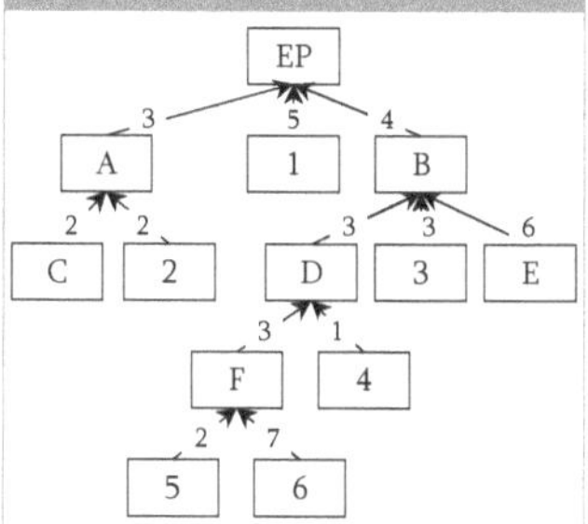

Direktbedarfsmatrix

	EP	A	C	2	1	B	D	F	5	6
EP										
A	3									
C		2								
2		2								
1	5									
B	4									
D						3				
F							3			
5								2		
6								7		

Abbildung 2-5: Beschreibungsmethoden der produktbezogenen, internen Komplexität[138]

Strukturstücklisten geben die Zusammensetzung von Produkten unter Angabe der jeweiligen Sachnummer, Strukturstufe und Menge wider.[139] Nach DIN 199-2 dient eine Sachnummer als identifizierendes Merkmal eines Gegenstands im Unternehmen.[140] Aus der Strukturstückliste lässt sich der strukturelle Aufbau eines jeden Produktes sowie der darin enthaltenen Baugruppen und Einzelteile bis auf die höchste Strukturstufe entnehmen.[141] Zur graphischen Darstellung des strukturellen Produktaufbaus eignet

[136] Vgl. Schuh (2012) - Innovationsmanagement, S. 140.

[137] Vgl. Krause und Gebhardt (2018) - Methodische Entwicklung modularer Produktfamilien, S. 70f.

[138] Vgl. Schuh (2012) - Innovationsmanagement, S. 141f.; Schuh und Schmidt (2014) - Produktionsmanagement, S. 165f.

[139] Vgl. Feldhusen et al. (2013) - Die PEP-begleitenden Prozesse, S. 224; Schuh und Riesener (2017) - Produktkomplexität managen, S. 124f.

[140] Vgl. Deutsches Institut für Normung (1977) - Begriffe im Zeichnung- und Stücklistenwesen, S. 5.

[141] Vgl.Schuh (2012) - Innovationsmanagement, S. 141f.

sich ein Gozintograph.[142] Die numerische Darstellung der hierin dargestellten Zusammenhänge wird in der Graphentheorie Adjazenzmatrix, in der Betriebswirtschaftslehre Direktbedarfsmatrix genannt.[143] HORSCH verwendet die gozintographischen Zusammenhänge für die Berechnung der Einzelkosten von Produkten aus den komponentenspezifischen Einzelkosten.[144]

Eine Zunahme der produktbezogenen Komplexität führt nach EHRLENSPIEL ET AL. zu einer Zunahme der prozessbezogenen Komplexität: „Komplexe Produkte bedingen meist komplexe Prozesse“[145]. Im folgenden Abschnitt erfolgt daher die Einführung der relevanten Grundlagen und Methoden in Bezug auf das Management der Prozesskomplexität.

2.2.3.2 Management der Prozesskomplexität

Die Prozesskomplexität ist nach HVAM ET AL. definiert als der Schwierigkeitsgrad, einen Prozess zu verstehen oder auszuführen.[146] Für das Management der Prozesskomplexität wurde das Geschäftsprozessmanagement entwickelt, das nach VAN DER AALST dem Entwurf, der Durchführung, Kontrolle, Messung und Optimierung von Geschäftsprozessen dient.[147] Der Darstellung von Geschäftsprozessen, den dazugehörigen Aktivitäten sowie der Ausführungsbedingungen zwischen diesen dient die Modellierung und graphische Darstellung von Geschäftsprozessen anhand der Business Process Model and Notation (BPMN) (siehe Abbildung 2-6).[148]

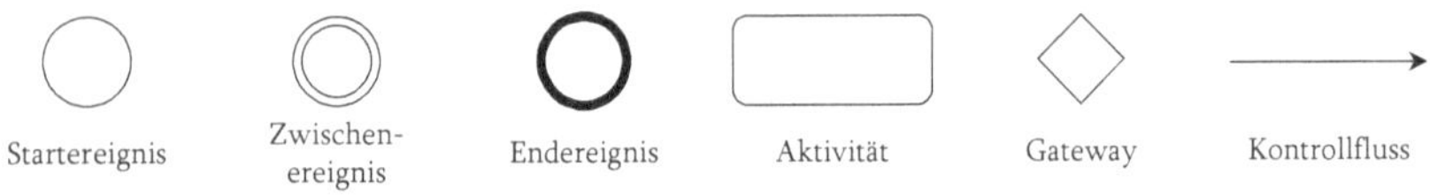

Abbildung 2-6: Grundlegende Modellierungselemente der BPMN[149]

Ereignisse beschreiben Geschehnisse während eines Prozesses, die den Prozessablauf beeinflussen und i. d. R. eine Ursache oder eine Auswirkung haben. Startereignisse

[142] Vgl.Arnoscht (2011) - Beherrschung von Komplexität bei der Gestaltung von Baukastensystemen, S. 36; Schuh und Schmidt (2014) - Produktionsmanagement, S. 165f.

[143] Vgl.Arnoscht (2011) - Beherrschung von Komplexität bei der Gestaltung von Baukastensystemen, S. 36f.

[144] Vgl.Horsch (2018) - Kostenrechnung, S. 50f.

[145] Ehrlenspiel et al. (2014) - Kostengünstig Entwickeln und Konstruieren, S. 154.

[146] Vgl. Hvam et al. (2020) - Reduction of complexity based on complexity costs, S. 1.

[147] Vgl. van der Aalst (2016) - Process Mining, S. 16.

[148] Vgl. Gadatsch (2015) - Geschäftsprozesse analysieren und optimieren, S. 15ff.

[149] In Anlehnung an Object Management Group (2014) - BPMN, S. 26ff.; Gadatsch (2017) - Grundkurs Geschäftsprozess-Management, S. 114.

kennzeichnen den Beginn eines Prozesses, Zwischenereignisse geschehen während eines Prozesses und Endereignisse kennzeichnen das Ende eines Prozesses. Aktivitäten kennzeichnen Aufgaben, die während eines Prozesses im Unternehmen durchgeführt werden. Durch Gateways werden divergierende (sich verzweigende) und konvergierende (sich verbindende) Prozessabläufe kontrolliert und gekennzeichnet. Kontrollflüsse verbinden Ereignisse, Aktivitäten und Gateways und verdeutlichen die Reihenfolge, in der Aktivitäten in einem Prozess ablaufen.[150] Die Prozessmodellierung stellt ein Werkzeug für ein erfolgreiches Management der Prozesskomplexität dar und ermöglicht die abstrahierte Prozessdokumentation, -analyse und -verbesserung.[151]

Neben der Produkt- und Prozesskomplexität hat nach EHRLENSPIEL ET AL. die Vielfalt der Ressourcen Einfluss auf die Komplexität in Unternehmen.[152] Da die Wirtschaftlichkeit eines Unternehmens auf der Fähigkeit beruht, Ressourcen in Werte zu transformieren, ist der wertmaximierende Ressourceneinsatz Aufgabe und Zielsetzung des Ressourcenmanagements.[153] Im Folgenden werden die Grundlagen zum Management der Ressourcenkomplexität erläutert.

2.2.3.3 Management der Ressourcenkomplexität

Nach der Einführung der relevanten Grundlagen und Methoden zum Management der internen Produktkomplexität und der Prozesskomplexität erfolgt in diesem Abschnitt die Erläuterung der Grundlagen zum Management der Ressourcenkomplexität. Zur Unterstützung dieser Aufgabe haben sich Enterprise Resource Planning (ERP) Systeme etabliert, in denen zentral und unternehmensübergreifend Informationen zu den Geschäftsprozessen und den durchführenden Ressourcen transparent gespeichert und abrufbar sind.[154] Durch den Einsatz solcher Geschäftsprozessmanagementsysteme (engl.: Business Process Management Systems) wird der steigenden Komplexität der Ressourcen begegnet und deren Management ermöglicht.[155]

Für das Management der Ressourcenkomplexität wird die prozessorientierte Modellierung von SCHUSTER in Anlehnung an die objektorientierte Modellierung (siehe Kapitel 2.4.1.3) um eine ressourcenorientierte Modellierung ergänzt.[156] Durch die objektorientierte Ressourcenmodellierung wird die automatische Bewertung und Verbesserung

[150] Vgl. Object Management Group (2014) - BPMN, S. 26ff.
[151] Vgl. Gadatsch (2017) - Grundkurs Geschäftsprozess-Management, S. 79.
[152] Vgl. Ehrlenspiel et al. (2014) - Kostengünstig Entwickeln und Konstruieren, S. 154.
[153] Vgl. Hermann (1996) - Wertorientiertes Ressourcenmanagement, S. 5.
[154] Vgl. Weske (2019) - Business Process Management, S. 28.
[155] Vgl. Schuster (2012) - Ressourcen in Geschäftsprozessen, S. 2ff.
[156] Vgl. Schuster (2012) - Ressourcen in Geschäftsprozessen, S. 43ff.

des Ressourceneinsatzes ermöglicht. Aus einer umfassenden Analyse bestehender Ansätze zur Klassifikation von Ressourcen leitet SCHUSTER möglichst allgemeingültige, branchenunabhängige, spezifische Ressourcenklassen im Kontext des BPM ab.[157] Hierbei wird zunächst zwischen Maschinen-, Material-, gegenstandslosen und Human-Ressourcen differenziert.

In Maschinen-Ressourcen sind alle maschinellen Ressourcen zusammengefasst. Material-Ressourcen enthalten Ressourcen, die als Betriebsmittel in Geschäftsprozessen eingesetzt werden können (z. B. Rohstoffe oder Teilprodukte). In den gegenstandlosen Ressourcen sind alle nicht greifbaren, immateriellen Ressourcen vereint. In der Klasse der Human-Ressourcen werden sämtliche personellen Ressourcen zusammengefasst (siehe Abbildung 2-7).

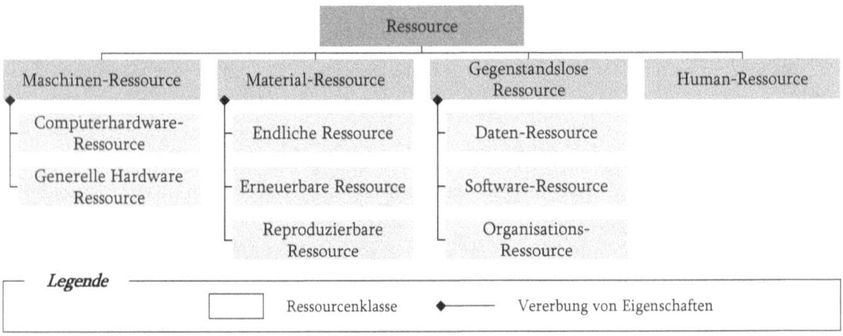

Abbildung 2-7: Ressourcenklassen zur Ableitung konkreter Objekte[158]

Durch die Klassifizierung und modellbasierte Beschreibung von Unternehmensressourcen wird eine erhebliche Steigerung der Transparenz und Auswertbarkeit in Bezug auf die zur Verfügung stehenden Ressourcen ermöglicht.

Nachdem in diesem Kapitel methodische Elemente zum Management der internen Komplexität vorgestellt wurden, folgt im nächsten Kapitel die Erläuterung der mit der steigenden Komplexität einhergehenden Kostenwirkungen im Unternehmen.

---

[157] Vgl. Schuster (2012) - Ressourcen in Geschäftsprozessen, S. 43ff.

[158] In Anlehnung an Schuster (2012) - Ressourcen in Geschäftsprozessen, S. 72.

2.2.4 Kostenwirkungen steigender Komplexität

In einer branchenübergreifenden Studie mit 175 Unternehmen stellt GÖTZFRIED eine ständige Zunahme der externen und internen Vielfalt fest. Hierbei wird eine zunehmende Anzahl an Produktvarianten, die die externe Perspektive repräsentieren, sowie die Zunahme der Anzahl aktiver Teile, die die interne Perspektive repräsentieren, festgestellt.[159] Nach EHRLENSPIEL ET AL. führt eine zunehmende Anzahl an Produktvarianten und die damit einhergehende Verringerung der Losgrößen tendenziell zu steigenden direkten und indirekten Stückkosten, zu verlängerten Durchlauf- und Lieferzeiten sowie zu Problemen in der Qualitätssicherung.[160] In einer empirischen Studie mit mehr als 30 Unternehmen stellt WILDEMANN einen direkten Zusammenhang zwischen der zunehmenden Produktvielfalt und den Stückkosten fest: Eine Verdopplung der Anzahl der Produktvarianten führt demnach zu einem Anstieg der Stückkosten von 20 bis 30%.[161]

Die mit der zunehmenden Produktvielfalt einhergehenden Kosten werden von SCHUH UND RIESENER als varianteninduzierte Kosten bzw. Komplexitätskosten bezeichnet[162] und entstehen durch zusätzlich zu erbringende operative und dispositive Prozesse und die damit einhergehenden zusätzlichen Ressourcenbeanspruchungen entlang der gesamten Wertschöpfungskette.[163] Komplexitätskosten und varianteninduzierte Kosten sind dabei synonym zu verwenden. Im Kontext dieser Arbeit gelte in Anlehnung an RIESENER[164] die folgende Definition:

Varianteninduzierte Kosten sind einmalige und laufende bewertete Ressourcenverzehre, die durch die Entstehung einer Produktvariante im Unternehmen anfallen.

Varianteninduzierte Kosten unterliegen hierbei den selben theoretischen Grundsätzen wie Komplexitätskosten. Komplexitätskosten untergliedern sich dabei in direkte Komplexitätskosten und Opportunitätskosten. Direkte Komplexitätskosten können weiterhin nach einmaligen und laufenden Komplexitätskosten unterschieden werden. Einmalige und laufende Komplexitätskosten sind entsprechend der Bezeichnung diejeni-

[159] Vgl. Götzfried (2013) - Managing complexity induced by product variety, S. 2.
[160] Vgl. Ehrlenspiel et al. (2014) - Kostengünstig Entwickeln und Konstruieren, S. 294.
[161] Vgl. Bayer (2010) - Integriertes Variantenmanagement, S. 45; Riesener (2015) - Ähnlichkeitsbasierte Produktkonfiguration im Maschinenbau, S. 23.
[162] Vgl. Schuh und Riesener (2017) - Produktkomplexität managen, S. 153.
[163] Vgl. Bohne (1998) - Komplexitätskostenmanagement in der Automobilindustrie, S. 43.
[164] Vgl. Riesener (2015) - Ähnlichkeitsbasierte Produktkonfiguration im Maschinenbau, S. 38.

gen Kosten, die für die Erzeugung einer Produktvariante einmalig oder laufend anfallen. Opportunitätskosten entstehen aufgrund nicht oder anders genutzter Ressourcen werden (siehe Abbildung 2-8).[165]

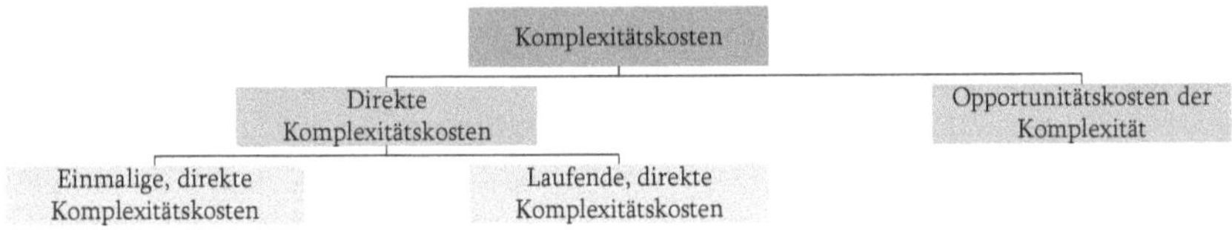

Abbildung 2-8: Gliederung der Komplexitätskosten[166]

Die Aufgabe und Zielsetzung der Komplexitätskostenrechnung „muss es [...] sein, in einem ersten Schritt die in den Gemeinkostenblöcken enthaltenen varianteninduzierten Kosten zu identifizieren. Weiterhin muss in einem zweiten Schritt die Zurechnung dieser Kosten zu den verursachenden Varianten anstelle eines Gemeinkostenzuschlags erfolgen."[167] Hierdurch wird eine kostenbasierte Bewertung von Produktvarianten zur Ableitung korrekter Entscheidungen ermöglicht.[168] Im Folgenden werden beispielhaft die Auswirkungen zusätzlicher Produktvarianten in den Abteilungen Entwicklung, Einkauf, Produktion und Vertrieb dargestellt, die in einmaligen, laufenden und opportunen varianteninduzierten Kosten resultieren.

Zur Realisierung von Produktvarianten sind in der Entwicklung Kundenanforderungen in technische Anforderungen zu überführen und in Form technischer Dokumentation (z. B. Zeichnungen, Stücklisten etc.) umzusetzen. Im Einkauf sind für die neuen Produkte relevante Stammdaten zu erstellen und zu pflegen, Lieferanten zu suchen und zu qualifizieren. Für die Produktion bedeuten zusätzliche Produktvarianten Aufwände für die Erstellung von Arbeitsplänen und ggf. die Beschaffung neuer oder Anpassung bestehender Werkzeuge. Im Vertrieb müssen bestehende Unterlagen, wie Prospekte und Preislisten, angepasst oder neu erstellt werden.[169] Neben diesen häufig einmalig anfallenden Kosten ergeben sich weiterhin laufende varianteninduzierte Kos-

[165] Vgl. Bayer (2010) - Integriertes Variantenmanagement, S. 25f.
[166] In Anlehnung an Nußbaum (2011) - Bewertung des Wirkungsgrades von Produktkomplexität, S. 40; Bayer (2010) - Integriertes Variantenmanagement, S. 26.
[167] Schuh und Riesener (2017) - Produktkomplexität managen, S. 153.
[168] Vgl. Schuh und Riesener (2017) - Produktkomplexität managen, S. 151.
[169] Vgl. u.a.Rathnow (1993) - Integriertes Variantenmanagement, S. 21ff.; Riesener (2015) - Ähnlichkeitsbasierte Produktkonfiguration im Maschinenbau, S. 23f.

ten. So steigen Bestände an Material, unfertigen und fertigen Teilerzeugnissen. Zusätzlich werden erhöhte Umrüstvorgänge in der Produktion erforderlich, was zu steigenden Durchlaufzeiten und Kosten für die Qualitätsprüfung führt. Die varianteninduzierten Prozesse für die Planung und Steuerung zusätzlicher Produkte und Einzelteile binden außerdem kontinuierlich Ressourcen.[170]

Der funktionsübergreifende Charakter zeichnet sich durch das Auftreten der varianteninduzierten Kosten in nahezu allen Unternehmensbereichen und entlang des gesamten Produktlebenszyklus aus. Weiterhin treten die Kosten i. d. R. zeitverzögert und häufig sprunghaft, z. B. in Form zusätzlicher Arbeitskräfte oder Lagerplätze, auf. Dies erschwert die Zuordenbarkeit der Kosten zu den verursachenden Produkten. Eine langfristige Kostenwirkung besteht aufgrund des asymmetrischen und dynamischen Verhalten bei der Komplexitätszunahme und -reduktion. Durch die Komplexitätszunahme angefallene Kosten, z. B. in Form zusätzlicher Ressourcen, werden durch eine Komplexitätsreduktion nicht gleichermaßen abgebaut, sodass eine strukturelle Ertragslücke bestehen bleibt (siehe Abbildung 2-9).[171]

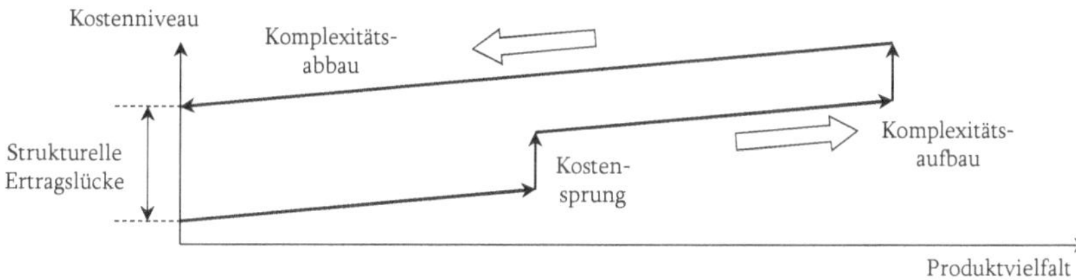

Abbildung 2-9: Dynamisches Verhalten der Komplexitätsauswirkungen[172]

Mit traditionellen Verfahren der Kostenrechnung (siehe Abschnitt 2.3.2) ist die Ermittlung und verursachungsgerechte Zuordnung der varianteninduzierten Kosten zu den verursachenden Produktvarianten nur eingeschränkt bzw. nicht möglich.[173] Die nicht verursachungsgerechte Kostenzuordnung führt zu negativen Effekten in Bezug auf die Bewertung der Produktvarianten und letztlich den Unternehmenserfolg. Produkte mit geringem Komplexitätsgrad werden vergleichsweise mit zu hohen Kosten und Produkte mit hohem Komplexitätsgrad mit zu geringen Kosten im Vergleich zu

[170] Vgl. Rathnow (1993) - Integriertes Variantenmanagement, S. 22.

[171] Vgl. Rathnow (1993) - Integriertes Variantenmanagement, S. 23ff.

[172] In Anlehnung an Rathnow (1993) - Integriertes Variantenmanagement, S. 26.

[173] Vgl. Cooper und Kaplan (1988) - How cost accounting distorts product costs, S. 1; Männel (1995) - Prozeßkostenrechnung, S. 15; Coenenberg et al. (2016) - Kostenrechnung und Kostenanalyse, S. 158.

einer vollständig verursachungsgerechten Kostenzuordnung belastet. Aus zu geringen Marktpreisen für hochkomplexe Produkte resultiert Verlust, der durch den Gewinn standardisierter Produkte nivelliert werden muss. Zur Sicherstellung der Profitabilität werden die Marktpreise für standardisierte Produkte erhöht, was zu einem Wettbewerbsnachteil im Vergleich zu Unternehmen mit einem weniger variantenreichen Produktportfolio führt (siehe Abbildung 2-10).[174]

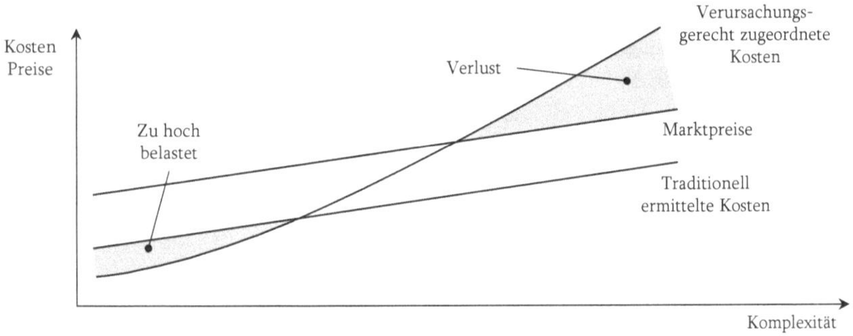

Abbildung 2-10: Kosten und Preise von Produkten in Abhängigkeit der Komplexität[175]

Durch die Ermittlung und verursachungsgerechte Zuordnung der varianteninduzierten Kosten lässt sich eine Verbesserung der Bewertung von Produktvarianten erzielen.[176] Dies erfolgt über prozess- bzw. ressourcenorientierte Kostenrechnungsverfahren. Im folgenden Abschnitt werden Verfahren der Kostenrechnung vorgestellt und auf Möglichkeiten zur Ermittlung und verursachungsgerechten Zuordnung varianteninduzierter Kosten eingegangen.

2.3 Kostenrechnung

Nachdem in den vorangegangenen Kapiteln die relevanten Grundlagen und Definitionen zur Unternehmensführung sowie zum Komplexitätsmanagement erläutert wurden, erfolgt in diesem Kapitel die Einführung in die Kostenrechnung. Hierfür werden

[174] Vgl. Rathnow (1993) - Integriertes Variantenmanagement, S. 40; Schuh und Riesener (2017) - Produktkomplexität managen, S. 28f.

[175] In Anlehnung an Coenenberg und Fischer (1991) - Prozesskostenrechnung, S. 33; Schuh und Riesener (2017) - Produktkomplexität managen, S. 28.

[176] Vgl. Schuh und Riesener (2017) - Produktkomplexität managen, S. 153.

zunächst relevante Begrifflichkeiten der Kostenrechnung definiert. Zur Einordung der prozessorientierten Kostenrechnung werden nachfolgend traditionelle Kostenrechnungsverfahren sowie die damit einhergehenden Limitationen in Bezug auf die verursachungsgerechte Kostenzuordnung erläutert. Für die Ermittlung und verursachungsgerechte Zuordnung varianteninduzierter Kosten eigenen sich prozessorientierte Kostenrechnungsverfahren. Diese werden abschließend beschrieben.

2.3.1 Relevante Begrifflichkeiten

Die Kostenrechnung gehört nach COENENBERG zu den Grundpfeilern betriebswirtschaftlichen Denkens und Handelns[177] und ist nach DIN 32990-1 definiert als „das Erfassen, Gliedern, Aufbereiten und Speichern von Kosten zum Zwecke der Planung, Kontrolle und Dokumentation“[178]. Kosten werden in Anlehnung an SCHMALENBERG als bewertete, für die Leistungserstellung verzehrte Güter definiert.[179] Im Rahmen der betrieblichen Leistungserstellung lassen sich Kosten nach der Zurechenbarkeit zu einem Produkt in Einzelkosten und Gemeinkosten differenzieren. Einzelkosten stellen alle Kosten dar, die einem Zurechnungsobjekt (z. B. einem Produkt) direkt zugeordnet werden können. Gemeinkosten lassen sich einem Zurechnungsobjekt nur indirekt zuordnen (echte Gemeinkosten) bzw. werden aus Gründen der Wirtschaftlichkeit nicht direkt zugeordnet (unechte Gemeinkosten).[180]

Für die Kostenrechnung ist weiterhin der Zeitbezug (Ist-, Normal- und Plankosten) sowie der Verrechnungsumfang (Vollkosten, Teilkosten) zu differenzieren. Bei der Istkostenrechnung werden alle in einer zurückliegenden Periode entstandenen Kosten berücksichtigt. Normalkosten basieren auf Durchschnittswerten mehrerer vergangener Perioden und bilden damit Mittelwerte ab. Die Plankostenrechnung ist prospektiv orientiert und fokussiert zu erwartende Kosten basierend auf der Auftragseingangsplanung.

Während im Rahmen der Vollkostenrechnung alle Kosten im Unternehmen den Kostenträgern zugeordnet werden, erfolgt in der Teilkostenrechnung die Einschränkung auf variable, von der Beschäftigung abhängige Kosten. Die Vollkostenrechnung dient bspw. der Ermittlung von Preisuntergrenzen von Produkten zur Sicherstellung der

177 Vgl. Coenenberg et al. (2016) - Kostenrechnung und Kostenanalyse, V.

178 Deutsches Institut für Normung (1989) - Begriffe zu Kosteninformationen, S. 3.

179 Vgl. Coenenberg et al. (2016) - Kostenrechnung und Kostenanalyse, S. 25; Huch (1984) - Einführung in die Kostenrechnung, S. 21.

180 Vgl. Coenenberg et al. (2016) - Kostenrechnung und Kostenanalyse, S. 75f.; Deutsches Institut für Normung (1989) - Begriffe zu Kosteninformationen, S. 2f.; Horsch (2018) - Kostenrechnung, S. 35.

Profitabilität. Für Entscheidungen mit kurzfristigem Zeithorizont findet die Teilkostenrechnung bevorzugt Verwendung.[181] Für den Zweck der Zurechnung bzw. Zuordnung von Kosten wird im Rahmen der Kostenrechnung von Kostenträgern gesprochen, welche i. d. R. am Markt abzusetzende Produktvarianten bezeichnen.[182] In Bezug auf einen Kostenträger werden sämtliche bei der Produkterstellung anfallenden oder angefallenen und diesem Produkt zugrechneten Kosten als Selbstkosten bezeichnet.[183]

Für die Ermittlung der Selbstkosten werden im Folgenden traditionelle Kostenrechnungsverfahren beschrieben und deren Eignung zur verursachungsgerechten Kostenzuordnung bewertet. Diese Kostenrechnungsverfahren bilden die Rahmenbedingungen für die hierin zu integrierende Komplexitätskostenrechnung.

2.3.2 Klassische Verfahren der Kostenrechnung

Die Kostenrechnung erfolgt i. d. R. sukzessive aufeinander aufbauend anhand einer Kostenartenrechnung („Welche Kosten fallen an?"), Kostenstellenrechnung („Wo fallen die Kosten an?") und Kostenträgerrechnung („Wofür fallen die Kosten an?").[184]

Die Kostenartenrechnung dient zunächst der Erfassung und Charakterisierung aller im Unternehmen angefallener Kosten, wobei häufig eine Untergliederung nach den verzehrten Gütern bzw. Produktionsfaktoren (z. B. Material- bzw. Werkstoffkosten, Personalkosten, Abschreibungen, Zinsen etc.) erfolgt. Die Kostenartenrechnung bildet die Grundlage für die nachgelagerten Rechnungen. Die Kostenstellenrechnung dient maßgeblich der Verbesserung der Gemeinkostenzuordnung, indem im Unternehmen nach bestimmten Kriterien abgegrenzte Kostenstellen gebildet werden und diesen Gemeinkosten zugeordnet werden. In der Kostenträgerrechnung erfolgt die Ermittlung der einem Kostenträger zuzuordnenden Kosten.[185] Die Kostenträgerrechnung ist für die Ableitung von Entscheidungen unabdingbar, da diese bspw. Aussagen über die Profitabilität von Produktvarianten sowie über mindestens zu erzielende Marktpreise ermöglicht.[186] Für die Kostenträgerrechnung wurden zahlreiche Verfahren mit dem Ziel

---

181 Vgl. Horsch (2018) - Kostenrechnung, S. 36ff.

182 Vgl. Deutsches Institut für Normung (1989) - Begriffe zu Kosteninformationen, S. 2; Horsch (2018) - Kostenrechnung, S. 35.

183 Vgl. Deutsches Institut für Normung (1989) - Begriffe zu Kosteninformationen, S. 5.

184 Vgl. Coenenberg et al. (2016) - Kostenrechnung und Kostenanalyse, S. 69f.

185 Vgl. Götze (2010) - Kostenrechnung und Kostenmanagement, S. 20ff.

186 Vgl. Mumm (2019) - Kosten- und Leistungsrechnung, S. 135.

einer möglichst verursachungsgerechten Kostenzuordnung entwickelt.[187] Im Folgenden werden die Divisionskalkulation sowie die Zuschlagskalkulation als grundlegende Verfahren der Kostenträgerrechnung im Vollkostensystem[188] kurz vorgestellt und der Grad der Verursachungsgerechtheit in einem variantenreichen Produktportfolio bewertet.

Im Rahmen der Divisionskalkulation werden sämtliche Kosten einer Periode gleichmäßig auf alle Kostenträger verteilt, wobei keine Differenzierung zwischen Einzel- und Gemeinkosten erfolgt. Neben der einfachen, einstufigen Divisionskalkulation finden zwei- bzw. mehrstufige Verfahren Anwendung. Hierbei erfolgt eine Detaillierung der in unterschiedlichen Unternehmensbereichen angefallenen Kosten auf die jeweils relevante Stückzahl, um eine differenzierte Bewertung der produzierten und abgesetzten Leistungsmengen zu erlangen.[189] Die Divisionskalkulation ist zwar wenig aufwändig, die Ergebnisse sind allerdings nur für Unternehmen mit einer bzw. wenigen Produktvarianten sinnvoll. Nichtsdestotrotz bildet die Zuordnung der in den unterschiedlichen Unternehmensbereichen entstandenen Kosten zu den jeweils relevanten Stückzahlen der Kostenträger einen vielversprechenden Ansatz der verursachungsgerechten Kostenzuordnung, welcher im Rahmen der Entwicklung der Methodik in dieser Arbeit Anwendung finden soll. Insgesamt wird die Kostenzuordnung der Divisionskalkulation mit zunehmender Vielfalt der zu bewertenden Kostenträger abnehmend verursachungsgerecht.[190]

Für Unternehmen mit variantenreicher Serienfertigung oder auftragsbezogener Einzelfertigung eignet sich zu einer Steigerung der verursachungsgerechten Kostenzuordnung die Zuschlagskalkulation.[191] Hierbei werden die Einzelkosten und Sondereinzelkosten direkt und verursachungsgerecht den Kostenträgern zugeordnet. Die Gemeinkosten werden mittels Zuschlagssätzen zugeordnet, wodurch im Rahmen der differenzierten Zuschlagskalkulation die Durchführung einer Kostenarten-, Kostenstellen- und Kostenträgerrechnung erforderlich ist.[192] Die Gemeinkostenzuschläge werden proportional zu den Einzelkosten in verschiedenen Leistungsbereichen im Unterneh-

[187] Vgl. Götze (2010) - Kostenrechnung und Kostenmanagement, S. 100.

[188] Für weitere, von den dargestellten Verfahren abgeleitete Kostenrechnungsverfahren, wie z. B. die Äquivalenzziffernkalkulation, Maschinenstundensatzkalkulation, Kuppelkalkulation wird auf bestehende Literatur verwiesen, z. B. Coenenberg et al. (2016) - Kostenrechnung und Kostenanalyse, S. 149ff.

[189] Vgl. Coenenberg et al. (2016) - Kostenrechnung und Kostenanalyse, S. 140f.

[190] Vgl. Götze (2010) - Kostenrechnung und Kostenmanagement, S. 101f.

[191] Vgl. Coenenberg et al. (2016) - Kostenrechnung und Kostenanalyse, S. 144.

[192] Vgl. Horsch (2018) - Kostenrechnung, S. 139f.

men definiert und im Rahmen der Kostenträgerstückrechnung den Kostenträgern zugeordnet. Die Zuschlagsbasis der jeweiligen Einzelkosten sowie die sich aus der Zuordnung von Einzel- und Gemeinkosten ergebenden Kosten sind in Abbildung 2-11 dargestellt.

Die Zuschlagskalkulation liefert eine kostenstellenspezifische Gemeinkostenzuordnung, die allerdings einen proportionalen Zusammenhang zwischen Gemeinkosten und der Zuschlagsgrundlage voraussetzt. Die Genauigkeit und Korrektheit der hiermit erzielten Ergebnisse hängt von der Gültigkeit dieses Zusammenhangs ab.

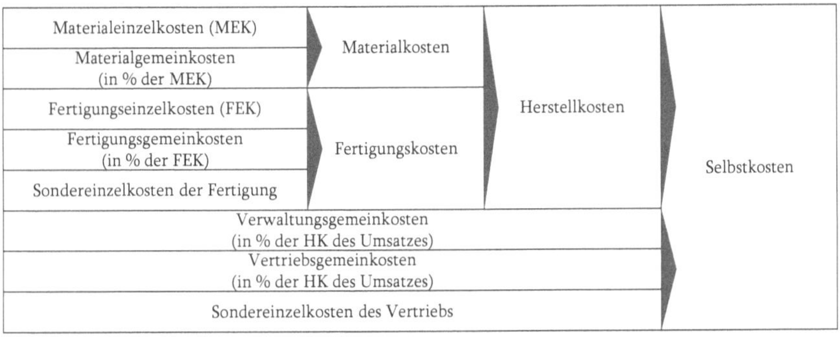

Abbildung 2-11: Schema der differenzierten Zuschlagskalkulation[193]

Produkte mit gleichen Einzelkosten erzeugen nicht unbedingt den gleichen Ressourcenverzehr, woraus auch unterschiedliche Kosten im wertmäßigen Sinne einhergehen. Daher können Verzerrungen in der Kostenzuordnung auftreten.[194] Werden die somit erzielten Ergebnisse als Grundlage für Entscheidungen in Bezug auf die strategische und operative Unternehmensplanung und -steuerung verwendet, können sich hieraus weiterhin Fehlentscheidungen ergeben, die einen negativen Beitrag zum Unternehmenserfolg aufweisen. Dies wird von COOPER UND KAPLAN wie folgt zusammengefasst: „Existing cost systems frequently understate profits on high-volume products and overstate profits on specialty items“[195].

Für die Ermittlung des tatsächlichen Ressourcenverzehrs eines Kostenträgers wurden prozessorientierte Verfahren entwickelt. Diese werden im Folgenden vorgestellt und

[193] In Anlehnung an Horsch (2018) - Kostenrechnung, S. 139.

[194] Vgl. Götze (2010) - Kostenrechnung und Kostenmanagement, S. 118.

[195] Cooper und Kaplan (1988) - How cost accounting distorts product costs, S. 98.

die hiermit einhergehende Verbesserung der Verursachungsgerechtheit in der Kostenzuordnung erläutert.

2.3.3 Prozessorientierte Kostenrechnung

Verfahren der prozessorientierten Kostenrechnung wurden aufgrund sich verändernder Wertschöpfungs- und Kostenstrukturen entwickelt, um die verursachungsgerechte Zuordnung von Gemeinkosten zu Kostenträgern zu verbessern.[196] Ziel prozessorientierter Kostenrechnungsverfahren ist es, „die leistungswirtschaftlichen Beziehungen zwischen Ressourcen, Prozessen und Produkten [aufzudecken]"[197]. Zentrales Element ist die Fokussierung auf die zur Leistungserstellung durchgeführten Aktivitäten und Prozesse sowie deren kostenmäßige Quantifizierung durch den mit der Prozessdurchführung einhergehenden Ressourcenverzehr. Für die Produktkalkulation erfolgt die Verrechnung von Gemeinkosten über sogenannte Kostentreiber, die Bezugsgrößen für die Kosten der Prozessdurchführung darstellen (siehe Abbildung 2-12).[198]

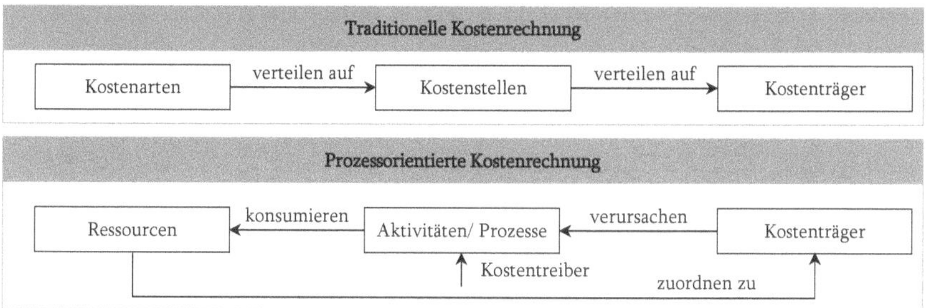

Abbildung 2-12: Unterscheidung traditioneller und prozessorientierter Kostenrechnung[199]

Prozessorientierte Kostenrechnungsverfahren für sich sind zur vollständigen Verrechnung aller Kosten, d. h. zur Ermittlung der Selbstkosten im Vollkostensystem, nicht geeignet, da die hiermit ermittelten und zugeordneten Kosten Gemeinkosten darstellen. Daher sind diese Verfahren nur in Kombination mit den Schritten der Kostenar-

[196] Vgl. Cooper und Kaplan (1988) - How cost accounting distorts product costs; Horváth und Mayer (1989) - Prozesskostenrechnung; Schuh (1989) - Gestaltung und Bewertung von Produktvarianten; Männel (1995) - Prozeßkostenrechnung.

[197] Vgl. Männel (1995) - Prozeßkostenrechnung, S. 16.

[198] Vgl. Riesener (2015) - Ähnlichkeitsbasierte Produktkonfiguration im Maschinenbau, S. 41.

[199] In Anlehnung an Riesener (2015) - Ähnlichkeitsbasierte Produktkonfiguration im Maschinenbau, S. 42; Nadig (2000) - Prozesskostenrechnung in Theorie und Praxis, S. 23.

ten- und Kostenträgerrechnung zu verwenden und stellen mehr eine aufwandsproportionale als eine bezugsgrößenproportionale Verrechnungsgrundlage zur Verfügung, um die „grobschlächtige Zuschlagskalkulation“[200] zu verbessern. Zur Ermittlung der vollkostenorientierten Selbstkosten werden daher Einzelkosten direkt zugeordnet. Die Gemeinkosten werden einerseits aufwandsproportional als Prozesskosten zugeordnet. Gemeinkosten, die nicht als Prozesskosten zugeordnet werden können, werden proportional zu definierten Bezugsgrößen zugeordnet (siehe Abbildung 2-13).[201]

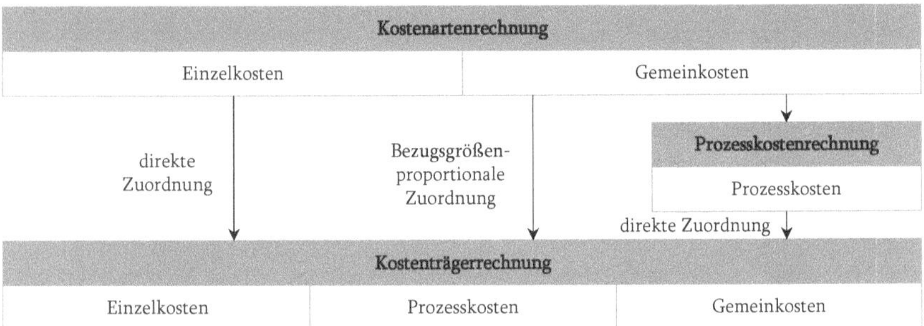

Abbildung 2-13: Prozesskostenbasierte Kostenzuordnung im Vollkostensystem[202]

Im Folgenden werden mit dem Activity-based Costing nach COOPER UND KAPLAN, der Prozesskostenrechnung nach HORVÁTH UND MAYER sowie dem Time-driven Activity-based Costing nach KAPLAN UND ANDERSON die grundlegenden und wesentlichen Ansätze zur prozessorientierten Kostenrechnung vorgestellt.

Mit dem Activity-based Costing (ABC) entwickelten COOPER UND KAPLAN eines der ersten prozessorientierten Kostenrechnungssysteme mit dem Ziel, die Unzulänglichkeiten der Gemeinkostenzuordnung in fertigungsnahen Unternehmensbereichen zu beseitigen.[203] Die zu verrechnenden Kostenblöcke (z. B. Kosten für Materialbeschaffung) werden jeweils zu Kostentreibern (z. B. Anzahl Bestellpositionen) in Relation gesetzt, um die Kosten für eine Einheit zu ermitteln. Für die Kalkulation des variantenspezifischen Ressourcenverzehrs wird jedem zu bewertenden Produkt die hierfür erforderliche Menge an Kostentreibern zugeordnet, woraus sich die zuzuordnenden Gemeinkosten ergeben. Das ABC stellt eine erhebliche Verbesserung der bis dahin in

[200] Coenenberg et al. (2016) - Kostenrechnung und Kostenanalyse, S. 187.
[201] Vgl. Coenenberg et al. (2016) - Kostenrechnung und Kostenanalyse, S. 172f.
[202] In Anlehnung an Walter und Wünsche (2013) - Einführung in die moderne Kostenrechnung, S. 291.
[203] Vgl. Cooper und Kaplan (1988) - How cost accounting distorts product costs.

den Vereinigten Staaten von Amerika etablierten Kostenrechnungsverfahren in Bezug auf die verursachungsgerechte Gemeinkostenzuordnung dar. Zur Erweiterung der prozessorientierten Kostenrechnung auf indirekte Leistungsbereiche wurde die Prozesskostenrechnung entwickelt. Diese wird im Folgenden kurz vorgestellt und auf die Unterschiede zum Activity-based Costing eingegangen.

Im Rahmen der Prozesskostenrechnung nach HORVÁTH UND MAYER liegt der Fokus weniger auf den fertigungsnahen als vielmehr auf den indirekten Unternehmensbereichen, um die hier zunehmenden Gemeinkosten verursachungsgerecht zuzuordnen.[204]

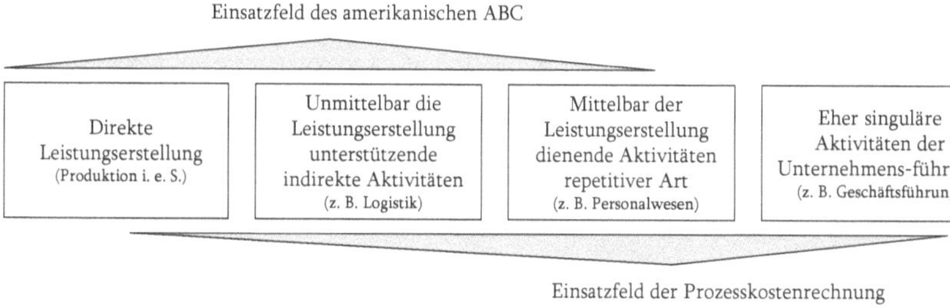

Abbildung 2-14: Abgrenzung von Activity-based Costing und der Prozesskostenrechnung[205]

Zu den indirekten Leistungsbereichen zählen z. B. die Entwicklung, der Einkauf, die Logistik sowie Marketing und Vertrieb.[206] Im Rahmen der Prozesskostenrechnung werden zunächst die in den Kostenstellen durchgeführten Aktivitäten aufgenommen und anschließend zu kostenstelleninternen Teilprozessen zusammengefasst. Basierend hierauf erfolgt eine Konsolidierung zu kostenstellenübergreifenden Hauptprozessen, die sich durch einheitliche Kostentreiber auszeichnen. Die Kalkulation und Bewertung von Varianten erfolgt äquivalent zum ABC durch die quantifizierte Zuordnung von Kostentreibern und den damit einhergehenden Prozesskosten zu den Kostenträgern. Eine zentrale Herausforderung der beschriebenen Verfahren stellt die Identifikation und Quantifizierung der Kostentreiber dar. So wird die Implementierung einer prozessorientierten Kostenrechnung häufig eine komplexe und schwierige Aufgabe, die

[204] Vgl. Horváth und Mayer (1995) - Konzeption und Entwicklungen der Prozeßkostenrechnung, S. 67.

[205] In Anlehnung an Horváth und Mayer (1995) - Konzeption und Entwicklungen der Prozeßkostenrechnung, S. 60.

[206] Vgl. Horsch (2018) - Kostenrechnung, S. 276.

hohen Aufwand erfordert.[207] Mit der Entwicklung des Time-driven Acivity-based Costing streben KAPLAN UND ANDERSON den Ausgleich dieser Defizite an.

Während die vorher beschriebenen Verfahren und die davon abgeleiteten Alternativen objektbezogene Kostentreiber zur Prozesskostendifferenzierung und -zuordnung verwenden, reduzieren KAPLAN UND ANDERSON diese mit der Entwicklung des Time-driven Acivity-based Costing (TDABC) alleinig auf die Zeit.[208] So werden sowohl die Kosten der Ressourcen in Bezug auf die Zeit quantifiziert als auch die varianteninduzierten Kosten über den zeitlichen Ressourcenverzehr ermittelt und den entsprechenden Kostenträgern zugeordnet. Hierfür erfolgt zunächst die Ermittlung der zeitbezogenen Kostensätze der aktivitätendurchführenden Ressourcen, indem die Ressourcenkosten auf die zur Verfügung stehenden (zeitlichen) Kapazität bezogen werden. Weiterhin werden für die zur Leistungserstellung durchzuführenden Aktivitäten mittlere Durchführungszeiten definiert. Die Aktivitätenkosten ergeben sich über die Multiplikation der Durchführungszeit mit dem Kostensatz der beanspruchten Ressource. Um die prozessorientierten Kosten eines Kostenträgers zu bestimmen, wird die zeitliche Beanspruchung der Ressourcen für einen spezifischen Kostenträger bestimmt und die damit einhergehen Kosten diesem zugeordnet. Für komplexere Zusammenhänge können Zeitfunktionen, anhand welcher Eventualitäten von Ereignissen abgebildet werden können, formuliert werden.[209] Dies wird allerdings von KAPLAN UND ANDERSON selbst als äußerst aufwändig eingeschätzt und nur im Falle ohnehin verfügbarer Einflussfaktoren auf den zeitlichen Umfang einer Aktivität empfohlen.[210] Das TDABC weist insgesamt eine erhebliche Vereinfachung verglichen mit anderen prozessorientierter Kostenrechnungsverfahren auf.[211] Ein weiterer Unterschied ist das Vorgehen im Rahmen der Kostenermittlung. Während die Prozesskostenrechnung Kosten Top-Down zuordnet, ermöglicht das TDABC eine Bottom-Up Ermittlung und verursachungsgerechte Zuordnung der Kosten (siehe Abbildung 2-15).[212]

Aufgrund der beschriebenen Vorteile des TDABC sowie der Möglichkeit, die Kosten anhand der zeitlichen Ressourcenbeanspruchung zu ermitteln und direkt den entsprechenden Kostenträgern zuzuordnen, soll im Rahmen dieser Arbeit ein hieran angelehntes Verfahren entwickelt werden.

[207] Vgl. Coenenberg et al. (2016) - Kostenrechnung und Kostenanalyse, S. 168.
[208] Vgl. Kaplan und Anderson (2003) - Time-Driven Activity-Based Costing, S. 5f.
[209] Vgl. Kaplan und Anderson (2007) - Time-Driven Activity-Based Costing, S. 13.
[210] Vgl. Kaplan und Anderson (2007) - Time-Driven Activity-Based Costing, S. 252f.
[211] Vgl. Coners und Hardt (2004) - Time-driven activity-based costing, S. 113.
[212] Vgl. Baltzer (2019) - Zum Stand des Time-driven Activity-based Costing, S. 173.

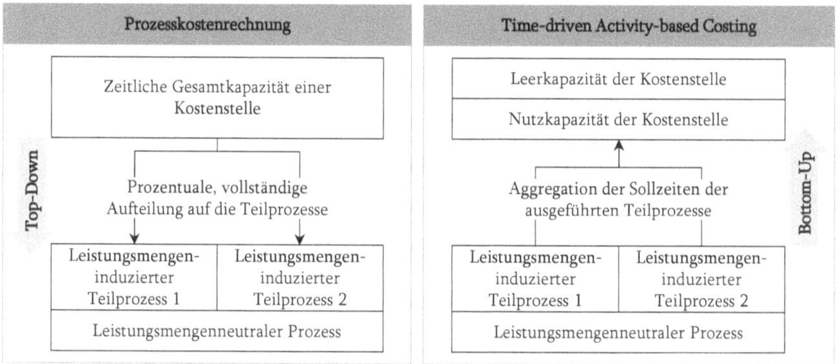

Abbildung 2-15: Vergleich des Vorgehens in der Prozesskotenrechnung und im TDABC[213]

Die vorgestellten Ansätze weisen eine erhebliche Verbesserung der verursachungsgerechten Zuordnung von Gemeinkosten zu Kostenträgern auf. Der Aufwand zur Implementierung prozessorientierter Kostenrechnungsverfahren sowie die ständige Aktualisierung der zugrundeliegenden Daten wird allerdings häufig als unwirtschaftlich hoch und die Ergebnisse als unzureichend genau und zuverlässig beschreiben.[214] Seit den frühesten Entwicklungen prozessorientierter Kostenrechnungsverfahren wird die Nutzung von Informationssystemen zur Reduktion des Aufwands sowie zur Steigerung der Transparenz in Betracht gezogen.[215] Aufgrund der komplexen Zusammenhänge und des hohen Aufwands zur Pflege der für die Prozesskostenrechnung erforderlichen Daten und Informationen findet eine Implementierung in gängigen Informationssystemen bisher nicht statt.[216] Um diese Herausforderungen zu adressieren, bietet die intelligente Auswertung von Daten mittels Datenanalyse erhebliches Potenzial.[217] Nachfolgend werden daher Verfahren und Möglichkeiten der Datenanalyse vorgestellt, die die Umsetzung der im Rahmen dieser Arbeit fokussierten Ziele adressieren.

[213] In Anlehnung an Baltzer (2019) - Zum Stand des Time-driven Activity-based Costing, S. 174.

[214] Vgl. Coenenberg et al. (2016) - Kostenrechnung und Kostenanalyse, S. 170; Götze (2010) - Kostenrechnung und Kostenmanagement, S. 223; Horsch (2018) - Kostenrechnung, S. 298.

[215] Vgl. Schuh (1989) - Gestaltung und Bewertung von Produktvarianten, S. 131ff.; Männel (1995) - Prozeßkostenrechnung, S. 293ff.

[216] Vgl. Szyszka (2015) - IT-gestützte Kostenrechnung, S. 254f.

[217] Vgl. Teuteberg und Tönnissen (2020) - Auswirkungen der Digitalisierung, S. 36.

2.4 Datenanalyse

In den vorangegangenen Kapiteln wurden die Grundlagen zur Unternehmensplanung und -steuerung sowie die Bedeutung des Komplexitätsmanagements und der Komplexitätskostenrechnung erläutert. Hierdurch wird der Objekt- und Zielbereich der vorliegenden Arbeit beschrieben. In diesem Kapitel erfolgt die Darlegung der dieser Arbeit zugrundeliegenden Verfahren der Datenanalyse, anhand welcher die Lösungshypothese gebildet wird. BERTHOLD UND HAND definieren die **Datenanalyse** als „process of computing various summaries and derived values from the given collection of data"[218]. Diese Definition wird im Rahmen dieser Arbeit aufgegriffen, indem anhand von Prozessdaten („given collection of data") varianteninduzierte Prozesskosten ermittelt und verursachungsgerecht zugeordnet werden („derived values"), um hierüber die Bewertung von Produktvarianten („various summaries") durchzuführen. In den folgenden Abschnitten werden Methoden zur grundlegenden Beschreibung von Daten sowie Verfahren der Datenanalyse beschrieben.

2.4.1 Grundlage für die Datenanalyse

In diesem Kapitel werden die Grundlagen für die Anwendung von Verfahren der Datenanalyse beschrieben. Die Grundlage der Datenanalyse im Kontext dieser Arbeit sind betriebliche Daten, welche, um die Durchführung der Datenanalyse zu ermöglichen, in geeigneter Form zu strukturieren und zur Verfügung zu stellen sind. Daher werden im Folgenden zunächst Grundlagen zu betrieblichen Daten erläutert und weiterführend Methoden vorgestellt, anhand derer die Daten zur Durchführung von Datenanalyse beschrieben werden können.

2.4.1.1 Betriebliche Daten

In diesem Abschnitt werden die betrieblichen Daten, welche in Unternehmen entstehen und verwendet werden, beschrieben und klassifiziert. Betriebliche Daten stellen im Kontext dieser Arbeit die Grundlage für die Ermittlung varianteninduzierter Prozesskosten dar und lassen sich nach GADATSCH[219] und in Anlehnung an SPITTA UND BICK[220] nach der Art und dem Zeitpunkt der Entstehung unterscheiden (siehe Abbildung 2-16). Bei der Art der Entstehung wird zwischen originären und abgeleiteten Daten unterschieden.

---

[218] Berthold und Hand (2003) - Intelligent Data Analysis, S. 3.

[219] Vgl. Gadatsch (2019) - Datenmodellierung, S. 6f.

[220] Vgl. Spitta und Bick (2008) - Informationswirtschaft, S. 71ff.

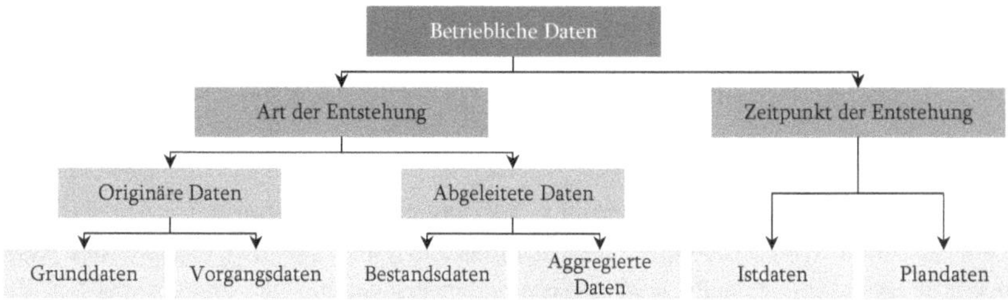

Abbildung 2-16: Klassifizierung betrieblicher Daten[221]

Originäre Daten entstehen am Ursprung unternehmerischen Handelns in der Organisation aufgrund menschlicher Entscheidungen oder technischer Erfassung. Originäre Daten lassen sich weiter in Grunddaten und Vorgansdaten detaillieren. Grunddaten sind dabei unabhängig von Vorgängen und bilden eine dauerhafte oder zumindest langlebige Datengrundlage.[222] Entgegen den Grunddaten sind die Vorgangsdaten nicht zeitlos, sondern stets auf einen Zeitpunkt, an dem ein bestimmter Vorgang stattgefunden hat, bezogen und erfassen und protokollieren somit betriebliche Prozesse.[223] Aus originären Daten lassen sich anhand von Berechnungen abgeleitete Daten ermitteln, wobei deren Manipulierbarkeit durch menschliche Interaktion stets zu unterbinden ist.[224] Abgeleitete Daten können weiterhin in Bestandsdaten, welche zeitpunktbezogene Abbildungen der originären Daten darstellen, und aggregierte Daten, welche durch die Kombination oder Verdichtung originärer Daten entstehen, unterteilt werden.[225] In Bezug auf den Zeitpunkt der Entstehung ist zwischen Ist- und Plandaten zu unterscheiden. Während Istdaten unveränderliche Ereignisse und Vorgänge der Vergangenheit abbilden, stellen Plandaten zukünftig entstehende und mit Unsicherheit behaftete Ereignisse ab.[226] Anhand dieser Daten lassen sich die durchgeführten Aktivitäten nachvollziehen und diese jeweils um relevante Informationen anreichern, sodass zielgerichtete Auswertungen ermöglicht werden.

[221] In Anlehung an Spitta und Bick (2008) - Informationswirtschaft, S. 72; Gadatsch (2019) - Datenmodellierung, S. 6.

[222] Vgl. Spitta und Bick (2008) - Informationswirtschaft, S. 71ff.

[223] Vgl. Spitta und Bick (2008) - Informationswirtschaft, S. 85f.

[224] Vgl. Spitta und Bick (2008) - Informationswirtschaft, S. 73.

[225] Vgl. Gadatsch (2019) - Datenmodellierung, S. 6.

[226] Vgl. Gadatsch (2019) - Datenmodellierung, S. 6.

Für die Entdeckung von Wissen in Bezug auf Prozesse sind insbesondere Prozessdaten, welche sich in die Bereiche der Vorgangsdaten und Istdaten einordnen lassen, relevant. Diese sollen im folgenden Abschnitt detaillierter vorgestellt werden.

2.4.1.2 Prozessdaten

Bei der Durchführung von Aktivitäten in betrieblichen, prozessorientierten Informationssystemen (engl.: Process Aware Information Systems (PAIS)[227]) entstehen Prozessdaten, welche automatisch in den Systemen erfasst und gespeichert werden. Zu PAIS zählen alle Informationssysteme, die Prozesse abbilden und deren Durchführung unterstützen.[228] Prozessdaten beinhalten Informationen in Bezug auf die durchgeführten Aktivitäten, wie bspw. das jeweilige Bezugsobjekt, die Startzeit und welche Aktivität durchgeführt wurde.[229] Ein spezifisches Prozesselement, welches eine Instanz des Prozesses charakterisiert, heißt Ereignis (engl.: event). Die Gesamtheit der Ereignisse ist in Ereignislogs (engl.: event logs) zusammengefasst, wobei jede Zeile ein Ereignis repräsentiert (siehe Tabelle 2-1).

Tabelle 2-1: Klassisches Ereignislog[230]

Case id	Ereignis id	Aktivität	Zeitstempel	Ressource	Kosten	...
1	35654423	register request	30-12-2010:11.02	Pete	50	...
1	35654424	examine	31-12-2010:10.06	Sue	400	...
1	35654425	check ticket	05-01-2011:15.12	Mike	100	...
2	35654483	register request	30-12-2010:11.32	Mike	50	...
2	35654485	check ticket	30-12-2010:12.12	Mike	100	...
2	35654487	decide	30-12-2010:14.16	Sara	400	...
...	...	...	...	...	...	...

Ein Ereignislog bildet die Grundlage für die Durchführung von Process Mining und zur Entdeckung des darin enthaltenen Wissens in Bezug auf die Prozesse.[231] Für die Befähigung von Process Mining sind in Ereignislogs mindestens der Bezug zu einem Fall (engl: case) herzustellen und die durchgeführte Aktivität (engl.: activity) zu erfassen.[232] Dies impliziert allerdings, dass in dem Ereignislog die zu einem Fall gehörenden

[227] Aus Gründen der Lesbakeit wird diese Abkürzung im Folgenden ggf. erneut ausgeschrieben.
[228] Vgl. van der Aalst (2016) - Process Mining, S. 27f.
[229] Vgl. van der Aalst et al. (2006) - Business process mining, S. 713.
[230] In Anlehnung an van der Aalst (2016) - Process Mining, S. 35f.
[231] Vgl. van der Aalst et al. (2012) - Process Mining Manifesto, S. 171.
[232] Vgl. van der Aalst (2016) - Process Mining, S. 36.

Aktivitäten bereits in derjenigen Reihenfolge aufgeführt sind, in der sie auch durchgeführt wurden. In der Realität liegen Prozessdaten meist unstrukturiert und nicht in der korrekten Reihenfolge vor, sodass hieraus ohne weiteres keine Aussagen über den Prozessablauf getroffen werden können. Daher ist weiterhin der zu einem Ereignis gehörende Zeitstempel (engl.: timestamp), der bspw. den Startzeitpunkt angibt, erforderlich.[233] Zusätzlich hierzu können weitere Attribute in einem Ereignislos enthalten sein, welche spezifische Auswertungen ermöglichen.[234]

Die in Form von Ereignislogs zusammengefassten Prozessdaten dienen der Entdeckung und Analyse von Prozessen aus Datenbanken betrieblicher Informationssysteme. Die damit erfassten und abzubildenden Strukturen entsprechen allerdings häufig nicht den in der Realität vorkommenden dynamischen Zusammenhängen.[235] Für die Abbildung komplexer Strukturen wurde ein Standard für objektorientierte Ereignislogs entwickelt. Zu dessen Einordnung werden im folgenden Abschnitt zunächst die Grundlagen objektorientierter Datenmodellierung erläutert.

2.4.1.3 Objektorientierte Datenmodellierung

In diesem Abschnitt werden die Grundlagen zu Modellen im Allgemeinen und objektorientierten Datenmodellen im Speziellen vorgestellt und erläutert, anhand welcher Methoden Daten und deren komplexe Zusammenhänge beschrieben werden können.

Modelle im Allgemeinen sind im Kontext der Analyse und Konstruktion ein unverzichtbares Werkzeug, um komplexe Strukturen und Relationen verständlich abzubilden.[236] Ein Modell weist nach STACHOWIAK die folgenden Merkmale auf:[237]

1. Modelle besitzen ein Abbildungsmerkmal, d. h. Modelle bilden natürliche oder künstliche Originale ab oder repräsentieren diese.
2. Modelle besitzen ein Verkürzungsmerkmal, d. h. Modelle erfassen nicht sämtliche Eigenschaften des Originals, sondern nur die für die Anwendung relevanten Attribute.

---

[233] Vgl. van der Aalst (2016) - Process Mining, S. 107ff.

[234] Vgl. van der Aalst (2015) - Extracting Event Data to Unleash Process Mining, S. 107.

[235] Vgl. Ghahfarokhi et al. (2021) - OCEL Standard, S. 2.

[236] Vgl. Kossiakoff (2011) - Systems engineering, S. 317ff.; Kissel (2014) - Mustererkennung in komplexen Produktportfolios, S. 79.

[237] Vgl. Stachowiak (1973) - Allgemeine Modelltheorie, S. 131ff.; Briskorn (2020) - Operations Research, S. 15f.

3. Modelle besitzen ein pragmatisches Merkmal, d. h. die Abbildung der relevanten Attribute erfolgt vor dem Hintergrund eines angestrebten Ziels.

Diese Merkmale sind gleichermaßen für die modellbasierte Abbildung von betrieblichen Daten in einem Datenmodell gültig. Ein Datenmodell bildet die Grundlage für die Anwendung von Verfahren der Datenanalyse,[238] indem die Strukturen und Zusammenhänge der zu analysierenden Daten formalisiert dargestellt und somit für die Datenanalyse zugänglich beschrieben werden.[239] Die Bildung von Datenmodellen, die Datenmodellierung, wird hierbei als Prozess der strukturierten Beschreibung von in betrieblichen Geschäftsprozessen verwendeten Informationsobjekten bezeichnet.[240] Datenmodelle lassen sich anhand eines Metamodellen bilden, welche eine abstrakte Syntax eines Modells darstellen und ein grundsätzliches Konstrukt der Modellbildung sind.[241] Die Auswahl der Modellierungsmethode erfolgt nach dem Komplexitätsgrad des abzubildenden Systems, um dieses abbilden zu können. Für die Auswahl der passenden Modellierungsmethode werden an dieser Stelle daher grundlegende Überlegungen und Untersuchungen hinsichtlich des Komplexitätsgrads des abzubildenden Kostensystems durchgeführt und die zu präferierende Modellierungsmethode ausgewählt.

Für die Ermittlung und verursachungsgerechte Zuordnung prozessorientierter Kosten, d. h. Ressourcenbeanspruchungen, die für die Erstellung spezifischer Produktvarianten konsumiert werden, sind die Zusammenhänge der Kundenanforderungen, der diese erfüllenden Produktvarianten, der zur Erstellung erforderlichen Prozesse und Aktivitäten sowie der beanspruchten Ressourcen zu formalisieren.[242] Dieses Ziel wird bereits von einigen wenigen Ansätzen, maßgeblich unter Verwendung matrixbasierter Verfahren, verfolgt.[243] KISSEL stellt in einer vergleichenden Bewertung heraus, dass matrixbasierte Verfahren für die Abbildung komplexer und mehrdimensionaler Strukturen eingeschränkt funktional und wenig übersichtlich sind.[244] Zur Abbildung kom-

[238] Vgl. Wedekind et al. (1998) - Modellierung , Simulation, Visualisierung, S. 265.

[239] Vgl. Briskorn (2020) - Operations Research, S. 16; Verein Deutscher Ingenieure (2016) - Informationsverarbeitung in der Produktentwicklung, S. 3.

[240] Vgl. Gadatsch (2019) - Datenmodellierung, S. 4ff.

[241] Vgl. Staud (2019) - Unternehmensmodellierung, S. 14.

[242] Vgl. Mertens (2020) - Measure and manage your product costs right, S. 52ff.

[243] Vgl. Suh (2001) - Axiomatic design; Gausemeier et al. (2012) - Produkte und Produktionssysteme integrativ konzipieren; Malmqvist (2002) - A Classification of Matrix-based Methods for Product Modeling; Anand et al. (2019) - Framework for Numerical Experiments on Cost System Design.

[244] Vgl. Kissel (2014) - Mustererkennung in komplexen Produktportfolios, S. 83f.

plexer Systeme und mehrdimensionaler Relationen eignen sich Modellierungssprachen. Hierbei sind maßgeblich die von der Object Management Group (OMG)[245] ständig weiterentwickelten Modellierungssprachen Unified Modeling Language (UML) und die diese erweiternde Systems Modeling Language (SysML) relevant.[246] Die UML eignet sich insbesondere für die Modellierung nichtphysischer Systeme, wobei die SysML der Spezifikation, dem Design und der Verifikation komplexer physischer Systeme dient.[247] Zur Befähigung der Datenanalyse ist im Kontext dieser Arbeit in Anlehnung an die UML für die modellbasierte Abbildung der betrieblichen Daten bzgl. den Kundenanforderungen, Produktvarianten, Prozessen und Ressourcen zu wählen.

Im Rahmen der UML existieren unterschiedliche Diagrammtypen, von denen insbesondere Klassendiagramme für die Beschreibung von Datenstrukturen relevant sind (siehe Abbildung 2-17).[248] Im Folgenden werden die Elemente der UML zur Beschreibung von Klassendiagrammen in Anlehnung an RUMPE[249] vorgestellt.

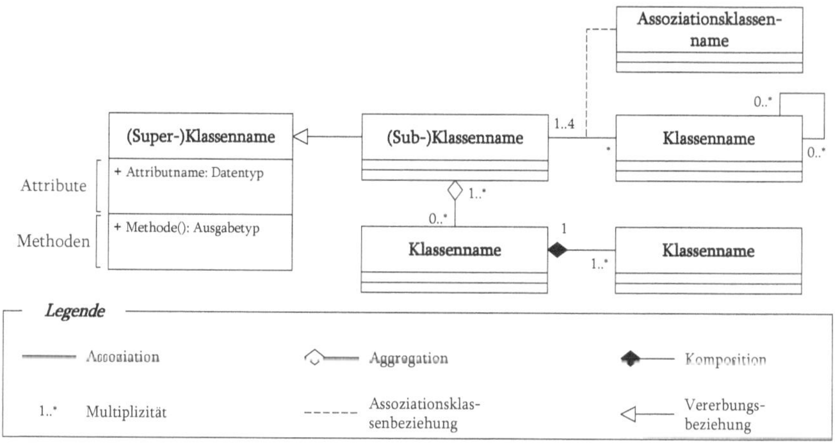

Abbildung 2-17: Klassendiagramm mit Elementen der UML

[245] Vgl. Object Management Group (2017) - Unified Modeling Language.
[246] Vgl. Nyamsi (2020) - IT-Lösungen auf Basis von SysML und UML, S. 1ff.
[247] Vgl. Nyamsi (2020) - IT-Lösungen auf Basis von SysML und UML, S. 20f.
[248] Vgl. Unterstein und Matthiessen (2013) - Anwendungsentwicklung mit Datenbanken, S. 75.
[249] Vgl. Rumpe (2017) - Agile modeling with UML, S. 35ff.

Klassendiagramme bestehen aus Klassen, welche über einen Klassennamen gekennzeichnet sind. Klassen beinhalten Attribute und Methoden, anhand welcher die Zustände und das Verhalten der aus einer Klasse abgeleiteten Objekte definiert werden. Ein Objekt stellt ein aus einer Klasse abgeleitetes Individuum dar. Attribute sind weiterhin über Attributnamen und Datentypen, welche sich wiederum nach der zu verwendenden Implementierungssprache richten, definiert.[250] Das Verhalten von Klassen wird in Methoden organisiert, welche aus einer Methodensignatur und einem Methodenkörper bestehen. Methoden können von Objekten angesprochen und verwendet werden, um Berechnungen durchzuführen und somit den Zustand eines Objekts zu beeinflussen. Hierbei kann Bezug zu weiteren, in Verbindung stehenden Objekten, hergestellt werden.

Die Verbindung von Klassen erfolgt über Assoziationen und Vererbungsbeziehungen. Anhand von Assoziationen werden binäre Beziehungen zwischen Klassen zur Strukturierung von Informationen und Zusammenhängen definiert. Eine Assoziation ist gekennzeichnet über einen Assoziationsnamen, einen Rollennamen an jedem Enden, eine Multiplizität sowie eine Navigationsrichtung. Die Multiplizität definiert die zulässigen Assoziationen zwischen Objekten der jeweiligen Klassen und ist an beiden Enden, d. h. an jeder Klasse, zu notieren. Die Multiplizität wird in der Form „0...1“ (optional), „1“ (exklusiv) oder „*“ (beliebig) notiert.[251] Diese Angaben können bzgl. minimaler („3...*“), maximaler („1...5“) und exakter („3“) Beziehungen spezialisiert werden.[252] Die allgemeine Form der Assozationen wird durch Aggregationen und Kompositionen spezialisiert, welche die Beziehung eines Ganzen (Aggregationsklasse) zu seinen Teilen (Komponentenklassen) beschreiben. Im Falle einer Aggregation ist die Existenz der Komponentenklassen auch dann zulässig, wenn die Aggregationsklasse nicht existiert. Die Komposition bildet einen Spezialfall der Aggregation, wobei die Komponentenklassen nicht ohne die jeweilige Aggregationsklasse existieren können.[253] Assoziationen innerhalb einer Klasse sind rekursive Assoziationen, anhand welcher bspw. hierarchische Strukturen, wie z. B. Stücklisten, abgebildet werden können. Für die Erfassung weiterer, zu einer Assoziation gehörender Informationen sind Assoziationsklassen, die gleichzeitig Assoziation und Klasse sind, zu definieren.[254]

[250] Vgl. Rumpe (2017) - Agile modeling with UML, S. 35.
[251] Vgl. Rumpe (2017) - Agile modeling with UML, S. 35.
[252] Vgl. Staud (2019) - Unternehmensmodellierung, S. 49.
[253] Vgl. Staud (2019) - Unternehmensmodellierung, S. 81f.
[254] Vgl. Object Management Group (2017) - Unified Modeling Language, S. 220f.

Mit der UML und den dazugehörigen Elementen lassen sich komplexe Systeme abbilden, welche durch ein mittels UML beschriebenes Metamodell abstrahiert werden können. In Bezug auf die Prozessdaten wurde ein Standard zu objektorientierten Ereignislogs entwickelt, welcher die Vorteile der Objektorientierung nutzt für die Prozessdatenanalyse spezifiziert. Auf die objektorientierten Prozessdaten wird im folgenden Abschnitt eingegangen.

2.4.1.4 Objektorientierte Prozessdaten

Während klassische Ereignislogs[255] singuläre und eindeutig zugeordnete Informationen enthalten, ermöglicht der Standard für objektorientierte Ereignislogs (engl.: standard for Object-Centric Event Logs (OCEL)) die Abbildung von dynamischen Zusammenhängen mehrerer Objekte, was eine erhöhte Flexibilität sowie eine verbesserte Annäherung an die Realität ermöglicht. Darüber hinaus wird anhand der objektorientierten Ereignislogs die Interaktion mit und die Referenz zu weiteren Datenbanken ermöglicht.[256] Das Metamodell objektorientierter Ereignislogs als UML-Klassendiagramm ist in Abbildung 2-18 dargestellt.

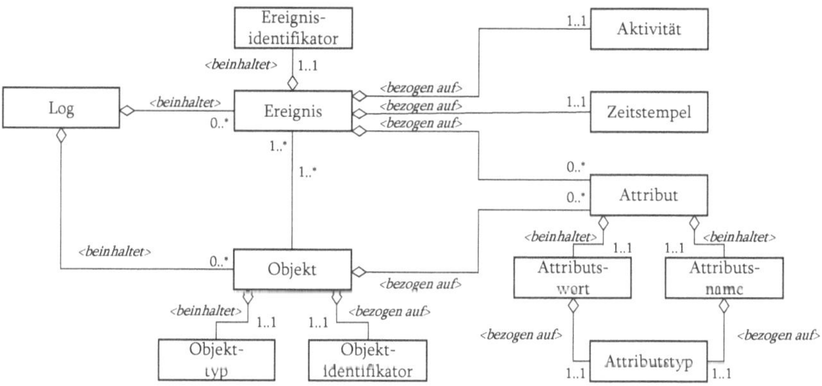

Abbildung 2-18: Klassendiagramm objektorientierter Ereignislogs[257]

Das Klassendiagramm bildet das System der objektorientierten Ereignislogs abstrakt ab, wobei das dargestellte Metamodell um spezifische Attribute und Objekte erweitert

[255] Vgl. van der Aalst (2016) - Process Mining, S. 35ff.
[256] Vgl. Ghahfarokhi et al. (2021) - OCEL Standard, S. 2ff.
[257] In Anlehnung an Ghahfarokhi et al. (2021) - OCEL Standard, S. 4.

werden kann.[258] Die Konkretisierung des Metamodells erfolgt durch die Ausprägung der Klassen in einem objektorientierten Ereignislog. Dies sowie die mit den objektorientierten Ereignislogs einhergehenden Möglichkeiten werden an einem beispielhaften Ereignislog (siehe Tabelle 2-2) und hierin referenzierten Objekten ersichtlich.

Tabelle 2-2: Beispielhaftes, objektorientiertes Ereignislog[259]

id	Aktivität	Zeitstempel	Item	Bestellung	Paket	Produkt	Ressource	Gewicht
e_1	place order	2020-07-09 08:20:01.527+01:00	$\{i_1, i_2\}$	$\{o_1\}$			Alessandro	
e_2	check availability	2020-07-09 08:21:01.527+01:00	$\{i_1\}$				Anahita	10,00
e_3	load package	2020-07-09 08:22:01.527+01:00			$\{p_1\}$	$\{r_1\}$	Gyunam	

In dem Ereignislog stellt die erste Zeile die Überschriften der Spalten und jede darunter befindliche Zeile ein spezifisches Ereignis dar. Jedes Ereignis ist hierbei über eine „id" eindeutig identifizierbar. Ferner sind jedem Ereignis eine Aktivität (engl.: activity) sowie ein Zeitstempel (engl.: timestamp) zugeordnet. Für die nachfolgenden Attribute beinhalten weitere, einem Ereignis zugeordnete bzw. hierzu gehörende Informationen, welche auf Objekte und dazugehörige Attribute in anderen Datenbanken oder Informationssystemen referenzieren können (siehe Tabelle 2-3).

Tabelle 2-3: Referenzierte Objekte mit Attributen[260]

id	Typ	Kunde	Kosten	Farbe	Größe
o_1	order	Apple	3500,00		
i_2	item			green	small

Objektorientierte Ereignislogs dienen somit als Grundlage für prozessbezogene Analysen, die über die Prozessentdeckung mittels Process Mining hinausgehen und somit die Erfassung komplexer Zusammenhänge ermöglichen. Die tabellenbasiert erfassten und dokumentierten Informationen gilt es für die Datenanalyse zu transformieren, sodass diese auswertbar sind. Im folgenden Abschnitt wird eine Methode zur Speicherung und Repräsentation objektorientierter Daten vorgestellt.

258 In Anlehnung an Ghahfarokhi et al. (2021) - OCEL Standard, S. 4f.

259 In Anlehnung an Ghahfarokhi et al. (2021) - OCEL Standard, S. 3.

260 In Anlehnung an Ghahfarokhi et al. (2021) - OCEL Standard, S. 3.

2.4.1.5 Speicherung und Repräsentation objektorientierter Daten

Während Metamodelle eine abstrakte Repräsentation des abzubildenden Systems darstellen und ein generelles Verständnis über die Zustände und Zusammenhänge dessen liefert, bedarf es Methoden zur Ausprägung der Klassen in Form konkreter Objekte. Objekte bilden die elementaren Einheiten eines objektorientierten Modells und sind über die Ausprägung der Klassenattribute beschrieben.[261]

Die Ausgestaltung von Modellen durch die Spezifikation von Objekten kann anhand der eXtensible Markup Language (XML) erfolgen.[262] Die XML wurde für die Speicherung und Repräsentation objektorientierter Daten entwickelt, wobei die beschriebenen Zusammenhänge sowohl maschinen- als auch menschenlesbar sind. Die XML zählt laut dem World Wide Web Consortium (W3C) zu den heute am häufigsten verwendeten Sprachen zur Speicherung und Repräsentation von Daten und Informationen.[263] Darüber hinaus wird die XML von GHAHFAROKHI ET AL. verwendet, um objektorientierte Ereignislogs bzw. die hierin enthaltenden Informationen zu repräsentieren und für die Anwendung von Datenanalyse zugänglich zu machen.[264] Die XML sowie die damit speicherbaren und repräsentierbaren Daten werden anhand eines Beispiels, welches das erste Ereignis aus Tabelle 2-2 darstellt, erläutert.

```
<?xml version="1.0" encoding="UTF-8"?>
<events>
  <event>
    <string key="id" value="e1"/>
    <string key="activity" value="place order"/>
    <date key="timestamp" value="2020-07-09 08:20:01.527+01:00"/>
    <list key="item">
      <string key="object-id" value="i1"/>
      <string key="object-id" value="i2"/>
    </list>
    <list key="order">
      <string key="object-id" value="o1"/>
    </list>
    <string key="resource" value="Alessandro"/>
  </event>
</events>
```

Die erste Zeile ist der XML Prolog und spezifiziert, dass es sich bei dem nachfolgenden Text um ein XML-Dokument mit entsprechend Daten handelt. Die hierauf folgenden

[261] Vgl. Staud (2019) - Unternehmensmodellierung, S. 18ff.
[262] Vgl. Rumpe (2017) - Agile modeling with UML, S. 26.
[263] Vgl. W3C (2021) - XML Essentials.
[264] Vgl. Ghahfarokhi et al. (2021) - OCEL Standard, S. 15f.

Elemente dienen einerseits der Strukturierung und andererseits der Speicherung und Repräsentation der Daten. Die Struktur bildet hierbei die des Metamodells sowie der dokumentierten Daten nach und ermöglicht die gezielte Extraktion der jeweils erforderlichen Informationen.[265] Für die Extraktion der gespeicherten Daten kann bspw. XPath[266] verwendet werden.

In diesem Kapitel wurden die für die Anwendung von Datenanalyse erforderlichen Datenstrukturen sowie Methoden zur Beschreibung dieser erläutert. In den folgenden Kapiteln werden Methoden der eigentlichen Datenanalyse eingeführt und deren Anwendungsgebiete erklärt.

2.4.2 Data Mining

In diesem Kapitel werden die Grundlagen zu Data Mining, einem Anwendungsgebiet in der Datenanalyse, dargelegt. Hierzu wird zunächst ein Modell zur Systematisierung sowie anschließend die Anwendung anhand definierter Methoden beschrieben.

Obwohl Data Mining und der „Knowledge Discovery in Databases"-Prozess (KDD-Prozess) häufig synonym verwendet werden,[267] beschreibt Data Mining nach FAYYAD ET AL. im engeren Sinne den Kernschritt des KDD-Prozesses (siehe Abbildung 2-19).[268]

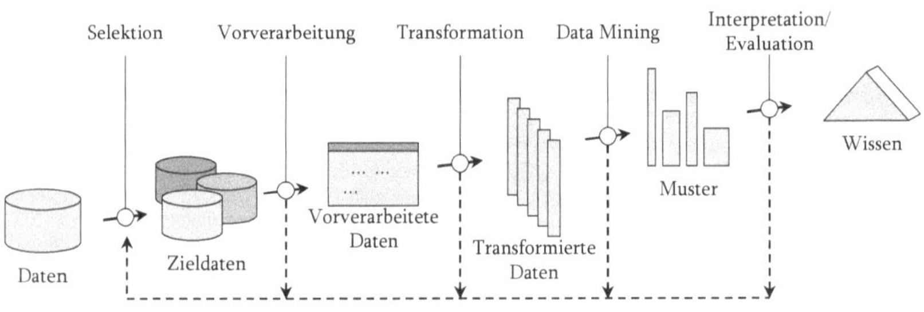

Abbildung 2-19: Schritte des KDD-Prozesses[269]

Zur Einordung und Abgrenzung wird im Folgenden der KDD-Prozess eingeführt und das hierin eingeordnete Data Mining beschrieben. Der KDD-Prozess verfolgt das Ziel,

[265] Vgl. W3schools (2021) - XML Syntax Rules.
[266] Vgl. W3schools (2021) - XPath Syntax.
[267] Vgl. Siegel (2013) - Predictive analytics, S. 12.
[268] Vgl. Fayyad et al. (1996) - Knowledge Discovery in Databases, S. 39.
[269] In Anlehnung an Fayyad et al. (1996) - Knowledge Discovery in Databases, S. 41.

nützliches Wissen aus Daten zu generieren. Hierzu liefern FAYYAD ET AL. folgende Definition: „KDD is the nontrivial process of identifying valid, novel, potentially useful, and ultimately understandable patterns in data"[270]. Diese Definition wird von ESTER UND SANDER aufgegriffen, wobei KDD als der „Prozess der (semi-)automatischen Extraktion von Wissen aus Datenbanken, das gültig (im statistischen Sinne), bisher unbekannt und potentiell nützlich (für eine gegebene Anwendung) ist"[271] beschrieben. Der KDD-Prozesses besteht aus mehreren Schritten, die die Entdeckung von nützlichem Wissen sicherstellen sollen.[272]

Selektion: Zunächst gilt es, ein Verständnis für das Gebiet der Anwendung sowie das entsprechende Vorwissen zu entwickeln und das Ziel des KDD-Prozesses aus der Sicht des Kunden zu identifizieren.[273] Ziel dieses Schrittes ist es, sicherzustellen, dass neues und relevantes Wissen in Bezug auf das Anwendungsgebiet entdeckt wird. Weiterhin sind die Quelle, der Umfang sowie die Art der Verwaltung der Daten zu definieren, aus denen unter der Anwendung von Data Mining Wissen generiert werden soll.[274]

Vorverarbeitung: Nach der Definition des „Suchgebiets" ist es Ziel des nächsten Schrittes, die erforderlichen Daten zu integrieren, zu vervollständigen sowie konsistent zu machen.[275] Trotz des geringen konzeptionellen Charakters der Vorverarbeitung entfällt hierauf häufig ein Großteil des Gesamtaufwands der Durchführung von KDD-Prozessen. Da Daten nach verschiedenen Konventionen gewonnen werden, ist häufig zunächst eine Integration der Daten erforderlich. Im Rahmen der Beseitigung von Inkonsistenzen sind bspw. Schreibfehler, unterschiedliche Werte desselben Attributs sowie Rauschen in den Daten zu beseitigen. Ferner sind fehlende Werte zu vervollständigen, um eine vollständige Datengrundlage zu erzeugen.[276]

Transformation: In diesem Schritt gilt es, die Daten entsprechend des Ziels des KDD-Prozesses in eine repräsentative Form zu transformieren.[277] Häufig verwendete Transformationsformen sind die Selektion relevanter Attribute oder deren Diskretisierung.

---

[270] Fayyad et al. (1996) - Knowledge Discovery in Databases, S. 40f.

[271] Ester und Sander (2000) - Knowledge Discovery in Databases, S. 1.

[272] Vgl. Fayyad et al. (1996) - Knowledge Discovery in Databases, S. 39.

[273] Vgl. Fayyad et al. (1996) - Knowledge Discovery in Databases, S. 42; Ester und Sander (2000) - Knowledge Discovery in Databases, S. 2.

[274] Vgl. Ester und Sander (2000) - Knowledge Discovery in Databases, S. 2f.

[275] Vgl. Fayyad et al. (1996) - Knowledge Discovery in Databases, S. 42; Ester und Sander (2000) - Knowledge Discovery in Databases, S. 3.

[276] Vgl. Ester und Sander (2000) - Knowledge Discovery in Databases, S. 3.

[277] Vgl. Fayyad et al. (1996) - Knowledge Discovery in Databases, S. 42; Ester und Sander (2000) - Knowledge Discovery in Databases, S. 3.

Im Rahmen der Attribut-Selektion erfolgt die manuelle oder automatische Auswahl der für die Analyse relevanten Attribute zur Steigerung der Effizienz und Ergebnisqualität des KDD-Prozesses. Um die Verarbeitbarkeit der Daten durch zu verwendenden Data Mining-Verfahren zu gewährleisten, werden die Daten im Rahmen der Diskretisierung bspw. in kategorische Attribute überführt.[278]

Data Mining: Die vorangegangenen Schritte dienen der Unterstützung zur Entdeckung von Wissen in Form von Mustern aus in Datenbanken enthaltenen Daten mittels Data Mining. Das Data Mining stellt den eigentlichen Schritt der Wissensentdeckung dar.[279] Daher erfolgt an dieser Stelle eine Definition und Einführung in die wesentlichen Methoden und Algorithmen des Data Mining.

Buchstäblich bedeutet Data Mining das Schürfen in Daten mit dem Ziel, Wissen zu entdecken.[280] In der wissenschaftlichen Literatur existieren sich marginal unterscheidende Definitionen von Data Mining.[281] FAYYAD ET AL. definieren Data Mining als „application of specific algorithms for extracting patterns from data"[282]. Diese Definition wird von TAN ET AL. erweitert zu „automatically discovering useful information in large data repositoties"[283]. Für die vorliegende Arbeit soll folgende Definition in Anlehnung an DÖLLE[284] gelten:

Data Mining ist die Entdeckung von Wissen in Datenbanken durch die Anwendung von statistischen (semi-)automatischen Algorithmen.

Die Data Mining-Methoden werden in der wissenschaftlichen Literatur nach unterschiedlichen Kriterien klassifiziert und je nach Umfang des Anwendungsbezugs auf verschiedenen Ebenen zusammengefasst. So verwendet CHAMONI lediglich die Ebene „Verfahren", in der die Methoden unklassifiziert aufgeführt sind.[285] Dem gegenüber verwenden SCHINZER ET AL.[286] sowie ALPAR UND NIEDEREICHHOLZ[287] zur Differenzierung

[278] Vgl. Ester und Sander (2000) - Knowledge Discovery in Databases, S. 3f.
[279] Vgl. Fayyad et al. (1996) - Knowledge Discovery in Databases, S. 42; Ester und Sander (2000) - Knowledge Discovery in Databases, S. 4.
[280] Vgl. Alpar und Niedereichholz (2000) - Data Mining, S. 3.
[281] Siehe beispielsweise Fayyad et al. (1996) - Knowledge Discovery in Databases, S. 39; Tan et al. (2014) - Introduction to data mining, S. 2; Alpar und Niedereichholz (2000) - Data Mining, S. 3.
[282] Fayyad et al. (1996) - Knowledge Discovery in Databases, S. 39.
[283] Tan et al. (2014) - Introduction to data mining, S. 2.
[284] Vgl. Dölle (2017) - Projektsteuerung in der Produktentwicklung mittels Predictive Analytics, S. 36.
[285] Vgl. Chamoni (1999) - Data Mining, S. 358ff.
[286] Vgl. Schinzer et al. (1999) - Data warehouse und Data mining, S. 103.
[287] Vgl. Alpar und Niedereichholz (2000) - Data Mining, S. 9f.

die zwei Ebenen „Methoden“ und „Algorithmen“. FAYYAD ET AL.[288] klassifizieren Data Mining auf den drei Ebenen „Ziele“, „Methoden“ und „Algorithmen“. Im Rahmen dieser Arbeit wird in Anlehnung an FAYYAD ET AL. zwischen drei Ebenen differenziert, um dem zeitlichen Bezug der Datenanalyse Rechnung zu tragen. Die Ziele des Data Mining lassen sich in Description (Beschreibung) und Prediction (Vorhersage) unterteilen.[289] Ziel der Description ist die „Ermittlung von Mustern (i. S. v. Korrelationen, Trends, Clustern, Wachstumskurven oder Anomalien), welche die Abhängigkeiten einer Datenmenge beschreiben“[290]. Descriptive Data Mining-Methoden sind i. d. R. explorativ und erfordern eine Nachbereitung zur Validierung und Erklärung der Ergebnisse.[291] Demgegenüber ist die Vorhersage unbekannter oder zukünftiger Variablen basierend auf bekannten Variablen Ziel der Prediction.[292] Die vorherzusagende Variable wird als abhängige Variable bezeichnet, während diejenigen Variablen, die zur Erstellung der Vorhersage verwendet werden, als erklärende oder unabhängige Variablen bezeichnet werden.[293] Für die Ebenen „Algorithmen“ und „Methoden“ wird an dieser Stelle auf einschlägige Literatur[294] verwiesen. Im Folgenden werden die den Data Mining Methoden zugrundeliegenden und diese ermöglichenden statistischen Algorithmen erläutert.

Nach ESTER UND SANDER lässt sich grundsätzlich zwischen der deskriptiven, explorativen und induktiven Statistik differenzieren.[295] Im Rahmen der deskriptiven Statistik erfolgt die beschreibende und graphische Datenaufbereitung. Hierfür dienen Kenngrößen wie der Mittelwert und die Streuung sowie graphische Darstellungen wie Diagramme und Verlaufskurven. Anhand deskriptiver Verfahren lassen sich weiterhin inkonsistente Daten leicht identifizieren, weshalb diese häufig auch zur Datenvalidierung eingesetzt werden.[296] Die Anwendung von Verfahren der explorativen Statistik erfolgt häufig, wenn die Wahl eines spezifisches statistischen Modells nicht eindeutig

---

[288] Vgl. Fayyad et al. (1996) - Knowledge Discovery in Databases, S. 44; Alpar und Niedereichholz (2000) - Data Mining, S. 9.

[289] Vgl. Fayyad et al. (1996) - Knowledge Discovery in Databases, S. 44.

[290] Vgl. Dölle (2017) - Projektsteuerung in der Produktentwicklung mittels Predictive Analytics, S. 37.

[291] Vgl. Tan et al. (2014) - Introduction to data mining, S. 7.

[292] Vgl. Fayyad et al. (1996) - Knowledge Discovery in Databases, S. 44.

[293] Vgl. Tan et al. (2014) - Introduction to data mining, S. 7.

[294] Siehe beispielsweise Tan et al. (2014) - Introduction to data mining, S. 145ff.; Ester und Sander (2000) - Knowledge Discovery in Databases, S. 45ff.; Chamoni (1999) - Data Mining, S. 358ff.

[295] Vgl. Ester und Sander (2000) - Knowledge Discovery in Databases, S. 30.

[296] Vgl. Ester und Sander (2000) - Knowledge Discovery in Databases, S. 30; Berthold und Hand (2003) - Intelligent Data Analysis, S. 17.

möglich ist. Die explorative Statistik dient der Suche nach Strukturen und Besonderheiten, welche zu neuen Hypothesen bzw. Fragestellungen führen können. Die deskriptive und explorative Statistik werden meist aufgrund der Absenz von Wahrscheinlichkeiten gemeinsam betrachtet.[297] Demgegenüber versucht die induktive Statistik anhand stochastischer Modelle aus der Analyse repräsentativer Daten Rückschlüsse auf eine Grundgesamtheiten zu ziehen.[298] Bei zufallsabhängigen Vorgängen ist ein bestimmtes Ergebnis dabei nicht exakt vorhersagbar. Verfahren der induktiven Statistik werden weiterhin verwendet, wenn eine exakte Ergebnisvorhersage zwar möglich, aufgrund einer hohen Anzahl an Einflussfaktoren und deren gegenseitiger Beeinflussung allerdings zu komplex ist.[299] Zur statistisch fundierten Beantwortung komplexer Fragestellungen sowie zur Abbildung komplexer Zusammenhänge ist ein klar definiertes stochastisches Modell sowie eine umfassende Planung der Datenerhebung erforderlich.[300] Im Rahmen der vorliegenden Arbeit werden unterschiedliche Elemente der deskriptiven bzw. explorativen sowie der induktiven Statistik zur Erklärung der Zusammenhänge zwischen Produkten, Prozessen und Ressourcen verwendet. Für die Grundlagen der verwendeten Methoden und Verfahren wird an dieser Stelle auf einschlägige Literatur verwiesen.[301]

Interpretation/Evaluation: Im letzten Schritt des KDD-Prozesses sind die durch die Anwendung von Data Mining gefundenen Muster zu interpretieren und hinsichtlich des Erkenntnisgewinns zu evaluieren. In diesem Zusammenhang ist insbesondere die Darstellung bzw. Visualisierung der Muster relevant.[302] In diesem Schritt ist außerdem die Güte der Mustererkennung zu bewerten und eventuelle Adaptionen in den vorangegangenen Schritten abzuleiten, um die Entdeckung von neuem und relevantem Wissen zu gewährleisten.[303]

[297] Vgl. Ester und Sander (2000) - Knowledge Discovery in Databases, S. 30; Cramer und Kamps (2020) - Wahrscheinlichkeitsrechnung und Statistik, S. 1.

[298] Vgl. Ester und Sander (2000) - Knowledge Discovery in Databases, S. 30.

[299] Vgl. Cramer und Kamps (2020) - Wahrscheinlichkeitsrechnung und Statistik, S. 161.

[300] Vgl. Ester und Sander (2000) - Knowledge Discovery in Databases, S. 30.

[301] Siehe beispielsweise Cramer und Kamps (2020) - Wahrscheinlichkeitsrechnung und Statistik; Hastie et al. (2017) - The elements of statistical learning.

[302] Vgl. Fayyad et al. (1996) - Knowledge Discovery in Databases, S. 42; Ester und Sander (2000) - Knowledge Discovery in Databases, S. 5.

[303] Vgl. Ester und Sander (2000) - Knowledge Discovery in Databases, S. 5f.

Während der KDD-Prozess und die Anwendung von Data Mining das Erkennen von Wissen in Form von Mustern aus Daten zum Ziel hat, wurde in Bezug auf die prozessbezogene Wissensentdeckung das Process Mining entwickelt. Im Folgenden werden die Grundlagen von Process Mining erläutert.

2.4.3 Process Mining

Nach der Einführung des KDD-Prozesses als übergeordneter Anwendungsrahmen erfolgt in diesem Abschnitt die Erläuterung von Process Mining. Process Mining wurde für die Analyse großer Datenmengen im Kontext des Geschäftsprozessmanagements entwickelt, welches das Ziel der Wissensentdeckung in Bezug auf Prozesse aus Datenbanken verfolgt (siehe Abbildung 2-20).[304]

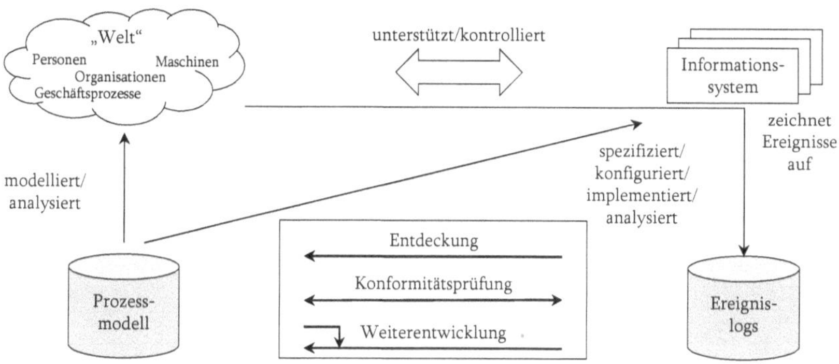

Abbildung 2-20: Konzept und Disziplinen von Process Mining[305]

Process Mining ist dabei als eine an Data Mining angrenzende Disziplin zu verstehen, welche End-to-End-Prozesse anhand von Prozessdaten identifiziert, visualisiert und für weitere Analysen zur Verfügung stellt.[306]

Die Anwendung von Process Mining wird durch die zunehmende Verwendung von Informationssystemen in allen Lebensbereichen befähigt und basiert auf Prozessdaten (engl.: event data).[307] Dem Trend der Digitalisierung folgend werden auch immer mehr unternehmerische Tätigkeiten in betrieblichen Informationssystemen durchgeführt,

[304] Vgl. van der Aalst (2016) - Process Mining, S. 2.

[305] In Anlehnung an van der Aalst et al. (2012) - Process Mining Manifesto, S. 174; van der Aalst (2016) - Process Mining, S. 32.

[306] Vgl. van der Aalst (2016) - Process Mining, S. 46.

[307] Vgl. van der Aalst (2016) - Process Mining, S. 5.

wobei die hierbei entstehenden Prozessdaten in den Informationssystemen erfasst und gespeichert werden.[308] Anhand dieser Daten kann durch Process Mining ein Prozessmodell entdeckt werden, die Konformität eines entdeckten mit einem Referenzprozessmodell überprüft werden und Weiterentwicklungen bestehender Prozessmodelle basierend auf den neuen Erkenntnissen erfolgen. Anhand der entdeckten Prozessmodelle lassen sich also die realen Abläufe modellieren und analysieren sowie Erkenntnisse ableiten.[309] Eine eindeutige Definition von Process Mining findet sich in einschlägiger Literatur[310] weniger als vielmehr Zielsetzungen und Positionierungen relativ zu anderen Disziplinen der Datenanalyse. Im Kontext dieser Arbeit soll in Anlehnung an VAN DER AALST ET AL.[311] die Folgende Definitionen für Process Mining gelten:

Process Mining ist die Entdeckung von Prozessen in Datenbanken durch die Anwendung von statistischen (semi-)automatischen Algorithmen.

Mit Process Mining lassen sich die drei Disziplinen Prozessentdeckung, Prozesskonformitätsprüfung und Prozessweiterentwicklung durchführen (siehe Abbildung 2-21).[312]

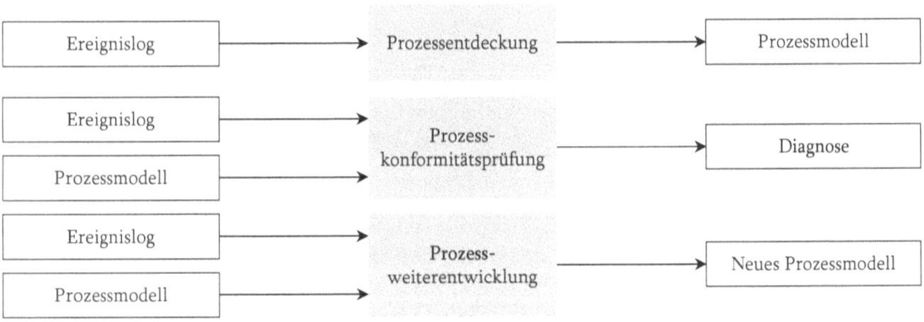

Abbildung 2-21: Die drei grundlegenden Typen von Process Mining[313]

Prozessentdeckung: Das Ziel der Prozessentdeckung ist die Entdeckung von Prozessen und dazugehörigen Prozessmodellen aus Prozessdaten. Entsprechende Algorithmen

[308] Vgl. van der Aalst et al. (2012) - Process Mining Manifesto, S. 172.
[309] Vgl. van der Aalst (2016) - Process Mining, S. 31ff.
[310] Vgl. u.a. van der Aalst (2016) - Process Mining; van der Aalst et al. (2012) - Process Mining Manifesto; Weijters und van der Aalst (2001) - Process mining: discovering workflow models from event-based data; van der Aalst et al. (2006) - Business process mining; Peters und Nauroth (2019) - Process-Mining.
[311] Vgl. van der Aalst (2016) - Process Mining, S. 5ff.
[312] Vgl. van der Aalst (2016) - Process Mining, S. 33ff.
[313] Vgl. van der Aalst et al. (2012) - Process Mining Manifesto, S. 175.

analysieren die Daten in Ereignislogs automatisch, erkennen die hierin enthaltenen Prozesse und erstellen ein Prozessmodell, bspw. in Form eines Petri Netzes oder unter Anwendung der in Kapitel 2.2.3 beschriebenen BPMN. Hierfür sind keine zusätzlichen Informationen und kein zusätzliches Wissen in Bezug auf den Kontext des Prozesses erforderlich. Sind weitere als die minimal erforderlichen Informationen verfügbar, so können diese in der Anwendung von Process Mining einbezogen werden, um attributspezifisches Wissen zu generieren.[314]

Prozesskonformitätsprüfung: Das Ziel der Prozesskonformitätsprüfung ist die Identifikation von Abweichungen zwischen Prozessmodellen und in der Realität ablaufenden Prozessen, welche aus Ereignislogs des entsprechenden Prozesses hervorgehen. Neben der reinen Identifikation von prozessualen Abweichungen kann die Prozesskonformitätsprüfung verwendet werden, um die Abweichungen zu lokalisieren und deren Schweregrad zu bewerten. Darüber hinaus lassen sich regelbasierte Prozessüberprüfungen (z. B. die Einhaltung von Vorgaben hinsichtlich der Prozessdurchführung) durchführen.[315]

Prozessweiterentwicklung: Das Ziel der Prozessweiterentwicklung ist die Anpassung bzw. Erweiterung eines bestehenden Prozessmodells unter Verwendung von Informationen über den tatsächlichen Prozess, welcher sich wiederum aus einem Ereignislog ergibt. Über die Anpassung bzw. Erweiterung der Prozessmodelle sollen diese die Realität und die tatsächlich ablaufenden Prozesse besser und genauer abbilden. Unter Verwendung von über die minimal erforderlichen Attribute hinausgehenden Daten, wie z. B. dem Zeitstempel, lassen sich bspw. Prozessengpässe identifizieren. Hieraus lassen sich bspw. Potenziale einer Anpassung des Prozessmodells zur Eliminierung des Engpasses ergeben.[316]

Anhand von Process Mining und der Anwendung der beschriebenen Analysen lassen sich Leistungskennzahlen (KPIs) in Bezug auf die Dimensionen Zeit, Kosten und Qualität ermitteln. Im Rahmen der Beschreibung kostenorientierter Leistungskennzahlen erwähnt van der Aalst die Anwendung im Kontext der prozessorientierten Kostenrechnung,[317] geht allerdings nicht weiter darauf ein.

Process Mining und die damit verbundenen Methoden zur Analyse und Auswertung von Prozessdaten ist vor dem Hintergrund der Zielsetzung dieser Arbeit unzureichend,

[314] Vgl. van der Aalst (2016) - Process Mining, S. 33; Peters und Nauroth (2019) - Process-Mining, S. 11.
[315] Vgl. van der Aalst (2016) - Process Mining, S. 33; Peters und Nauroth (2019) - Process-Mining, S. 12.
[316] Vgl. van der Aalst (2016) - Process Mining, S. 33; Peters und Nauroth (2019) - Process-Mining, S. 13.
[317] Vgl. van der Aalst (2016) - Process Mining, S. 86.

da Wissen nicht in Bezug auf Prozesse, sondern in Bezug auf die damit einhergehenden Prozesskosten entdeckt werden soll. Für die Analyse von Prozessdaten mit dem Ziel der Entdeckung von Wissen wird daher eine neue Begrifflichkeit eingeführt, welche im folgenden Abschnitt erläutert wird.

2.4.4 Process Data Mining

Basierend auf den vorangegangenen Definitionen von Data Mining und Process Mining erfolgt nun die Erläuterung der im Kontext der vorliegenden Arbeit anzuwendenden Datenanalyse. Durch die Analyse von Prozessdaten (engl.: Process Data) anhand von Methoden des Data Mining soll im Allgemeinen prozessbezogenes Wissen generiert werden. Dieser Vorgang sei als Process Data Mining bezeichnet und es soll in Anlehnung an MENGES ET AL.[318] folgende Definition gelten:

Process Data Mining ist die Entdeckung von prozessbezogenem Wissen in Datenbanken durch die Anwendung von statistischen (semi-)automatischen Algorithmen.

Mit der Definition von Process Data Mining wird keine neue Disziplin der Datenanalyse geschaffen. Vielmehr soll die Verwendung der Begrifflichkeit eine Spezialisierung des Data Mining ermöglichen und eine Einschränkung hinsichtlich der Datengrundlage vornehmen (siehe Abbildung 2-22).

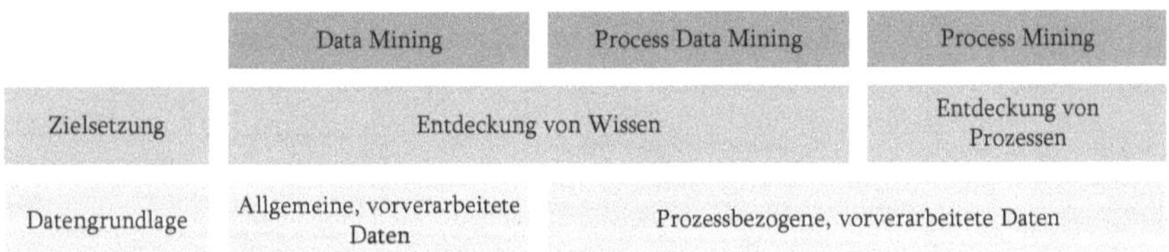

Abbildung 2-22: Einordnung und Abgrenzung von Process Data Mining

Im Speziellen soll Process Data Mining im Kontext dieser Arbeit zur Entdeckung von Wissen in Bezug auf die varianteninduzierten Prozesskosten verwendet werden. Die hierfür erforderlichen Daten sowie deren Strukturierung soll im Rahmen dieser Arbeit ermittelt werden.

[318] Vgl. Menges et al. (2021) - Process Cost Calculation Using Process Data Mining, S. 583.

2.5 Zwischenfazit: Grundlagen und Definitionen

In diesem Kapitel erfolgte die Einführung der im Rahmen dieser Arbeit relevanten Grundlagen und Definitionen.

Zunächst wurden in Kapitel 2.1 die Bedeutung und die Aufgaben der Unternehmensführung zur Sicherung des Unternehmenserfolgs beschrieben. Hierbei wurde herausgestellt, dass es für Entscheidungen, die das zu erzeugende Produktportfolio und die dieses definierenden Produktvarianten betreffen, der Kenntnis über die Profitabilität einer jeden Produktvariante bedarf.[319] Zur optimalen Ausrichtung des Unternehmens ist der Abgleich zwischen externer und interner Vielfalt anzustreben.

In Kapitel 2.2 erfolgte die Erläuterung der Grundlagen zum Komplexitätsmanagement in Bezug auf die externe Produktvielfalt sowie die damit einhergehende interne Komplexität, welche sich in der der Produkt-, Prozess- und Ressourcenvielfalt äußert. Hierfür wurden jeweils Methoden erläutert, die das Management der jeweiligen Vielfalt zur Steuerung der damit einhergehenden Komplexität ermöglichen. Zur Quantifizierung der varianteninduzierten Auswirkungen ist die Kostenrechnung erforderlich.

In Kapitel 2.3 erfolgte die Einführung der Grundlagen zur Kostenrechnung, welche eine möglichst verursachungsgerechte Zuordnung der Kosten zu den Kostenträgern ermöglichen soll. Hierbei wurde auf klassische und prozessorientierte Kostenrechnungsverfahren eingegangen. Prozessorientierte Kostenrechnungsverfahren erzielen zwar eine höhere Verursachungsgerechtheit, aufgrund des hohen Aufwands sowie der geringen Genauigkeit, Zuverlässigkeit und Aktualität werden diese selten angewendet.

Um diese Schwachstellen basierend auf automatisch in Process Aware Information Systems erfassten Prozessdaten zu adressieren, wurden in Kapitel 2.4 zunächst die Grundlagen zur Erfassung und Strukturierung von Daten vorgestellt. Die Entdeckung von Wissen aus einheitlich strukturierten Daten anhand von Datenanalyse, d. h. dem Data Mining, Process Mining und Process Data Mining wurde nachfolgend erläutert.

Nach der umfassenden Erläuterung der Grundlagen und der relevanten Definitionen im Kontext dieser Arbeit sollen im Folgenden bestehende Ansätze vorgestellt und vor dem Hintergrund des Objektbereichs, des Zielbereichs sowie der Lösungshypothese auf die Beantwortung der in dieser Arbeit formulierten Forschungsfragen bewertet werden.

---

319 Vgl. Gutenberg (1971) - Grundlagen der Betriebswirtschaftslehre, S. 113.

3 Bestehende Ansätze im Kontext der Arbeit

Nach der Einführung in die Grundlagen und relevanten Begrifflichkeiten erfolgt in diesem Kapitel die Erarbeitung des Forschungsbedarfs zur Bewertung von Produktvarianten mittels Process Data Mining. Hierzu werden zunächst die Herausforderungen in der Praxis dargestellt und erläutert, worin die die Relevanz der Themenstellung aus praktischer Sicht besteht (siehe Kapitel 3.1). Der Hauptteil des Kapitels widmet sich der Darstellung und Analyse bestehender wissenschaftlicher Ansätze sowie die Erarbeitung des Theoriedefizits im Kontext der Arbeit (siehe Kapitel 3.2).

3.1 Herausforderungen in der Praxis

Wie bereits einführend erläutert führt eine hohe Vielfalt von Produktvarianten bei produzierenden Unternehmen zu der Unfähigkeit, Kosten verursachungsgerecht zuzuordnen und somit eine verlässliche Grundlage zur Bewertung der Produktvarianten zu schaffen. In der Folge werden diejenigen Produktvarianten, die im Unternehmen besonders hohe Kosten in sekundären Leistungsbereichen verursachen, nicht zu entsprechenden Preisen am Markt abgesetzt. Hierdurch entsteht Verlust und eine Reduzierung des Gesamtergebnisses eines Unternehmens. Aus der Forderung, Produktvarianten korrekt bewerten und profitabilitätssteigernde Entscheidungen ableiten zu können, ergibt sich die Forderung nach einer möglichst verursachungsgerechten Zuordnung der varianteninduzierten Kosten. Die in der Praxis damit einhergehenden Herausforderungen werden nachfolgend erläutert. Die Erkenntnisse stützen sich auf Projekte, die am Werkzeugmaschinenlabor WZL der RWTH Aachen in Kooperation mit produzierenden Unternehmen durchgeführt wurden. Weiterhin wurden die Hypothesen und Erkenntnisse in Intensivarbeitskreisen der Complexity Management Academy GmbH diskutiert und detailliert.

Die grundsätzlichen Herausforderungen in der Praxis lassen sich anhand des Polylemmas der Kostenrechnung erläutern, welches sich aus den Dilemmata zwischen Effizienz, Zuverlässigkeit, Aktualität und Genauigkeit zusammensetzt (siehe Abbildung 3-1).

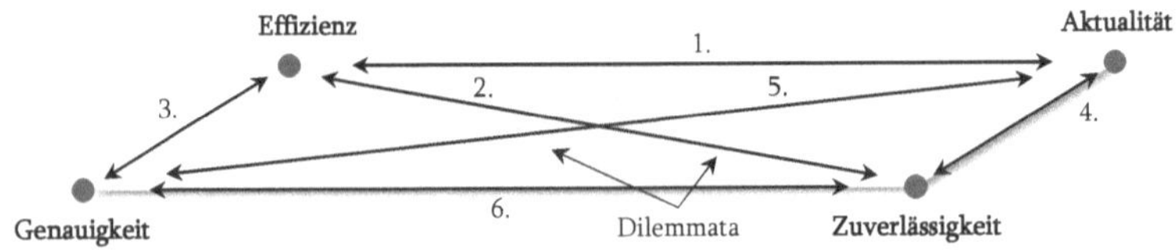

Abbildung 3-1: Polylemma der Kostenrechnung[320]

Im Sinne der Kostenrechnung bemisst die Effizienz das Verhältnis von Ergebnis (vollständig erfasste und verursachungsgerecht zugeordnete Kosten) zu hierfür erforderlichem Aufwand (Aufwand zur Ermittlung und Zuordnung der Kosten). Grundsätzlich ist eine Steigerung der Effizienz anzustreben, welche sowohl durch eine Steigerung der Verursachungsgerechtheit sowie eine Reduktion des Ressourceneinsatzes erzielt werden kann. Die Dimension Aktualität bemisst die Gegenwärtigkeit des Ergebnisses, wobei eine hohe Aktualität für die Ableitung korrekter Entscheiden unabdingbar ist. In der Dimension Genauigkeit werden die Detaillierung und die Durchdringungstiefe der der Kostenrechnung zugrundeliegenden Daten und Informationen bemessen. Eine hohe Genauigkeit gewährleistet exakte Ergebnisse und somit folgerichtige Entscheidungen. Letztlich bemisst die Dimension Zuverlässigkeit die Unverfälschtheit und Korrektheit der Datengrundlage sowie der erzielten Ergebnisse. Eine hohe Zuverlässigkeit der Kostenrechnung ermöglicht eine hohe Sicherheit bei Entscheidungen in Bezug auf die Steuerung des Produktportfolios. Die sich hieraus ergebenden Dilemmata werden nachfolgend kurz erläutert.

Das erste Dilemma (siehe Abbildung 3-1, 1.) besteht zwischen den Dimensionen Effizienz und Aktualität. Für die vollständige Ermittlung und verursachungsgerechte Zuordnung von Kosten ist in der Praxis ein hoher Aufwand erforderlich.[321] Soll eine hohe Aktualität der Ergebnisse erzielt werden, so ist eine kontinuierliche bzw. kurzzyklische Kostenrechnung durchzuführen, welche nur durch eine Steigerung des Ressourceneinsatzes ermöglicht wird. Das zweite Dilemma (siehe Abbildung 3-1, 2.) besteht zwischen den Dimensionen Effizienz und Zuverlässigkeit. Für eine hohe Zuverlässigkeit müssen die der Kostenrechnung zugrundeliegenden Daten die Realität abbilden. Für die Bewertung von Produktvarianten bedeutet dies, dass die für die Variantenentstehung erforderlichen Ressourcenbeanspruchungen exakt ermittelt und verursachungsgerecht zugeordnet werden. Diese feingranulare Datenerfassung muss in der

[320] Darstellung in Anlehnung an Aghassi et al. (2011) - Integrative Produktionstechnik für Hochlohnländer, S. 22.

[321] Vgl. Preißler und Preißler (2015) - Entscheidungsorientierte Kosten- und Leistungsrechnung, S. 231.

Praxis durch eine Reduktion der Effizienz erkauft werden.[322] Das dritte Dilemma (siehe Abbildung 3-1, 3.) existiert zwischen den Dimensionen Effizienz und Genauigkeit. Eine hohe Genauigkeit kann durch eine feingranulare Auflösung der Produktstruktur und Durchführung der Kostenzuordnung (Einzel- und Gemeinkosten) auf allen Ebenen der Produktstruktur erzielt werden. Solche Ansätze sind unter „Engineering Build-Up" oder „Grass-roots costing" bekannt und beschreiben eine Bottom-up-Kostenrechnung.[323] Dies erzeugt zwar sehr genaue Ergebnisse, ist in der Praxis allerdings mit außerordentlich hohem Aufwand und hohen Kosten verbunden.[324] Das vierte Dilemma (siehe Abbildung 3-1, 4.) wird von der Aktualität und Zuverlässigkeit der mit der Kostenrechnung erzielten Ergebnisse gebildet. Eine hohe Zuverlässigkeit erfordert die Erfassung korrekter Daten sowie deren umfassende Aufbereitung, was wiederum Aufwand verursacht und Zeit in Anspruch nimmt. Eine hohe Aktualität der Ergebnisse steht hierzu im Widerspruch, sodass entweder hochaktuelle, dafür aber weniger zuverlässige oder zuverlässige, dafür aber weniger aktuelle Ergebnisse zur Entscheidungsunterstützung erzeugt werden können. Das fünfte Dilemma (siehe Abbildung 3-1, 5.) besteht zwischen den Dimensionen Aktualität und Genauigkeit. Für eine hohe Aktualität ist stets eine vollständige Datengrundlage über alle Ebenen der Produktstruktur zu gewährleisten. In der Praxis ist dies heutzutage nicht umsetzbar, da nicht für alle Kostenobjekte eine vollständige Datengrundlage für die Kostenermittlung und -zuordnung gewährleistet werden kann. Schließlich ergibt sich das sechste Dilemma (siehe Abbildung 3-1, 6.) zwischen der Zuverlässigkeit und Genauigkeit. Für die Erzielung einer hohen Genauigkeit ist eine hohe Durchdringungstiefe bei der Kostenermittlung erforderlich. Da die Kostenermittlung hierbei auf Schätzungen beruht und damit fehleranfällig ist, würde sich der Gesamtfehler aufgrund der Aggregation über alle Ebenen hinweg akkumulieren, wodurch die Zuverlässigkeit des Gesamtergebnisses sinkt.

Das Praxisdefizit besteht demnach maßgeblich in der aufwandsarmen, zuverlässigen und genauen Ermittlung und verursachungsgerechten Zuordnung von Kosten für eine hochaktuelle Bewertung von Produktvarianten. Eine Lösungsmöglichkeit ergibt sich hierbei durch die Nutzung automatisch in Process Aware Information Systems erfasster Prozessdaten und deren zielgerichteten Auswertung mit dem Ziel der Kostenermittlung und -zuordnung. Diese Arbeit fokussiert die Unterstützung des Controllings durch die datenbasierte Prozesskostenermittlung sowie derer verursachungsgerechter

[322] Vgl. Wöltje (2008) - Schnelleinstieg Rechnungswesen, S. 249.

[323] Vgl. u.a. Baguley et al. (2004) - Costing Issues Regarding Product Variant Design, S. 42; NASA (2015) - NASA Cost Estimating Handbook, S. 18f.

[324] Vgl. NASA (2015) - NASA Cost Estimating Handbook, S. 19.

Zuordnung mit dem Ziel der Bewertung von Produktvarianten für die Ableitung profitabilitätssteigernder Entscheidungen.

Aus den in der Praxis bestehenden Defiziten kann nicht auf Defizite der in der Wissenschaft und in theoretischen Betrachtungen geschlossen werden. Um den Forschungsbedarfs aus praktischer Sicht mit dem Theoriedefizit abzugleichen und zu ergänzen, werden in den folgenden Kapiteln bestehende wissenschaftliche Ansätze im Kontext dieser Arbeit beschrieben, analysiert und bewertet.

3.2 Darstellung und Bewertung bestehender Ansätze

In diesem Kapitel erfolgt die Darstellung und Bewertung wissenschaftlicher Ansätze im Kontext der Arbeit. Hierzu werden zunächst Kriterien für eine einheitliche und qualitative Bewertung bestehender Ansätze definiert. Anschließend werden die Ansätze beschrieben und diskutiert. Hierauf basierend erfolgt die Bewertung des Erfüllungsgrades der definierten Kriterien und die Positionierung der vorliegenden Arbeit hinsichtlich des bestehenden Forschungsbedarfs.

3.2.1 Kriterien zur Bewertung bestehender Ansätze

Für eine vergleichende Bewertung relevanter Ansätze und Theorien sind vorab Bewertungskriterien herzuleiten, nach denen die Bewertung erfolgt. Diese Kriterien lassen sich in die übergeordneten Kategorien Objektbereich, Zielbereich und Lösungshypothese einordnen. Im Hinblick auf den Objektbereich erfolgt die Bewertung, ob die im Kontext dieser Arbeit relevanten Forschungsbereiche in den Ansätzen betrachtet werden und Gegenstand der jeweiligen Forschung sind:

- **Berücksichtigung variantenreicher Produktportfolios**: Die Methodik berücksichtigt das Vorhandensein eines variantenreichen Produktportfolios.
- **Betrachtung varianteninduzierter Kosten**: Die Methodik berücksichtigt die durch Produktvarianten entstandenen Kosten.
- **Berücksichtigung von Prozesskosten**: Die Methodik berücksichtigt die Kosten, die mit der Durchführung von Prozessen einhergehen.
- **Berücksichtigung sekundärer Leistungsbereiche**: Die Methodik berücksichtigt die in sekundären Leistungsbereichen entstandenen Kosten.

- **Berücksichtigung automatisch erfasster Prozessdaten**: Die Methodik berücksichtigt in PAIS automatisch erfasste Prozessdaten.

Die Kriterien des **Zielbereichs** überprüfen die Kohärenz der Zielsetzung bestehender Forschungsansätze mit dem der vorliegenden Forschungsarbeit und ermöglichen eine Bewertung, inwieweit bestehende Ansätze die Beantwortung der dieser Arbeit zugrundeliegenden Forschungsfragen adressieren:

- **Beschreibung variantenreicher Produktportfolios**: Im Rahmen der Methodik erfolgt die ganzheitliche Beschreibung variantenreicher Produktportfolios.
- **Beschreibung kostenrelevanter Prozessdaten**: Im Rahmen der Methodik erfolgt die Beschreibung der für die Ermittlung und verursachungsgerechte Zuordnung von Prozesskosten relevanten Prozessdaten.
- **Beschreibung von Ressourcenkostensätzen**: Im Rahmen der Methodik erfolgt die systematische und formalisierte Beschreibung von Kostensätzen der Unternehmensressourcen.
- **Ermittlung varianteninduzierter Prozesskosten**: Die Methodik strebt die Ermittlung der durch die Produktvarianz entstehenden oder entstandenen Prozesskosten an.
- **Verursachungsgerechte Prozesskostenzuordnung**: Die Methodik strebt die verursachungsgerechte Zuordnung der durch die Produktvarianz entstehenden oder entstandenen Prozesskosten an.
- **Verbesserung der Bewertung von Produktvarianten:** Die Methodik strebt eine Verbesserung i. S. e. Reduktion des Aufwands sowie einer Steigerung der Verursachungsgerechtheit, der Aktualität, der Zuverlässigkeit und der Genauigkeit in der Ermittlung und verursachungsgerechten Zuordnung von varianteninduzierten Prozesskosten an.

Der vorliegenden Arbeit liegt die Lösungshypothese zugrunde, dass durch die Analyse automatisch erfasster Prozessdaten anhand von Process Data Mining eine Verbesserung der Bewertung von Produktvarianten unter den genannten Aspekten ermöglicht wird. Die Lösungshypothese dieser Arbeit kann damit wie folgt konkretisiert werden:

Mittels **Process Data Mining** lässt sich die Bewertung von Produktvarianten verbessern, indem eine Reduktion des Aufwands sowie eine Steigerung der Verursachungsgerechtheit, der Aktualität, der Zuverlässigkeit und der Genauigkeit in der Ermittlung und verursachungsgerechten Zuordnung varianteninduzierter Prozesskosten ermöglicht wird.

3.2.2 Darstellung bestehender Ansätze

In diesem Kapitel werden relevante wissenschaftliche Ansätze und Theorien vorgestellt und entsprechend der definierten Kriterien bewertet.

3.2.2.1 Modellbasierte Beschreibung des Kostensystems

In diesem Abschnitt werden bestehende Ansätze und Konzepte mit dem Ziel einer modellbasierten Beschreibung unternehmerischer Kostensysteme vorgestellt.

Produkte und Produktionssysteme integrativ konzipieren nach GAUSEMEIER ET AL. (2012)

In ihrem Ansatz entwickeln GAUSEMEIER ET AL.[325] eine umfassende, vernetzte Modellierung des Produktionssystems und beschreiben Verfahren zur wahrscheinlichkeitsbasierten Ermittlung von Entwicklungs- und Herstellkosten. Im Rahmen der Modellbildung werden u. a. die Elemente Anforderungen, Produkte, Produktionsprozesse und Ressourcen definiert und deren Abhängigkeiten über MDMs miteinander in Verbindung gesetzt.[326] Für die Ermittlung erwarteter Entwicklungskosten wird die Pfadkostenrechnung aufgrund von Einschränkungen bzgl. der Korrektheit um stochastische Variablen und eine Monte-Carlo-Simulation erweitert. Die Entwicklungskosten ergeben sich aus der Prozessbeschreibung, der Abschätzung von Ressourcenverbräuchen und der Durchführung der Simulation.[327] Die Herstellkostenabschätzung ergibt sich über die stochastisch Variation produktionsbeeinflussender Variablen, wie z. B. der Stückzahl und der Anzahl an Varianten, und der drauf basierenden Simulation der Herstellkosten.[328] Durch die Berücksichtigung von stochastischen Zusammenhängen in der Kostensimulation reduzieren GAUSEMEIER ET AL. die Unsicherheit im Kostensystem und wirken Unzulänglichkeiten klassischer prozessorientierter Kostenrechnungsverfahren entgegen. Dennoch erfolgt keine Berücksichtigung tatsächlicher Prozesszeiten (z. B. durch die Integration von Prozessdaten) und Kosten indirekter Leistungsbereiche.

[325] Gausemeier et al. (2012) - Produkte und Produktionssysteme integrativ konzipieren.
[326] Vgl. Gausemeier et al. (2012) - Produkte und Produktionssysteme integrativ konzipieren, S. 139ff.
[327] Vgl. Gausemeier et al. (2012) - Produkte und Produktionssysteme integrativ konzipieren, S. 132ff.
[328] Vgl. Gausemeier et al. (2012) - Produkte und Produktionssysteme integrativ konzipieren, S. 153ff.

Modellierung, Integration und Analyse von Ressourcen in Geschäftsprozessen nach SCHUSTER (2012)

Um im Kontext des Geschäftsprozessmanagements die ganzheitliche Integration und Analyse der Ressourcenintegration zu ermöglichen, entwickelt SCHUSTER eine explizite Modellierung von Unternehmensressourcen.[329] Hierdurch wird die Analysierbarkeit und Operationalisierbarkeit von Ressourcen- und Geschäftsprozessmodellen befähigt, um bspw. den Ressourceneinsatz zu bewerten, zu planen oder Verbesserungen hinsichtlich der Unternehmenszielerreichung durch alternative Zuordnungsstrategien zu erzielen. Für die Ressourcenmodellierung werden zunächst Anforderungen (z. B. Benutzerfreundlichkeit, Abbildung geschäftsprozessrelevanter Ressourceneigenschaften) definiert. Hierauf aufbauend werden Metamodelle zur umfassenden Beschreibung von Ressourcen entwickelt. Die Metamodelle werden anschließend für die Entwicklung einer ressourcenorientierten Geschäftsprozessmodellierung verwendet, um die Eignung für die Planung und Auswertung der Ressourcenallokation zu validieren.[330] Der Ansatz fokussiert damit sehr umfassend die Modellierung von Ressourcen und Prozessen zur Befähigung von Analyse- und Simulationsverfahren. Kosten, die für Ressourcen und durch die Ressourcenbeanspruchung entstehen, werden allerdings nicht berücksichtigt. Für die kostenorientierte Modellierung der Ressourcen sowie des Kostensystems zur Ermittlung von Prozesskosten ist eine Erweiterung der Metamodellierung erforderlich.

A Framework for Conducting Numerical Experiments on Cost System Design nach ANAND ET AL. (2019)

In ihrem Ansatz entwickeln ANAND ET AL.[331] ein formalisiertes Rahmenwerk, anhand dessen Kostenrechnungssysteme beschrieben und für die Datenanalyse zugänglich gemacht werden können. Hierfür werden das Unternehmen, die Ressourcen, die Kostenträger und das Produktionssystem sowie die jeweiligen Zusammenhänge anhand von Vektoren und Matrizen formalisiert. Bei vollständiger Informationsverfügbarkeit können die Kosten eines Produktes direkt aus den zugehörigen Ressourcenverzehren ermittelt werden. Unvollständige Informationen erfordern ein zweistufiges Kostenrechnungssystem, welches an prozessorientierte Verfahren angelehnt ist. Die berechneten

[329] Vgl. Schuster (2012) - Ressourcen in Geschäftsprozessen.

[330] Vgl. Schuster (2012) - Ressourcen in Geschäftsprozessen, S. 61ff.

[331] Anand et al. (2019) - Framework for Numerical Experiments on Cost System Design.

Kosten eines Produktes können für Entscheidungen bzgl. des anzubietenden Produktportfolios oder der Preisgestaltung[332] verwendet werden. Basierend auf der entwickelten Modellierung kann die Analyse der zugrundeliegenden Daten, wie bspw. die Ressourcen- und Kapazitätsplanung oder die Identifikation ungenutzter Kapazitäten, erfolgen.[333] Das Verfahren legt eine substanzielle Grundlage für die Modellierung der zur Bewertung von Produktvarianten erforderlichen Elemente (Produkte, Prozesse, Ressourcen) und deren Zusammenhänge. Komplexe Konstellationen, wie bspw. eine integrierte Betrachtung der externen und internen Vielfalt sowie die Kostenzuordnung über mehrere Produktstrukturstufen werden in dem Ansatz nicht berücksichtigt.

Measure and Manage your Product Costs Right nach MERTENS (2020)

Basierend auf dem Axiomatic Design[334] entwickelt MERTENS[335] eine Erweiterung zur Modellierung und Verknüpfung der Elemente des Kostensystems. Dieses bildet die Grundlage für die Ermittlung und verursachungsgerechte Zuordnung der Ressourcenverbräuche eines Produktelements. Im Rahmen der Kostenermittlung werden die im Kostensystem enthaltenen Parameter (z. B. Verhältnis leistungsmengenneutrale und -induzierte Aktivitäten, Anzahl Prozesse, Anzahl Ressourcenpools etc.) mittels Variablen vorgegeben, um das Kostensystem unter verschiedenen Bedingungen zu simulieren. Über die Variation der Variablen sowie die Simulation und Analyse der Auswirkungen auf die Produktkosten lässt sich die Exaktheit eines Kostensystems zur Abbildung jeweiliger Rahmenbedingungen ableiten. Insgesamt entwickelt MERTENS eine Modellierung der Zusammenhänge zwischen Produkten, Produktionsprozessen und Ressourcen mit dem Ziel der Kostenermittlung und -zuordnung.[336] Die Quantifizierung der Zusammenhänge erfolgt allerdings manuell und es werden zahlreiche Vereinfachungen getroffen. Die Integration von automatisch erfassten Daten aus Informationssystemen oder die Anwendung von Datenanalyse wird nicht betrachtet.

3.2.2.2 Prozessorientierte Kostenrechnungsverfahren

In diesem Abschnitt werden bestehende Ansätze der prozessorientierten Kostenrechnung sowie der Bewertung von Produktvarianten vorgestellt und diskutiert.

Flexible Plankostenrechnung und Deckungsbeitragsrechnung nach KILGER ET AL. (1961)

---

332 Vgl. u.a. Anand et al. (2017) - Consistent Decisions when Computing Costs with Limited Information.

333 Vgl. Anand et al. (2019) - Framework for Numerical Experiments on Cost System Design, S. 56ff.

334 Suh (2001) - Axiomatic design.

335 Mertens (2020) - Measure and manage your product costs right.

336 Vgl. Mertens (2020) - Measure and manage your product costs right, S. 86ff.

Ein die Prozesskostenrechnung ergänzendes Verfahren bildet die flexible Plankostenrechnung und Deckungsbeitragsrechnung von KILGER ET AL.[337] Die Methoden ermöglichen eine vollständig verursachungsgerechte Zuordnung der Gemeinkosten direkter Leistungsbereiche durch eine bezugsgrößenproportionale Gemeinkostenzuordnung, worüber eine Entkopplung von den Einzelkosten und damit einer Steigerung der Verursachungsgerechtheit gelingt.[338] Einzelkosten und Sondereinzelkosten werden, sofern möglich, direkt zugeordnet. Gemeinkosten werden über Kostenstellen anhand von Bezugsgrößen normiert und im Zuge der Kostenträgerstückrechnung zugeordnet. Anhand der Deckungsbeitragsrechnung kann eine Bewertung der Profitabilität einzelner Kostenträger erfolgen.[339] In den Sondereinzelkosten sind bspw. Kosten für die Entwicklung, die Konstruktion, den Einkauf und den Vertrieb beinhaltet. Diese können allerdings nur dann verursachungsgerecht zugeordnet werden, wenn der zeitliche Aufwand von den ausführenden Ressourcen aufgeschrieben und definierten Kostenobjekten, z. B. Auftragsnummer o.ä., zugeordnet wird.[340] Hierüber wird zwar eine verursachungsgerechtere Zuordnung der Kosten ermöglicht, das Verfahren erfordert allerdings hohen Aufwand und unterliegt Unsicherheiten in Genauigkeit und Zuverlässigkeit.

Maschinenstundensatzkostenrechnung

Die Maschinenstundensatzkostenrechnung[341] ist ein Verfahren im Vollkostensystem zur Kostenträgerstückrechnung mit dem Ziel der verursachungsgerechten Zuordnung von Fertigungsgemeinkosten. Hierbei wird dem Umstand Rechnung getragen, dass verschiedene Kostenträger Maschinen einer Kostenstelle in unterschiedlich hohem Maße beanspruchen. Im Rahmen der Maschinenstundensatzkostenrechnung werden sämtliche einer Maschine zurechenbaren Gemeinkosten (z. B. Instandhaltung, kalkulatorische Abschreibungen, Werkzeugkosten, kalkulatorische Zinsen, Energiekosten etc.) durch die tatsächliche Maschinenlaufzeit dividiert. Hieraus ergibt sich ein maschinenspezifischer Kostensatz pro Maschinenstunde, der entsprechend dem Bean-

[337] Kilger (1961) - Flexible Plankostenrechnung und Deckungsbeitragsrechnung; Kilger (2017) - Flexible Plankostenrechnung und Deckungsbeitragsrechnung.

[338] Vgl. Dierkes (1998) - Planung und Kontrolle von Prozeßkosten, S. 24.

[339] Vgl. Kilger et al. (2012) - Flexible Plankostenrechnung, S. 115ff.

[340] Vgl. Kilger et al. (2012) - Flexible Plankostenrechnung, S. 228.

[341] Vgl. u.a. Herbert Vormbaum (1977) - Kalkulationsarten und Kalkulationsverfahren; Schmidt und Wenzel (1989) - Maschinenstundensatzrechnung als Alternative zur herkömmlichen Zuschlagskostenrechnung; Schildbach und Homburg (2009) - Kosten- und Leistungsrechnung; Schweitzer et al. (2016) - Systeme der Kosten- und Erlösrechnung.

spruchungsgrad einem Kostenträger zugerechnet wird. Die restlichen, maschinenunabhängigen Gemeinkosten werden den jeweiligen Kostenträger einzelkostenproportional zugerechnet. Die Anwendung der Maschinenstundensatzkostenrechnung ermöglicht unter Berücksichtigung variantenreicher Produktportfolios eine Steigerung der Verursachungsgerechtheit der Fertigungsgemeinkosten verglichen mit der klassischen Zuschlagskalkulation. Darüber hinaus bildet sie einen ersten Schritt zur Entkopplung von Einzel- und Gemeinkosten, indem die Ressourcenbeanspruchung dem konsumierenden Kostenträger direkt zugeordnet werden. Die somit gewonnene Steigerung der Genauigkeit in der Gemeinkostenzuordnung bedingt allerdings einen höheren Aufwand in der Gliederung von Kostenstellen sowie der Erfassung von Gemeinkosten.[342]

Activity-based Costing nach COOPER UND KAPLAN (1988)

Das Activity-based Costing (ABC) nach COOPER UND KAPLAN[343] fokussiert eine aufwandsproportionale Zuordnung von Fertigungsgemeinkosten und ist in Kapitel 2.3.3 ausführlich beschrieben. Neben Maschinen werden hierbei weitere Ressourcen (z. B. direkt und indirekt an der Wertschöpfung beteiligte Humanressourcen, Informationstechnologie etc.) sowie deren produktspezifischen Aufwände berücksichtigt. Die Erfassung der Aufwände erfolgt manuell, was verglichen zu einer klassischen Zuschlagskalkulation zwar zu einer Steigerung der Genauigkeit, gleichzeitig allerdings zu hohem Aufwand und geringer Zuverlässigkeit führt. Sollen Genauigkeit und Zuverlässigkeit gesteigert werden, steigt der hierfür erforderliche Aufwand überproportional.[344] Aus diesen Gründen findet das ABC in der betrieblichen Praxis nur selten Anwendung.[345]

Prozesskostenrechnung nach HORVÁTH UND MAYER (1989)

Die auf deutsche Kostenrechnungssysteme ausgelegte Prozesskostenrechnung (PKR) nach HORVÁTH UND MAYER[346] strebt eine Steigerung der Verursachungsgerechtheit in der Zuordnung von Gemeinkosten direkter und indirekter Leistungsbereiche an.[347] Die PKR kann somit unternehmensweit als prozessorientiertes Kostenrechnungssystem

342 Vgl. Coenenberg et al. (2016) - Kostenrechnung und Kostenanalyse, S. 154.

343 Cooper und Kaplan (1988) - How cost accounting distorts product costs; Cooper und Kaplan (1988) - Measure Costs Right.

344 Vgl. Heina (1999) - Variantenmanagement, S. 68.

345 Vgl. Meyer et al. (2019) - How much does variety-induced complexity actually cost? Linking axiomatic design with cost modelling, S. 825.

346 Horváth und Mayer (1989) - Prozesskostenrechnung; Horváth und Mayer (1995) - Konzeption und Entwicklungen der Prozeßkostenrechnung.

347 Vgl. Coenenberg et al. (2016) - Kostenrechnung und Kostenanalyse, S. 159.

angewendet werden.[348] Die Datengrundlage, d. h. die Erfassung der Teilprozesse sowie deren Prozessmengen und Prozesskosten werden manuell und interviewbasiert ermittelt. Eine Steigerung der Zuverlässigkeit und Genauigkeit geht mit einem hohen Aufwand einher. Aufgrund des hohen Aufwands ist das Verfahren wenig aktuell, da eine kurzzyklische Durchführung wirtschaftlich nicht umsetzbar ist.[349] Obwohl die somit einhergehende verursachungsgerechtere Zuordnung von Gemeinkosten sowie die gesteigerte Kostentransparenz einen großen Mehrwert liefern, findet die PKR häufig nicht oder lediglich in ausgewählten Kernprozessen Anwendung.[350] Ansätze der softwareunterstützten PKR dienen meist einer Verbesserung der Übersicht und Transparenz, bewirken allerdings keine Reduktion des Erfassungs- und Zuordnungsaufwands.

Gestaltung und Bewertung von Produktvarianten nach SCHUH (1989)

Mit dem Ansatz zur Gestaltung und Bewertung von Produktvarianten entwickelt SCHUH[351] ein der Prozesskostenrechnung ähnliches Verfahren, das eine direkte Zuordnung der durch die Ressourcenbeanspruchung entstehenden Kosten zu den entsprechenden Produktvarianten ermöglicht. SCHUH erarbeitet hiermit die Grundlage für die Entwicklung der ressourcenorientierten Prozesskostenrechnung (RPKR).[352] Die Gestaltung von Produktvarianten erfolgt anhand eines Modells (Variantenbaum), das Varianten entsprechend der beinhaltenden Komponenten differenziert und die Montagereihenfolge abbildet.[353] Je nach Detaillierungsgrad und Berechnungsziel werden die Bestandteile einer Produktvariante oder die Produktvariante selbst anhand von Kostenfunktionsnomogrammen bewertet. Aus den Kostenfunktionsnomogrammen geht der Zusammenhang zwischen quantitativen bzw. qualitativen Bezugsgrößen zu dem entsprechenden Ressourcenverzehr hervor. Für die Bewertung von Produktvarianten sind demnach sämtliche Zusammenhänge zwischen variantenbeeinflussten, kostentreibenden Bezugsgrößen und den beanspruchten Ressourcen zu ermitteln.[354] Die stringente Umsetzung dieses Verfahrens ermöglicht eine erhebliche Steigerung der Verursachungsgerechtheit. Bei umfangreichen Ressourcenstrukturen wird das Verfah-

[348] Vgl. Dierkes (1998) - Planung und Kontrolle von Prozeßkosten, S. 23.
[349] Vgl. Coenenberg et al. (2016) - Kostenrechnung und Kostenanalyse, S. 175f.
[350] Vgl. Wildemann (1997) - Fertigungsstrategien, S. 400f.; Bayer (2010) - Integriertes Variantenmanagement, S. 106.
[351] Schuh (1989) - Gestaltung und Bewertung von Produktvarianten.
[352] Vgl. Schuh und Kaiser (1995) - Kostenmanagement in Entwicklung und Produktion mit der Ressourcenorientierten Prozeßkostenrechnung.
[353] Vgl. Schuh (1989) - Gestaltung und Bewertung von Produktvarianten, S. 45ff.
[354] Vgl. Schuh (1989) - Gestaltung und Bewertung von Produktvarianten, S. 120ff.

ren allerdings hochkomplex, da komplizierte, sich zeitlich verändernde Zusammenhänge abgebildet werden müssen. Aufgrund des damit einhergehenden hohen Aufwands wird dieses Verfahren nur vereinzelt eingesetzt.[355]

Resource Consumption Accounting nach KEYS UND VAN DER MERWE (2001)

Mit dem Resource Consumption Accounting (RCA) nach KEYS UND VAN DER MERWE[356] erfolgt die Zusammenführung des ABC mit der Grenzplankostenrechnung[357] zur Unterstützung unternehmerischer Entscheidungen. Es sollen die Unzulänglichkeiten des ABC adressiert und die Komplexität in der Erfassung und Zuordnung von prozessorientierten Kosten reduziert werden. Hierfür werden Ressourcenkosten zu Ressourcenpools mit einheitlichen Ressourcentreibern zusammengefasst, wobei zwischen fixen und variablen Kosten differenziert wird. Aktivitäten beanspruchen die Ressourcenpools über Bezugsgrößen, woraus sich die Kosten der Aktivitätendurchführung ergeben. Über Prozesstreiber werden die Aktivitätenkosten den Produkten zugeordnet.[358] Durch dieses Vorgehen entstehen die prozessbezogenen Kosten nicht in den Aktivitäten selbst, sondern ergeben sich aus der Beanspruchung von Ressourcen. Somit können die Ressourcenkosten auf mehrere Aktivitäten verteilt werden, woraus sich eine detailliertere Kostenverteilung bei geringerem Komplexitätsgrad ergibt.[359] Die Erfassung und Zuordnung der Kosten erfolgt manuell und basiert auf Schätzungen, was hohen Aufwand verursacht und eine geringe Verlässlichkeit und Genauigkeit der Ergebnisse bewirkt.

Time-driven Activity-based Costing nach KAPLAN UND ANDERSON (2003)

Das Time-driven Activity-based Costing (TDABC) nach KAPLAN UND ANDERSON[360] adressiert die Unzulänglichkeiten des ABC und wurde in Kapitel 2.3.3 beschrieben. Durch die Reduktion auf die Zeit als alleinigen Kostentreiber lassen sich weitere Analysen, wie z. B. die Ermittlung des Auslastungsgrades einer Ressource, durchführen und bedingte Zusatzaufwände durchführen. Darüber hinaus können auch indirekte Leistungsbereiche in das Modell integriert werden. Die Identifikation der Aktivitäten, die Ermittlung der Dauer zur Aktivitätendurchführung sowie die Zuordnung zu einem Produkt erfolgt allerdings weiterhin manuell und interviewbasiert.[361] Verglichen mit

355 Vgl. Lindemann und Gahr (2006) - Kostenmanagement individualisierter Produkte, S. 186; Bayer (2010) - Integriertes Variantenmanagement, S. 108.

356 Keys und van der Merwe (2001) - The case for RCA: Excess and idle capacity

357 Vgl. u.a. Kilger et al. (2012) - Flexible Plankostenrechnung.

358 Vgl. Keys und van der Merwe (2001) - The case for RCA: Excess and idle capacity, S. 11.

359 Vgl. Webber und Clinton (2004) - Resource Consumption Accounting Applied, S. 12.

360 Kaplan und Anderson (2003) - Time-Driven Activity-Based Costing.

361 Vgl. Kaplan und Anderson (2003) - Time-Driven Activity-Based Costing, S. 6f.

der klassischen Zuschlagskalkulation wird hierüber zwar eine erhebliche Steigerung der Verursachungsgerechtheit in der Gemeinkostenzuordnung erzielt, das Verfahren ist allerdings weiterhin sehr aufwändig und bedarf einer regelmäßigen Wiederholung, um eine aktuelle Entscheidungsgrundlage zur Verfügung zu stellen. Zwar wird die Verwendung von Daten aus betrieblichen Informationssystemen angedeutet, eine umsetzungsorientierte Beschreibung bleibt allerdings aus.[362]

Mehrdimensionale Kalkulation nach RIDDER UND SCHMIDT (2006)

Die mehrdimensionale Kalkulation nach RIDDER UND SCHMIDT[363] strebt die Steigerung der Kostentransparenz für strategische Entscheidungen in Unternehmen mit komplexen Wertschöpfungsstrukturen an. Hierfür werden die im Rahmen der Kostenrechnung betrachteten Dimensionen (z. B. Produkt- und Prozessdimension) mit zunehmendem Gemeinkostenanteil erweitert, um eine möglichst genaue Verteilung der Gemeinkosten zu erzielen. Das Vorgehen gliedert sich in die Phasen Konzeption, Erhebung und Kalkulation. Während in der Konzeption die Anzahl der Dimensionen sowie deren Ausprägungen festgelegt werden erfolgt im Rahmen der Erhebung die Kostenerfassung für jedes Element der von den Dimensionen gebildeten Matrix. Die Kalkulation verteilt die so ermittelten Gemeinkosten auf die Kostenträger. Dieses Verfahren ist ohne Softwareunterstützung nicht möglich.[364] Es wird zwar eine Verbesserung der Verursachungsgerechtheit angestrebt, der manuelle Aufwand zur Erstellung und Befüllung der Kostenmatrizen ist allerdings sehr hoch. Je nach Anzahl der Prozesse, Produkte etc. wird das Verfahren beliebig komplex und ist somit wenig praktikabel.

Simplifying activity-based costing nach LELKES (2009)

In ihrem Ansatz entwickelt LELKES[365] in Anlehung an das ABC ein vereinfachtes Verfahrendes, welches in weiteren Arbeiten als Duration-based Costing (DBC)[366] bezeichnet wird. Die Gemeinkostenzuordnung erfolgt proportional zur Einzelteilzykluszeit eines Produktes, indem die gesamten Gemeinkosten durch die Zykluszeit aller Produkte dividiert und anschließend proportional zu der Zykluszeit einer hergestellten Einheit zugeordnet werden. Hierdurch entfällt die Notwendigkeit mehrerer Kostentreiber, sodass lediglich die produzierte Stückzahl, die gesamten Gemeinkosten sowie

362 Vgl. Kaplan und Anderson (2003) - Time-Driven Activity-Based Costing, S. 15.

363 Ridder und Schmidt (2006) - Mehrdimensionale Kalkulation.

364 Vgl. Ridder und Schmidt (2006) - Mehrdimensionale Kalkulation, S. 319.

365 Lelkes (2009) - Simplifying activity-based costing.

366 Vgl. u.a. Lelkes und Deis (2013) - Reduce the Complexity of Activity-Based Costing; Lelkes (2017) - Duration-Based Costing; Lelkes und Krueger (2020) - Considering production time in allocating costs.

die Einzelteilzykluszeit zu ermitteln sind und als Berechnungsgrundlage dienen. Es erfolgt eine vollständige Entkopplung der Einzel- und Gemeinkostenzuordnung, wobei auf die Zuordnung der Kosten für die Beanspruchung einzelner Ressourcen zugunsten der gesamten Zykluszeit verzichtet wird.[367] Das DBC fokussiert ausschließlich die Verrechnung von Fertigungsgemeinkosten, wobei indirekte Leistungsbereiche nicht berücksichtigt werden. Aufgrund der starken Vereinfachung können teilweise eine Reduktion des Aufwands und eine Steigerung der Aktualität erzielt werden. Die Vereinfachung führt allerdings auch zu einer Genauigkeits- und Zuverlässigkeitsreduktion.

Integriertes Variantenmanagement nach BAYER (2010)

In seinem Ansatz entwickelt BAYER[368] basierend auf der ressourcenorientierten Prozesskostenrechnung eine Methodik zur Variantenkostenbewertung mit faktoranalytischen Komplexitätstreibern. Um den Detaillierungsgrad der Prozess- und Kostenanalyse pro Unternehmensbereich festzulegen, erfolgt zunächst fragebogenbasiert eine Einflussanalyse spezifischer Komplexitätsfaktoren auf die einzelnen Unternehmensbereiche. Stark beeinflusste Bereiche sind detailliert, weniger stark beeinflusste Bereiche weniger detailliert zu analysieren. Somit kann eine gezielte Steuerung des Aufwands der Ermittlung und verursachungsgerechten Zuordnung varianteninduzierter Kosten erfolgen. Die Komplexitätsfaktoren werden anschließend hinsichtlich der Einflussstärke klassifiziert und Zusammenhänge zwischen den Faktoren identifiziert. Anschließend werden die Komplexitätsfaktoren mit Aufwänden verknüpft, sodass eine Variation der Faktoren eine Quantifizierung der damit einhergehenden Kosten ermöglicht. Durch die entwickelte Bewertung von Produktvarianten lassen sich Variantenentscheidungen gezielt unterstützen.[369] Die Verwendung von automatisch erfassten Daten zur Verbesserung der Ergebnisse wird nicht berücksichtigt.

Deciding product mix based on time-driven activity-based costing by mixed integer programming nach ZHUANG UND CHANG (2015)

In ihrem Ansatz entwickeln ZHUANG UND CHANG[370] ein Modell zur Auswahl desjenigen Produktmixes, der unter Berücksichtigung des Marktbedarfs, des Preises und der unter Anwendung von TDABC ermittelten Kosten den maximalen Profit generiert. Hierfür wird ein Optimierungsproblem zur Profitmaximierung über die Variation der zu produzierenden Menge formuliert. Die Ermittlung und Zuordnung der Gemeinkosten ei-

[367] Vgl. Lelkes (2009) - Simplifying activity-based costing, S. 13ff.
[368] Bayer (2010) - Integriertes Variantenmanagement.
[369] Vgl. Bayer (2010) - Integriertes Variantenmanagement, S. 118ff.
[370] Zhuang und Chang (2015) - Deciding product mix based on TDABC.

nes Produktes ergibt sich unter Anwendung von TDABC. Das Ergebnis ist die je Produkt zu produzierende Menge unter Berücksichtigung unterschiedlicher Rahmenbedingungen, wie z. B. der Ressourcenverfügbarkeit und der maximal absetzbaren Menge.[371] Das Verfahren führt eine Bewertung von Produktvarianten mit dem Ziel der Entscheidungsunterstützung unter Anwendung prozessorientierter Kostenrechnungsverfahren durch und geht damit einen Schritt über die reine Prozesskostenermittlung und -zuordnung hinaus. Auf die Ermittlung der Datengrundlage zur Anwendung des Verfahrens wird nicht eingegangen, sondern es wird von einer vollständigen Informationsverfügbarkeit ausgegangen. Insgesamt kann mit dem Verfahren keine Reduktion des Aufwands oder eine Steigerung der Genauigkeit und Zuverlässigkeit umgesetzt werden.

Early Phase Estimation of Variety Induced Complexity Cost Effects nach EILMUS ET AL. (2017)

Mit dem Ziel einer Unterstützung der Entscheidung, welche Variante eines Produktes entwickelt und gefertigt werden soll, entwickeln EILMUS ET AL.[372] unter Berücksichtigung der induzierten Komplexitätskosten entlang des Produktlebenszyklus ein Vergleichsmodell. Hierfür wird zunächst für die zu vergleichenden Varianten die Anzahl der in einer jeweiligen Lebenszyklusphase entstehenden Code-Nummern (z. B. Materialnummern, Auftragsnummern etc.) festgelegt. Anhand dieser sowie der mittleren Kosten einer Code-Nummer lässt sich eine Break-Even-Analyse über die Variation der mittleren Code-Nummer-Kosten durchführen. So eignen sich die Variantenkonzepte je nach Komplexitätsgrad unterschiedlich gut bzw. weisen eine entsprechend unterschiedliche hohe Profitabilität auf, wodurch eine einfache Entscheidungsgrundlage für die zu realisierende Variante geschaffen wird.[373] Das Verfahren geht von der Kenntnis der zusätzlichen Kosten für eine Code-Nummer aus und befähigt so sowohl die Steuerung der internen als auch der externen Vielfalt. Eine Beschreibung der hierfür erforderlichen Datengrundlage bzw. die Ermittlung der Komplexitätskosten einer Code-Nummer bleiben allerdings aus.

The reduction of product and process complexity based on the quantification of product complexity costs nach HVAM ET AL. (2019)

[371] Vgl. Zhuang und Chang (2015) - Deciding product mix based on TDABC, S. 963ff.
[372] Eilmus et al. (2017) - Estimation of Variety Induced Complexity Cost Effects.
[373] Vgl. Eilmus et al. (2017) - Estimation of Variety Induced Complexity Cost Effects, S. 291ff.

HVAM ET AL.[374] entwickeln ein Verfahren, das anhand einer komplexitätskostenbasierten Variantenbewertung die Steuerung der externen und der internen Vielfalt ermöglicht. Hierfür wird ein fünfschrittiges Vorgehen entwickelt, das (1) zunächst den Betrachtungsbereich der Analyse abgrenzt, (2) die Produkte nach Pareto klassifiziert, (3) die wichtigsten Komplexitätskostentreiber identifiziert und quantifiziert, (4) mögliche Maßnahmen zur Komplexitätskostenreduktion analysiert und die Kostenpotenziale abschätzt und (5) abschließend die Maßnahmen zur Umsetzung priorisiert. Maßnahmen zum Management der externen Vielfalt könnte bspw. die Anpassung der angebotenen Produktvarianten oder der Preise sein; zum Management der internen Vielfalt eine Überarbeitung der Module, eine Anpassung der Produktarchitektur oder des Variantenentstehungspunktes in der Auftragsabwicklung. Anhand eines Fallbeispiels wird das Verfahren durchgeführt und die Eignung zur praktischen Anwendung mit positiver Resonanz evaluiert.[375] Zwar stellt der Ansatz kein Verfahren der Kostenrechnung dar, verwendet eine komplexitätskostenbasierte Variantenbewertung zur Ableitung profitsteigernder Maßnahmen.

Integration of Activity-Based Costing Modifications and LEAN Accounting into Full Cost Calculation nach STONČIUVIENĖ ET AL. (2020)

Unter Berücksichtigung von LEAN-Prinzipien (Einfachheit, Fokussierung auf wertschöpfende Prozesse, Abbau von Bürokratie etc.) in der Kostenrechnung[376] entwickeln STONČIUVIENĖ ET AL.[377] ein prozessorientiertes Vollkostensystem. Hierfür werden zunächst verschiedene prozessorientierte Kostenrechnungsverfahren sowie das Lean Accounting analysiert, verglichen, dekomponiert und die im Kostenmodell zu verwendenden Elemente identifiziert. Das Kostenmodell enthält die Wertströme nach dem Lean Accounting, Aktivitäten des ABC, Zeittreiber des TDABC, Kundenbewertungen nach dem Service-based Costing[378] sowie die Produktionsdauern des DBC. Diese werden in einem vierstufigen Vollkostensystem miteinander kombiniert, um die jeweiligen Vorteile zu nutzen und die jeweiligen Nachteile zu eliminieren. Anhand eines Beispiels wird gezeigt, dass der Anteil der bisher nicht verursachungsgerecht zugeordneten Kosten unter Anwendung des Verfahrens um mehr als 90% sinkt und die restlichen

374 Hvam et al. (2020) - Reduction of complexity based on complexity costs.

375 Vgl. Hvam et al. (2020) - Reduction of complexity based on complexity costs, S. 4ff.

376 Vgl. u.a. Obara (2012) - Toyota by Toyota; Monroy et al. (2014) - ABC, TDABC and Lean Accounting; Wnuk-Pel (2018) - Management accounting practices in lean management strategy.

377 Stončiuvienė et al. (2020) - Integration of Activity-Based Costing Modifications and LEAN Accounting into Full Cost Calculation.

378 Vgl. Dorn und Seiringer (2013) - Service-based Costing.

Kosten produzierten, aber nicht verkauften Produkten zugeordnet werden können.[379] Der Ansatz nutzt zwar unterschiedliche Komponenten der Kostenrechnung zur Steigerung von Genauigkeit und Zuverlässigkeit, eine Reduktion des Aufwands ist damit allerdings nicht verbunden, da die Daten interviewbasiert erhoben und validiert werden.

3.2.2.3 Anwendung von Datenanalyse in der Kostenrechnung

In diesem Kapitel werden Ansätze vorgestellt und diskutiert, die eine Verbesserung prozessorientierter Kostenrechnungsverfahren durch die Anwendung von Datenanalyse anstreben.

Application of a hybrid genetic algorithm and neural network approach in activity-based costing nach KIM UND HAN (2003)

In ihrem Ansatz entwickeln KIM UND HAN[380] ein Verfahren, das unter der Anwendung genetischer Algorithmen und neuronaler Netze die Verbesserung eines Kostensystems, das auf ABC basiert, anstrebt. Anhand von Trainingsdaten werden unter Anwendung des genetischen Algorithmus zunächst die optimale Anzahl an Kostentreibern sowie die Anzahl an Hidden Layers eines neuronalen Netzes ermittelt. Im zweiten Schritt erfolgt die Gemeinkostenzuordnung mittels des neuronalen Netzes zu den entsprechenden Kostenträgern. Um Overfitting des neuronalen Netzes zu verhindern und die Generalisierbarkeit des Modells zu gewährleisten, erfolgt im dritten Schritt die Anwendung und Validierung des Modells anhand eines Testdatensatzes.[381] Das so erstellte Kostenmodell soll die zukünftige Anwendung von ABC vereinfachen, indem eine reduzierte Anzahl an Kostentreibern bei gleichbleibender Ergebnisqualität berücksichtigt werden kann. Zwar reduziert das Verfahren den zukünftigen Aufwand durch die Anwendung intelligenter Algorithmen, eine Steigerung der Zuverlässigkeit und Genauigkeit der Ergebnisse kann allerdings aufgrund einer äquivalenten Basisdatenermittlung nicht erzielt werden.

Integrating activity-based costing with simulation and data mining nach KOSTAKIS ET AL. (2008)

---

379 Vgl. Stončiuvienė et al. (2020) - Integration of Activity-Based Costing Modifications and LEAN Accounting into Full Cost Calculation, S. 52ff.

380 Kim (2003) - Genetic algorithm and neural network in activity-based costing.

381 Vgl. Kim (2003) - Genetic algorithm and neural network in activity-based costing, S. 75f.

Durch die Anwendung von Simulation und Data Mining entwickeln KOSTAKIS ET AL.[382] ein Verfahren, das die Aufwände zur Umsetzung eines ABC-basierten Kostensystems durch die Reduktion der zu quantifizierenden Kostentreiber senken soll. Die Simulation dient der Erzeugung einer Vielzahl empirisch valider Datensätzen, welche als Grundlage für die Anwendung von Data Mining, im Konkreten einer Assoziationsanalyse, dienen. Als Simulationsgrundlage dienen wenige interviewbasierte Schätzungen in Bezug auf Ressourcen, Ressourcentreiber, Aktivitäten und Kostentreiber. Durch die Assoziationsanalyse werden Abhängigkeiten der Kostentreiber identifiziert und quantifiziert, sodass solche Kostentreiber, die aufwändig oder schwierig zu ermitteln sind, über diejenigen bestimmt werden können, die einfacher zu ermitteln sind.[383] Das Verfahren ermöglicht somit eine Reduktion des Aufwands durch die Erkennung von Mustern in den der Kostenrechnung zugrundeliegenden Daten. Die Schätzungen, auf denen die Generierung der Datensätze beruhen sowie die manuell definierten Zusammenhänge zwischen Ressourcen, Aktivitäten und Kostenträgern tragen allerdings nicht zu einer Steigerung der Genauigkeit und Verlässlichkeit bei.

The missing link between BPM and accounting nach SONNENBERG UND VOM BROCKE (2014)

SONNENBERG UND VOM BROCKE[384] verknüpfen das unternehmerische Rechnungswesen mit automatisch erfassten Prozessdaten (d. h. Ereignislogs) und beschreiben, wie aus Prozessdaten Informationen für das Rechnungswesen gewonnen werden können. Insgesamt wird mit dem „Process Accounting Model“ (PAM) eine Ontologie entwickelt, in welchem die Voraussetzungen in Bezug auf die Prozessdaten und Informationssysteme sowie die Zusammenhänge zwischen Prozessdaten und Rechnungswesen beschrieben sind. Besondere Relevanz für die Nutzung von Prozessdaten hat die Dauer eines Ereignisses, da hierüber Kosten der Ressourcenbeanspruchung ermittelt werden können. Weiterhin wird erläutert, wie das entwickelte PAM bspw. in der doppelten Buchführung Verwendung finden kann.[385] Der Ansatz beschreibt, wie Prozessdaten zur Befähigung des Rechnungswesens zu strukturieren sind. Die Verwendung von Prozessdaten für das TDABC wird zwar in Aussicht gestellt,[386] wie die Ermittlung und Zuordnung der entsprechenden Prozesskosten erfolgen soll, bleibt allerdings offen.

382 Kostakis et al. (2008) - Activity-based costing with simulation and data mining.

383 Vgl. Kostakis et al. (2008) - Activity-based costing with simulation and data mining, S. 28f.

384 Sonnenberg und vom Brocke (2014) - The missing link between BPM and accounting.

385 Vgl. Sonnenberg und vom Brocke (2014) - The missing link between BPM and accounting, S. 218ff.

386 Vgl. Sonnenberg und vom Brocke (2014) - The missing link between BPM and accounting, S. 235.

Der Ansatz fokussiert damit eine prozessdatenbasierte Kostenermittlung, die verursachungsgerechte Zuordnung zu Kostenobjekten bzw. eine Bewertung von Produktvarianten zur Entscheidungsunterstützung erfolgt nicht.

Realisation of cost-informed process support within the YAWL workflow environment nach ADAMS ET AL. (2015)

Der Ansatz von ADAMS ET AL.[387] integriert Kosteninformationen in Process Mining, um eine kostenbasierte Prozessanalyse und -verbesserung sowie kostenbasiert prozessorientierte Entscheidungen zu ermöglichen.[388] Hierfür wird ein Kostenmodell entwickelt, worin einem Ereignis Kosten über Kostentreiber, Funktionen und Abbildungen zugeordnet werden können. Die Ereignisse werden anschließend über ein erweitertes Process Mining-Verfahren analysiert und zu einem Prozess aggregiert. Eine Oberfläche dient der echtzeitfähigen Anpassung und Auswertung des Kostenmodells, sodass beispielsweise die teuerste oder günstigste Prozessvariante ermittelt werden kann. Darüber hinaus kann bspw. zur Ausführung einer bestimmten Aktivität diejenige Ressource zugewiesen werden, die i. d. R. die geringsten Kosten verursacht.[389] Die Integration von Kosteninformationen in Prozessdaten sowie deren Auswertung mittels Process Mining stellt eine gute Grundlage zur Steigerung von Zuverlässigkeit, Genauigkeit und Aktualität bei reduziertem Aufwand dar. So lassen sich kostenbasiert prozessbezogene, allerdings keine produktbezogenen Entscheidungen treffen. Die Ermittlung und verursachungsgerechte Zuordnung varianteninduzierter Prozesskosten und damit eine Bewertung von Produktvarianten erfolgt nicht.

Analysis and Prediction Cost of Manufacturing Process Based on Process Mining nach HONG TU UND SONG (2016)

Durch die Anwendung von Process Mining und der Erweiterung um entsprechende Kosteninformationen entwickeln HONG TU UND SONG[390] einen Ansatz zur Analyse und Vorhersage von Fertigungskosten. Hierfür werden zunächst Berechnungsvorschriften sowie die erforderliche Datenstruktur der Ereignislogs zur Fertigungskostenermittlung definiert. Für jede Case id bzw. jede Prozessvariante können durch die Summation der eventspezifischen Kosten (Einzelkosten und Gemeinkosten) die Prozesskosten ermittelt und notiert werden, sodass entlang eines Traces bei jeder Aktivität die bereits angefallenen sowie die noch ausstehenden Prozesskosten bekannt sind. Hierüber lassen

[387] Adams et al. (2015) - Cost-Informed Process Support.

[388] Siehe hierzu auch Wynn et al. (2013) - Cost-Informed Operational Process Support; Wynn et al. (2013) - Cost-aware process management; Wynn et al. (2014) - Cost-Aware Process Management.

[389] Vgl. Adams et al. (2015) - Cost-Informed Process Support, S. 7ff.

[390] Hong Tu und Song (2016) - Cost of Manufacturing Process Based on Process Mining.

sich weiterhin die anfallenden Prozesskosten vorausbestimmen.[391] Der Ansatz geht von einer vollständigen Datengrundlage in Bezug auf die Einzel- und Gemeinkosten eines jeden Ereignisses aus. Woher diese Informationen bezogen werden, bleibt offen. Darüber hinaus werden indirekte Bereiche des Unternehmens sowie die Definition ressourcenspezifischer Kostensätze nicht berücksichtigt. Insgesamt kann (bei vollständiger Informationsverfügbarkeit) der Aufwand gesenkt, die Aktualität, Zuverlässigkeit und Genauigkeit der prozessorientierten Kostenrechnung gesteigert werden.

Using process mining to measure the expected costs of business processes nach HSIAO ET AL. (2016)

In ihrem Ansatz entwickeln HSIAO ET AL.[392] ein Verfahren, das unter Berücksichtigung von Kosteninformationen eine Vorhersage von Prozesskosten unter Anwendung von Process Mining ermöglicht. Ziel des Ansatzes ist die Reduktion von Prozesskosten durch eine adaptive Prozesssteuerung und -verbesserung. Für die Ermittlung der Prozesskosten werden jeder Aktivität zunächst Kosten (Einzel- und/oder Gemeinkosten) zugeordnet. Die Wahrscheinlichkeit der Durchführung eines Prozesses kann mittels Process Mining ermittelt werden. Aus der Kombination dieser Informationen lassen sich die voraussichtlichen Prozesskosten vorhersagen und gezielt Aktivitätenfolgen auswählen bzw. vermeiden, um die Kosten der Prozessdurchführung zu minimieren.[393] Der Ansatz fokussiert eine datenbasierte Ermittlung von Prozesskosten mit dem Ziel der kostenbasierten Prozesssteuerung. Die so ermittelten Prozesskosten weisen eine höhere Genauigkeit, Zuverlässigkeit und Aktualität als interviewbasierte Prozesskosten auf und ermögliche eine Reduktion des Aufwands. Eine verursachungsgerechte Zuordnung der Prozesskosten zu Kostenträgern und damit die Bewertung von Produktvarianten erfolgt allerdings nicht. Außerdem wird nicht auf die zur Anwendung erforderliche Datengrundlage eingegangen.

Optimal Cost Driver Selection in Activity-Based Costing Using Shuffled Frog Leaping Algorithm nach CHOMPU-INWAI UND THAIUPATHUMP (2017)

Die Optimierung der Kostentreiber mit Hilfe von Datenanalyse für die Anwendung von ABC unter ist das Ziel zahlreicher wissenschaftlicher Ansätze.[394] Eine der aktuellsten und umfassendsten Kostentreiberoptimierungen wird von CHOMPU-INWAI UND

[391] Vgl. Hong Tu und Song (2016) - Cost of Manufacturing Process Based on Process Mining, S. 2ff.

[392] Hsiao et al. (2016) - Process mining to expect costs of business processes.

[393] Vgl. Hsiao et al. (2016) - Process mining to expect costs of business processes, S. 4ff.

[394] Vgl. u.a. Rostamy et al. (2013) - Data Mining for Identifying ABC Cost Drivers; Amdee et al. (2014) - Optimal cost drivers based on ANN; Ramadan (2015) - Cost Drivers Using Quasi-Knapsack Structure.

THAIUPATHUMP[395] durch die Anwendung von „Shuffled Frog Leaping Algorithm" (SFLA) entwickelt. SFLA dienen der Lösung komplexer Optimierungsprobleme in mehreren Iterationen, wobei die Optimierung über die Zuordnung von Kostentreibern zu Gruppen und die jeweilige Auswahl des jeweils bestmöglichen Kostentreibers erfolgt. Hierdurch wird das schnelle Finden der optimalen Lösung in großen Bereichen und mit komplexen Zusammenhängen ermöglicht. Als Zielfunktion dient dem Ansatz die Differenz zwischen der Kosteneinsparung durch die eliminierten Kostentreiber und der damit einhergehenden Kostenveränderung in Bezug auf die Produktkosten.[396] Durch den Vergleich zwischen der Berechnung mit vollständiger und optimierter Auswahl an Kostentreibern kann die Reduktion des Informationsermittlungsaufwands anhand eines Beispiels nachgewiesen werden.[397] Die Anwendung des intelligenten Optimierungsverfahrens erfordert als Vergleichsbasis allerdings ein vollständig durchgeführtes ABC. Im Vergleich zum klassischen ABC wird zwar eine Aufwandsreduktion erzielt, der Gesamtaufwand ist allerdings a priori unvermindert. Gleichzeitig erfolgt keine Steigerung von Aktualität, Genauigkeit und Zuverlässigkeit.

Development of real-time product cost measurement nach WOUTERS UND STECHER°(2017)

Die Entwicklung und Umsetzung eines auf TDABC basierenden Kostensystems, welches Daten aus unterschiedlichen Informationssystemen zur Ermittlung und verursachungsgerechten Zuordnung von Kosten verwendet, beschreiben WOUTERS UND STECHER[398]. Der Ansatz gliedert sich in zwei Schritte: zunächst werden sämtliche Kosten kostentreiberproportional zu Kostenpools zugeteilt; anschließend erfolgt die Zuordnung der Kosten zu Kostenträgern entsprechend des Ressourcenverbrauchs. Für eine verursachungsgerechte Kostenzuordnung im ersten Schritt werden Korrelationsanalysen zwischen Kostentreibern und Kosten durchgeführt. Für den zweiten Schritt werden die Kosten eines Kostenträgers aus der Ressourcenbeanspruchung (Maschinen- und Personenstunden) ermittelt, welche aus einem Produktionsplanungssystem ermittelbar sind. Insgesamt ergibt sich somit eine datenbasierte Kostenermittlung und -zuordnung, welche eine Steigerung der Genauigkeit, Zuverlässigkeit, Aktualität sowie eine Reduktion des Aufwands ermöglicht. Allerdings erfolgt lediglich die Zuordnung von fertigungsnahen Gemeinkosten, was einer Erweiterung der Maschinenstundensatzkostenrechnung i.S.e. Berücksichtigung von Personalkosten und Verwendung von

395 Chompu-Inwai und Thaiupathump (2017) - Cost Driver Selection in ABC using SFLA.

396 Mit der Maximierung der Zielfunktion wird die Minimierung des Aufwands zur Kostentreiberermittlung sowie die Minimierung des mit der Kostentreiberreduktion einhergehenden Fehlers angestrebt.

397 Vgl. Chompu-Inwai und Thaiupathump (2017) - Cost Driver Selection in ABC using SFLA, S. 977f.

398 Wouters und Stecher (2017) - Real-time product cost measurement.

Daten aus Informationssystemen gleicht. Somit erfolgt eine Bewertung von Produktvarianten ohne Berücksichtigung indirekter Leistungsbereiche.

Nexus between business process management (BPM) and accounting nach ABEYGUNASEKERA ET AL. (2018)

Im Rahmen einer umfangreichen Literaturrecherche zur Anwendung von Geschäftsprozessmanagement in der Kostenrechnung ermitteln ABEYGUNASEKERA ET AL.[399] Potenziale zur Anwendung von BPM in der Kostenrechnung unter Verwendung von ABC bzw. TDABC. Hierfür wurden 398 Veröffentlichungen, die sich sowohl mit Kostenrechnung als auch mit BPM beschäftigen, ermittelt, analysiert und anhand einer Bewertung der Relevanz 39 Veröffentlichungen für die weitere Betrachtung ausgewählt. Diese werden hinsichtlich der bereits abgedeckten sowie offenen Forschungsfelder untersucht.[400] Obwohl ABEYGUNASEKERA ET AL. keinen neuen Ansatz zur prozessorientierten Kostenrechnung entwickeln, liefert die Forschung relevante Einblicke in bereits bestehende Ansätze und erläutert den Bedarf für weitere, relevante Forschung im Kontext der Verknüpfung von BPM und der Kostenrechnung. Hervorzuheben sind hierbei für die vorliegende Arbeit die ermittelten Forschungsfragen nach der Erzeugung und Pflege prozessorientierter Kostenrechnungsverfahren sowie die Nutzung bestehender PAIS als Datengrundlage für die Kostenrechnung.[401] Diese Forschung adressiert damit die Synchronisation von Kostenrechnung und Informationssystemen zur datenbasierten Ermittlung von prozessorientierten Kosten.

A combined modelling of fuzzy logic and Time-Driven Activity-based Costing nach OSTADI ET AL. (2019)

Zur Reduktion von Unsicherheiten in den einem TDABC zugrundeliegenden Informationen verwenden OSTADI ET AL.[402] Fuzzy-Mengen und entwickeln somit das Fuzzy Logic TDABC (FL-TDABC). Der Ansatz basiert auf Vorarbeiten zur Integration von Fuzzy-Mengen im TDABC[403] und erweitert diese in Bezug auf den Umfang der Anwendung der Fuzzy-Mengen. Hierbei werden die Ressourcenkosten, die praktischen Kapazitäten der Ressourcen sowie die Dauern zur Durchführung von Aktivitäten zunächst von Experten eingeschätzt und anschließend in triangulare Fuzzy-Mengen überführt. Die Ressourcenkostensätze ergeben sich als Quotient aus Ressourcenkosten

399 Abeygunasekera et al. (2018) - Nexus between BPM and accounting.

400 Vgl. Abeygunasekera et al. (2018) - Nexus between BPM and accounting, S. 5.

401 Vgl. Abeygunasekera et al. (2018) - Nexus between BPM and accounting, S. 30.

402 Ostadi et al. (2019) - Fuzzy Logic TDABC.

403 Vgl. u.a. Chansaad et al. (2012) - Fuzzy TDABC Model; Mwaikambo et al. (2015) - Cost estimation using fuzzy logic and TDABC; Mortaji et al. (2013) - Fuzzy Time-Driven Activity-Based Costing.

und praktischer Kapazität und ergeben durch die Multiplikation mit der Aktivitätendauer die Kosten zur Durchführung einer Aktivität. Über die Zuordnung der Aktivitäten zu Kostenträgern und die schrittweise „defuzzifikation" (mittels Schwerpunktmethode) ergeben sich die verursachungsgerecht zugeordneten Prozesskosten.[404] Das Verfahren basiert vollständig auf Schätzungen, die zwar iterativ konvergieren und somit eine Steigerung der Zuverlässigkeit erlauben, der Aufwand, die Aktualität und Genauigkeit für das Verfahrens lassen sich somit allerdings nicht reduzieren.

A data-driven methodology for supporting resource planning of health services nach STEFANINI ET AL. (2019)

Mit dem Ziel der Maximierung der Ressourceneffizienz und -effektivität von Gesundheitsservices in Krankenhäusern entwickeln STEFANINI ET AL.[405] ein Verfahren, das unter Anwendung von TDABC und Process Mining automatisiert den ermittelt und die damit verbundenen Aktivitäten, Servicezeiten und den Ressourcenverbrauch analysiert und bewertet. Anhand der im System erfassten Prozessdaten wird ermittelt, welche Ressourcen in welchem Umfang zur Durchführung der Aktivitäten beansprucht werden und welche Patientengruppen welche Aktivitäten in welcher Anzahl erfordern. Hieraus ergeben sich die Servicezeiten sowie der gesamte Umfang der Beanspruchung bestimmter Ressourcen. Diese Informationen werden anschließend genutzt, um die Ressourcenplanung zu verbessern und somit die Effizienz und Effektivität der Ressourcen zu steigern.[406] Das Verfahren weist elementare Bestandteile des im Rahmen des vorliegenden Forschungsvorhabens relevanten Objekt- und Zielbereichs auf. Es wird ein prozessdatenbasiertes, prozessorientiertes Kostenverfahren entwickelt. Das Verfahren beschränkt sich allerdings auf die Anwendung in Krankenhäusern, wobei das vorliegende Forschungsvorhaben produzierende Unternehmen fokussiert.

Auswirkungen der Digitalisierung mit Process Mining und der Blockchain auf Time-driven Activity-based Costing nach TEUTEBERG UND TÖNNISSEN (2020)

In ihrem Ansatz analysieren TEUTEBERG UND TÖNNISSEN[407] die Möglichkeiten der Digitalisierung unter Anwendung von Process Mining und der Blockchain für das TDABC. Hierfür werden zunächst die Problemstellungen bei der Umsetzung von TDABC anhand einer umfassenden Literaturrecherche sowie Experteninterviews ermittelt. Weiterhin werden Anforderungen an ein TDABC-basiertes Kostensystem definiert, wel-

[404] Vgl. Ostadi et al. (2019) - Fuzzy Logic TDABC, S. 17ff.
[405] Stefanini et al. (2019) - Data-driven methodology for supporting resource planning.
[406] Vgl. Stefanini et al. (2019) - Data-driven methodology for supporting resource planning, S. 4ff.
[407] Teuteberg und Tönnissen (2020) - Auswirkungen der Digitalisierung.

che die identifizierten Problemstellungen adressieren. Zur Erfüllung dieser Anforderungen werden innovative Lösungen der prozessorientierten Kostenrechnung sowie der Digitalisierung in der Kostenrechnung analysiert und hierauf basierend ein Datenstrukturmodell entwickelt. Dieses enthält neben Process Mining und der Blockchain-Technologie weitere Methoden zur Datenverknüpfung und -auswertung mit dem Ziel einer unternehmensweiten Anwendung von TDABC zur möglichst umfassenden, verursachungsgerechten Kostenermittlung und -zuordnung.[408] Der Ansatz zeigt die vielzähligen Potenziale der Anwendung datenbasierter Verfahren zur Reduktion des Aufwands sowie zur Steigerung der Aktualität, Genauigkeit und Zuverlässigkeit in der prozessorientierten Kostenrechnung auf. Wie diese umgesetzt werden, welche Datengrundlage hierfür erforderlich ist und wie die Anwendung der Verfahren konkret erfolgt, bleibt allerdings offen.

3.2.3 Bewertung bestehender Ansätze und Positionierung der Arbeit

Basierend auf der Beschreibung bestehender Ansätze werden diese nun jeweils den in Kapitel 3.2.1 definierten Kriterien aus dem Objektbereich, dem Zielbereich sowie der Lösungshypothese gegenübergestellt. Anhand dessen kann bewertet werden, inwiefern die beschriebenen wissenschaftlichen Ansätze die Kriterien bereits erfüllen. Für eine Vereinfachung der Analyse ist zeilen- und spaltenweise der durchschnittliche Erfüllungsgrad bzw. die durchschnittliche Häufigkeit angegeben. Der durchschnittliche Erfüllungsgrad bewertet jeweils den Überdeckungsgrad eines Ansatzes mit den definierten Kriterien. Anhand dessen wird ersichtlich, wie gut ein Ansatz die in dieser Arbeit zu beantwortenden Forschungsfragen bereits adressiert. Die durchschnittliche Häufigkeit spiegelt die Relevanz des entsprechenden Kriteriums in den dargestellten Ansätzen wider und ermöglicht die Identifikation des insbesondere zu adressierenden Forschungsdefizits. Die Ergebnisse der Bewertung sind in Abbildung 3-2 zusammenfassend dargestellt und werden im Folgenden diskutiert, um hieraus das Forschungsdefizit herauszuarbeiten.

---

[408] Vgl. Teuteberg und Tönnissen (2020) - Auswirkungen der Digitalisierung, S. 28ff.

Legende

- ○ nicht erfüllt
- ◔ kaum erfüllt
- ◑ teilweise erfüllt
- ◕ nahezu erfüllt
- ● vollumfänglich erfüllt
- LH Lösungshypothese

	Objektbereich					Zielbereich						LH	
	Berücksichtigung varianten-reicher Produktportfolios	Betrachtung varianten-induzierter Kosten	Berücksichtigung von Prozesskosten	Berücksichtigung sekundärer Leistungsbereiche	Berücksichtigung automatisch erfasster Prozessdaten	Beschreibung variantenreicher Produktportfolios	Beschreibung kostenrelevanter Prozessdaten	Beschreibung von Ressourcenkostensätzen	Ermittlung varianten-induzierter Prozesskosten	Verursachungsgerechte Prozesskostenzuordnung	Verbesserung der Bewertung von produktvarianten	Anwendung von Process Data Mining	Ø Erfüllungsgrad
I. Modellbasierte Beschreibung des Kostensystems													
GAUSEMEIER ET AL. (2012)	●	◕	●	○	○	●	○	◔	◑	◑	◔	○	0,34
SCHUSTER (2012)	○	○	○	●	○	○	○	◑	○	○	◔	○	0,16
ANAND ET AL. (2019)	●	◑	●	●	○	●	○	◑	◑	●	◔	○	0,46
MERTENS (2020)	●	◔	●	◑	○	●	○	◔	◑	◑	◔	○	0,34
II. Prozessorientierte Kostenrechnungsverfahren													
KILGER ET AL. (1961)	●	◑	◔	●	○	◔	◑	◕	◑	◕	◔	○	0,44
VORMBAUM (1977)	●	○	◑	○	○	○	○	◕	○	◑	◑	○	0,29
COOPER & KAPLAN (1988)	●	◑	●	○	○	○	○	◔	◔	◕	◑	○	0,40
HORVATH & MAYER (1989)	●	◑	●	●	○	○	○	◔	◑	◕	◑	○	0,47
SCHUH (1989)	●	●	●	●	○	●	○	◕	●	●	◑	○	0,63
KEYS & VAN DER MERWE (2001)	●	○	◑	●	○	○	○	◕	◑	◕	◑	○	0,44
KAPLAN & ANDERSON (2003)	●	◑	●	●	○	○	○	◕	◑	◕	◑	○	0,53
RIDDER & SCHMIDT (2006)	●	○	●	●	○	◑	○	○	◑	◕	◑	○	0,43
LELKES (2009)	●	○	●	○	○	○	○	◔	◑	◕	◑	○	0,38
BAYER (2010)	●	●	●	●	○	●	○	●	●	●	◔	○	0,62
ZHUANG & CHANG (2015)	●	◑	●	◑	○	◑	○	◑	◕	◕	◔	◔	0,46
EILMUS ET AL. (2017)	●	●	○	○	○	●	○	○	◑	◑	◔	○	0,38
HVAM ET AL. (2019)	●	◑	◑	○	○	○	○	◑	◕	◕	◔	○	0,34
STONČIUVIENĖ ET AL. (2020)	●	○	●	◑	○	○	○	○	○	●	◑	○	0,37
III. Anwendung von Datenanalyseverfahren in der Kostenrechnung													
KIM & HAN (2003)	●	◑	●	○	○	○	○	○	○	●	◑	○	0,43
KOSTAKIS ET AL. (2008)	●	◑	●	○	○	○	○	◔	○	●	◕	◔	0,51
SONNENBERG & VOM BROCKE (2014)	○	○	●	◔	●	○	●	○	◑	○	◑	◑	0,46
ADAM ET AL. (2015)	○	○	●	○	●	○	●	◑	○	○	◕	◕	0,47
HONG TU & SONG (2016)	○	○	●	◔	●	○	●	◑	○	○	◕	◑	0,53
HSIAO ET AL. (2016)	○	○	●	◔	●	○	◔	○	○	○	◑	◔	0,28
CHOMPU-INWAI & THAIUPATHUMP (2017)	●	○	●	○	○	○	○	○	◔	◕	◔	◔	0,31
WOUTERS & STECHER (2017)	●	◑	●	○	◔	○	○	○	◑	◑	◕	●	0,52
ABEYGUNASEKERA ET AL. (2018)	●	◑	◑	◑	◑	○	○	○	○	○	○	○	0,19
OSTADI ET AL. (2019)	○	○	●	◑	○	○	◑	◑	●	●	◑	◔	0,44
STEFANINI ET AL. (2020)	○	●	●	◑	●	○	◔	◑	●	●	●	◕	0,75
TEUTEBERG & TÖNNISSEN (2020)	●	○	●	◕	◑	○	◑	○	○	○	◑	◕	0,43
Ø Häufigkeit	0,77	0,35	0,84	0,45	0,21	0,24	0,17	0,34	0,40	0,6	0,42	0,18	

Abbildung 3-2: Bewertung der relevanten Ansätze im Kontext der Arbeit

Aus der Bewertung bestehender Ansätze ergeben sich folgende Erkenntnisse in Bezug auf die Forschungsdefizite:

Einige Ansätze befassen sich bereits mit der ganzheitlichen Modellierung des Kostensystems (Anforderungen, Produkte, Prozesse, Ressourcen) eines Unternehmens vor dem Hintergrund der Ermittlung und verursachungsgerechten Zuordnung der für ein Produkt entstandenen oder entstehenden Kosten. Hierbei ergeben sich jedoch zwei maßgebliche Defizite. Zunächst erfolgt die modellbasierte Beschreibung des Kostensystems überwiegend matrixbasiert, wodurch ausschließlich zweidimensionale Zustände und Zusammenhänge abgebildet werden können. Die Abbildung komplexer, mehrdimensionaler Systeme erfordert die Modellierung es Kostensystems mit mehreren Freiheitsgraden, wie dies bspw. durch die UML ermöglicht wird. Das erfolgt in bestehenden Ansätzen bisher nicht. Das zweite Defizit besteht in der Qualität der Ergebnisse, welche anhand des modellbasierten Kostensystems generiert werden. So wird das modellierte Kostensystem für die Simulation unter Variation verschiedener Parameter verwendet, um so die Auswirkungen der Parameteränderungen auf die Stückkosten zu analysieren. Ausgehend von den Gesamtkosten verwenden die Ansätze eine Top-down-Zuordnung der Kosten, um diese vollständig auf die Kostenträger zu verteilen und darüber eine Bewertung der Produktvarianten zu ermöglichen. Obwohl diese Ansätze neue Erkenntnisse in Bezug auf den Einfluss unterschiedlicher Parameter auf die Selbstkosten erlauben, ist eine endgültige und korrekte Definition der Parameter nicht möglich. Die so generierten Ergebnisse geben zwar die Größenordnung an, in der sich die Kosten bewegen können, haben allerdings keinen Anspruch auf Vollständigkeit oder absolute Korrektheit. Die Berücksichtigung von Prozessdaten, die eine Bottom-up-Kostenermittlung ermöglichen, könnte eine Steigerung der Genauigkeit und Zuverlässigkeit der für die Simulation getroffenen Annahmen ermöglichen. Dies erfolgt allerdings nicht.

Weiterhin fokussieren zahlreiche Ansätze eine Steigerung der Verursachungsgerechtheit verglichen mit zuschlagsbasierten Kostenrechnungsverfahren. Dies wird über die Ermittlung der für ein bestimmtes Produkt angefallenen (varianteninduzierten) Kosten und der unmittelbaren Zurechnung dieser Kosten angestrebt. Hierfür werden überwiegend prozess- bzw. ressourcenorientierte Kostenrechnungsverfahren angewendet und weiterentwickelt, um den damit einhergehenden Aufwand zu reduzieren. Dies erfolgt häufig über die Einschränkung der Datengrundlage, z. B. durch eine Reduktion der Kostentreiber oder die Einschränkung auf kostenrelevante Hauptprozesse. All diese Ansätze betrachten allerdings keine Verwendung von automatisch erfassten Prozessdaten aus Informationssystemen, anhand derer Prozesskosten ermittelt und verursachungsgerecht zugeordnet werden können. Darüber hinaus betrachten die beschriebenen Ansätze beinahe ausschließlich Kosten auf Ebene der Endproduktvarianten. Eine feingranulare Kostenermittlung und -zuordnung über alle Elemente der Produktstruktur wird zwar als erfolgversprechend bewertet, aufgrund des damit einhergehenden extrem hohen Aufwands auch methodisch nicht umgesetzt.[409]

Zur Verbesserung prozessorientierter Kostenrechnungsverfahren wird in einigen Ansätzen bereits Datenanalyse angewendet. So wird bspw. eine datenbasierte Kostentreiberkonsolidierung mit dem Ziel der Aufwandsreduktion bei bestmöglicher Ergebnisqualität angestrebt. Die Grundlage für solche Optimierungsverfahren ist stets eine bereits vollständig korrekt durchgeführte Prozesskostenkalkulation, anhand derer die Ergebnisse der Optimierungsstufen bewertet werden. Anhand dieser Verfahren gelingt zwar die Reduktion des Aufwands für eine erneute prozesskostenbasierte Kalkulation oder die Aktualisierung einer bestehenden Prozesskostenrechnung, sie lösen allerdings nicht das ursprüngliche Problem der geringen Zuverlässigkeit und Genauigkeit. Dies könnte durch die gezielte Auswertung automatisch erfasster Prozessdaten adressiert werden.

Im Kontext der prozessorientierten Kostenrechnung anhand von automatisch erfassten Prozessdaten existieren ebenfalls Ansätze, die maßgeblich auf Process Mining basieren. Hierbei werden zunächst die tatsächlich ablaufenden Prozesse identifiziert und die Kosten entlang eines spezifischen Prozesses über die Summation der ereignisspezifischen Kosten ermittelt. Der Anwendungsbereich dieser Verfahren ist einerseits die kostenbasierte Prozessoptimierung und andererseits die Kostenrechnung. Bei ersteren Verfahren bleibt die Herkunft der Kosten unberücksichtigt und die Kostensummation erfolgt ausschließlich für den Zweck der Prozessoptimierung. Eine verursachungsgerechte Kostenzuordnung i. S. e. Kalkulation oder Bewertung erfolgt nicht. Ansätze im Kontext der Kostenrechnung gehen teilweise auf die Kostenentstehung aufgrund der Beanspruchung von Ressourcen ein. Offen bleibt jedoch, wie diese Ergebnisse für die Bewertung von Produktvarianten verwendet werden können und wie basierend auf den Ergebnissen eine Entscheidungsunterstützung erfolgen kann. Darüber hinaus bleibt eine Klassifizierung der Kosten i. S. d. Komplexitätskostentheorie aus. Sämtliche Ansätze lassen außerdem unberücksichtigt, dass nicht sämtlichen prozessorientierten Kosten auch Prozesse i. S. d. Abfolge von Aktivitäten zugrunde liegen. In indirekten Bereichen, wie der Forschung, Entwicklung und Konstruktion, dem Einkauf der dem

[409] Vgl. u.a. NASA (2015) - NASA Cost Estimating Handbook, S. 19f.

Vertrieb werden häufig die gleichen Tätigkeiten ohne sequenzielle Abfolge durchgeführt. Die sich hieraus ergebenden Implikationen in Bezug auf die Kalkulation bleiben unberücksichtigt.

Es wird insgesamt ersichtlich, dass prozessorientierte Kostenrechnungsverfahren über die Berücksichtigung und die gezielte Auswertung automatisch erfasster Prozessdaten unterstützt werden können. Diese Möglichkeiten sollen im Rahmen dieser Arbeit für die zuverlässige und genaue Bewertung von Produktvarianten genutzt werden. Hierbei soll eine Fokussierung auf indirekte Leistungsbereiche erfolgen, da die Ermittlung und verursachungsgerechte Zuordnung von Kosten direkter Leistungsbereiche praktisch gelöst ist.[410]

3.3 Zwischenfazit: Bestehende Ansätze im Kontext der Arbeit

In diesem Kapitel wurden die im Kontext dieser Arbeit relevanten Ansätze beschrieben und hinsichtlich der Erfüllung definierter Kriterien analysiert, um hieraus den Forschungsbedarf herzuleiten. Zunächst wurden in Kapitel 3.1 die Herausforderungen in der Praxis anhand des Polylemmas der Bewertung von Produktvarianten dargelegt. Hierbei wurde deutlich, dass eine gleichzeitige Reduktion des Aufwands und eine Steigerung der Verursachungsgerechtheit, der Genauigkeit, der Aktualität und der Zuverlässigkeit in der praktischen Kostenrechnung nur eingeschränkt möglich ist. In Kapitel 3.2 wurden die Kriterien zur Bewertung bestehender Ansätze in den Gruppen Objektbereich, Zielbereich und Lösungshypothese hergeleitet. Anschließend wurden die im Kontext dieser Arbeit relevanten Ansätze vorgestellt und diskutiert, um hieraus auch zu übernehmende Teilaspekte zu ermitteln. Basierend auf den Kriterien und der Beschreibung der Ansätze erfolgte anschließend die systematische Bewertung der Ansätze sowie die stringente Herleitung des Theoriedefizits. Dieses besteht maßgeblich in der Verwendung automatisch erfasster Prozessdaten zur Ermittlung und verursachungsgerechte Zuordnung varianteninduzierter Prozesskosten für die Bewertung von Produktvarianten.

In dem nachfolgenden Kapitel 4 erfolgt die Konzeption der zu erarbeitenden Methodik, welche durch die Anwendung von Process Data Mining eine Verbesserung der Bewertung von Produktvarianten ermöglicht.

---

410 Dierkes (1998) - Planung und Kontrolle von Prozeßkosten, S. 23f.

4 Konzeption der Methodik zur Bewertung von Produktvarianten mittels Process Data Mining

In den vorherigen Kapiteln wurden die wesentlichen Grundlagen erläutert sowie bestehende theoretische Ansätze dargelegt und diskutiert. Dem dieser Arbeit zugrundeliegenden Forschungsprozess nach ULRICH[411] folgend wird in diesem Kapitel das Grobkonzept für die Methodik zur Bewertung von Produktvarianten mittels Process Data Mining erarbeitet. Das Kapitel strukturiert sich in Anlehnung an die Definition der Methodik nach EHRLENSPIEL UND MEERKAMM, die diese als „planmäßige Verfahrensweise zur Erreichung eines bestimmten Ziels nach einem Vorgehensplan unter Einschluss von Strategien, Methoden, Werkzeugen und Hilfsmitteln“[412] beschreiben. Vor diesem Hintergrund erfolgt zunächst die Erarbeitung des Zielbilds dieser Arbeit, an dem sich die Methodik sowie deren Entwicklung orientiert und ausrichtet (siehe Kapitel 4.1). Anschließend werden die inhaltlichen und formalen Anforderungen an die Methodik hergeleitet, welche die Konformitätsprüfung mit dem Objektbereich und der Zielsetzung ermöglichen und gleichzeitig die Adressierung des Theorie- sowie des Praxisdefizits sicherstellen (siehe Kapitel 4.2). Die mit der Erarbeitung der Methodik angestrebten Nutzenpotenziale (siehe Kapitel 4.3) sowie das Grobkonzept (siehe Kapitel 4.4) der Methodik werden anschließend dargelegt. Hierauf basierend erfolgt die Ableitung der Teilmodelle im Kontext der Arbeit (siehe Kapitel 4.5).

4.1 Zielbild zur Bewertung von Produktvarianten mittels Process Data Mining

Für die Erarbeitung einer auf die in Kapitel 1.2 dargelegten Zielsetzung abgestimmten Methodik erfolgt in diesem Kapitel die Entwicklung eines Zielbildes. Anhand dessen

[411] Vgl. Ulrich und Hill (1979) - Wissenschaftstheoretische Grundfragen der Wirtschaftswissenschaften, S. 348.

[412] Ehrlenspiel und Meerkamm (2013) - Integrierte Produktentwicklung, S. 146.

kann während der Entwicklung der Methodik kontinuierlich die Einhaltung der angestrebten Zielsetzung überprüft werden. Das Zielbild orientiert sich an dem in Kapitel 3.1 vorgestellten Polylemma der Kostenrechnung und strebt eine bestmögliche Auflösung der Dilemmata zwischen Effizienz, Genauigkeit, Aktualität und Zuverlässigkeit durch die Anwendung von Process Data Mining an (siehe Abbildung 4-1). Im Folgenden wird in dieser Arbeit angestrebte Reduktion der Dilemmata beschrieben.

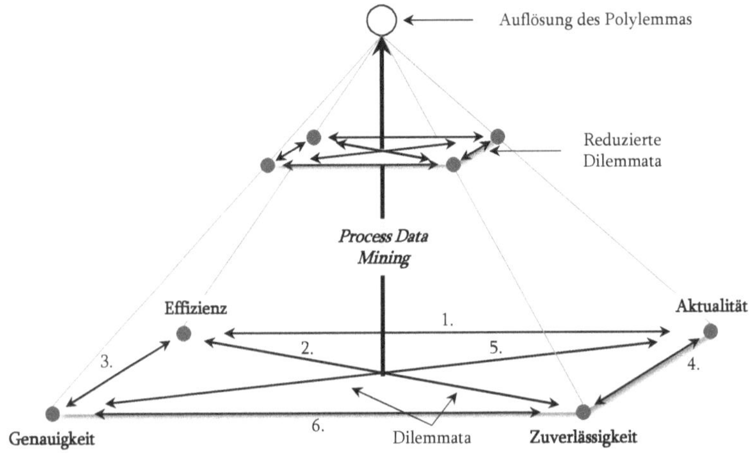

Abbildung 4-1: Zielbild der Bewertung von Produktvarianten mittels Process Data Mining[413]

Das erste Dilemma (siehe Abbildung 4-1, 1.) zwischen Effizienz und Aktualität kann durch die Verwendung automatisch erfasster Prozessdaten reduziert werden. Prozessdaten, welche Aufschluss über die für eine Produktvariante bzw. ein Produktstrukturelement durchgeführten Aktivitäten und die damit einhergehende Ressourcenbeanspruchung zulassen, werden in PAIS erfasst und gespeichert. Hierdurch wird eine stets aktuelle Datengrundlage geschaffen, anhand derer nach initialer Implementierung aufwandsarm eine echtzeitfähige Prozesskostenermittlung realisiert werden kann. Diese ist im Kontext der Bewertung von Produktvarianten allerdings nicht erforderlich. Vielmehr genügt eine regelmäßige Durchführung, wodurch bereits eine hohe Ergebnisaktualität erzielt wird. Das zweite Dilemma (siehe Abbildung 4-1, 2.) zwischen Effizienz und Zuverlässigkeit wird ebenfalls durch die Verwendung von Prozessdaten

[413] Darstellung in Anlehnung an Aghassi et al. (2011) - Integrative Produktionstechnik für Hochlohnländer, S. 22.

reduziert, basiert allerdings auf einem anderen Charakteristikum dieser. Die Prozessdaten bilden die tatsächlich durchgeführten Aktivitäten und damit einhergehenden Ressourcenverzehre ab und basieren nicht auf Schätzungen, Messungen oder manuellen Eingaben.[414] Somit wird die Zuverlässigkeit der Datengrundlage sowie der Ergebnisse bei gleichzeitiger Reduktion des Aufwands gesteigert und das zweite Dilemma reduziert. Das dritte Dilemma (siehe Abbildung 4-1, 3.) zwischen Effizienz und Genauigkeit wird sowohl durch die Verwendung von Prozessdaten als auch durch die feingranulare Auflösung der Produktstruktur sowie die Ermittlung und verursachungsgerechte Zuordnung von Prozesskosten für alle Produktstrukturelemente erzielt. Letztere Maßnahme wird durch die modellbasierte und damit analyse- und simulationsfähige Beschreibung des Kostensystems umgesetzt. Hierdurch lassen sich die Prozesskosten für alle Produktstrukturelemente ermitteln und anschließend verursachungsgerecht entsprechend der Verwendung in den unterschiedlichen Produktvarianten zuordnen. Das vierte Dilemma (siehe Abbildung 4-1, 4.) zwischen Aktualität und Zuverlässigkeit wird durch die aufwandsarme Erfassung der prozesskostenrelevanten Daten in PAIS sowie deren Auswertung mittels Process Data Mining adressiert. Da die Prozessdaten parallel zu der Durchführung der Aktivitäten erfasst werden und die durch die Produktvarianten konsumierten Ressourcen abbilden, lassen sich gleichzeitig zuverlässige und aktuelle Ergebnisse erzielen. Das fünfte Dilemma (siehe Abbildung 4-1, 5.) zwischen Genauigkeit und Aktualität lässt sich durch die systematische und datenbasierte Beschreibung der Zusammenhänge zwischen Produktstrukturelementen, Aktivitäten und Ressourcenverbräuchen reduzieren. Durch die flexible Beschreibung dieser komplexen Zusammenhänge kann gleichermaßen eine hohe Genauigkeit als auch eine hohe Aktualität der Ergebnisse erzielt werden. Schließlich kann das sechste Dilemma (siehe Abbildung 4-1, 6.) zwischen Genauigkeit und Zuverlässigkeit durch die systematische Beschreibung der kostenrelevanten Domänen, d. h. der Produktvarianten, der Produktstrukturen, der Prozesse und der Ressourcen sowie der jeweiligen Zusammenhänge adressieren. Während die Nutzung von Prozessdaten und Process Data Mining eine feingranulare Kostenermittlung erlaubt, ermöglicht die systematische Beschreibung der Domänen die unmittelbare und zuverlässige Kostenzuordnung und Bewertung von Produktvarianten.

Nach der kurzen Erläuterung des mit der Methodik angestrebten Zielbilds werden nachfolgend die inhaltlichen und formalen Anforderungen hergeleitet.

[414] Vgl. van der Aalst (2016) - Process Mining, S. 32.

4.2 Anforderungen an die Methodik

In diesem Kapitel werden die inhaltlichen und formalen Anforderungen an die Methodik hergeleitet, um hierauf basierend das Grobkonzept zur Bewertung von Produktvarianten mittels Process Data Mining erarbeitet werden kann.

4.2.1 Inhaltliche Anforderungen

Die inhaltlichen Anforderungen gewährleisten ein zielgerichtetes Vorgehen bei der Konzeption der Methodik. Hierüber wird einerseits die Berücksichtigung aller relevanten Ziele, Rahmenbedingungen und Herausforderungen sichergestellt. Andererseits wird durch die inhaltlichen Anforderungen die Bewertungsgrundlage für die Validierung der Methodik geschaffen. Die inhaltlichen Anforderungen ergeben sich aus der Zielsetzung (siehe Kapitel 1.2) und dem Objektbereich (siehe Kapitel 3.2.1) der Arbeit sowie aus den Defiziten der Praxis (siehe Kapitel 3.1) und der Theorie (siehe Kapitel 3.2 und 3.3). In Abbildung 4-2 sind die inhaltlichen Anforderungen zusammengefasst dargestellt.

Zielsetzung der Arbeit

- Beschreibung des Kostensystems, d. h. der Produktvarianten, Produktstrukturelemente, Prozesse bzw. Aktivitäten und Ressourcen sowie deren Kostensätze
- Ermittlung und verursachungsgerechte Zuordnung varianteninduzierter Prozesskosten
- Klassifikation der Prozesskosten entsprechend der Komplexitätskostentheorie
- Steigerung der Effizienz, Aktualität, Genauigkeit und Zuverlässigkeit der Variantenbewertung

Objektbereich der Arbeit

- Berücksichtigung variantenreicher Produktportfolios sowie der damit einhergehenden varianteninduzierten Kosten
- Verwendung von Prozesskosten zur Steigerung der Verursachungsgerechtheit
- Prozessorientierte Ermittlung und verursachungsgerechte Zuordnung der Kosten sekundärer Leistungsbereiche
- Berücksichtigung automatisch erfasster Prozessdaten

Defizite in der Praxis

- Unzureichend verursachungsgerechte Kostenzuordnung
- Hoher Aufwand zur Einführung und Pflege prozessorientierter Kostenrechnungsverfahren
- Geringe Aktualität, Genauigkeit und Zuverlässigkeit prozessorientierter Kostenrechnungsverfahren
- Unzureichende Entscheidungsgrundlage für eine Erfolg versprechende Planung und Steuerung des Produktportfolios

Defizite in der Theorie

- Unzureichend modellbasierte Beschreibung des Kostensystems zur prozessorientierten Kostenrechnung
- Keine ganzheitliche Berücksichtigung von Prozessdaten im Kontext der prozessorientierten Kostenrechnung zur Bewertung von Produktvarianten
- Keine feingranulare Ermittlung von Kosten über alle Produktstrukturelemente

Abbildung 4-2: Inhaltliche Anforderungen an die Methodik

Als übergeordnete Zielsetzung der Arbeit ist die Verbesserung der Bewertung von Produktvarianten zu sehen. Diese wird im Rahmen der Methodik durch die Auswertung automatisch erfasster Prozessdaten mittels Process Data Mining angestrebt. Die Methodik soll hierfür zunächst die Beschreibung des Betrachtungsbereichs, d. h. des Kostensystems, im Kontext der Anwendung von Process Data Mining adressieren. Basierend auf den beschriebenen Zusammenhängen soll die Methodik die Ermittlung und verursachungsgerechte Zuordnung varianteninduzierter Prozesskosten fokussieren, worüber eine korrekte Bewertung von Produktvarianten ermöglicht wird. Weiterhin hat die Methodik eine Verbesserung der Bewertung von Produktvarianten durch die Steigerung von Effizienz, Aktualität, Genauigkeit und Zuverlässigkeit umzusetzen.

Aus der Zielsetzung der Arbeit lässt sich der Objektbereich ableiten, welcher den angestrebten Anwendungskontext definiert. Die Fokussierung liegt hierbei auf der Berücksichtigung variantenreicher Produktportfolios und der damit einhergehenden Auswirkungen auf die Kosten im Unternehmen. Um der in klassischen Kostenrechnungssystemen sinkenden Verursachungsgerechtheit der Kostenzuordnung entgegenzuwirken, werden weiterhin prozessorientierte Kostenrechnungsverfahren betrachtet. Hierbei gilt es nicht nur die Kosten der direkten, sondern auch der indirekten Leistungsbereiche zu berücksichtigen. Letztlich sind im Kontext der Bewertung von Produktvarianten automatisch erfasste Prozessdaten zu berücksichtigen, die eine realitätsgetreue Abbildung der Aktivitäten und Ressourcenverbräuche ermöglichen.

Für die Erzielung eines Mehrwerts sind durch die Entwicklung der Methodik die Defizite der Praxis zu adressieren. Da die mit einer verursachungsgerechten Kostenzuordnung einhergehenden Vorteile unbestritten sind, ist für den Anwender der damit häufig einhergehende unwirtschaftlich hohe Aufwand zu reduzieren und somit die Effizienz zu steigern. Gleichermaßen ist die Aktualität, Genauigkeit und die Zuverlässigkeit in der Bewertung von Produktvarianten zu steigern und dem Anwender hierüber eine bessere Entscheidungsgrundlage zur Verfügung zu stellen. Weiterhin ist durch die Methodik eine Grundlage zu schaffen, anhand derer die komplexen Zusammenhänge des Kostensystems für den Anwender verständlich und nachvollziehbar dargestellt werden und somit das Vertrauen in die Ergebnisse steigert.

Schließlich ergeben sich aus den Defiziten der Theorie weitere inhaltliche Anforderungen. So existiert kein Ansatz, der ganzheitlich die Verwendung von Prozessdaten für die Ermittlung und Zuordnung varianteninduzierter Prozesskosten mit dem Ziel der Bewertung von Produktvarianten beschreibt. Weiterhin erfolgt keine Verbesserung der Datengrundlage, sondern maßgeblich eine Einschränkung dieser zur Steigerung der Effizienz, d. h. zur Reduktion des Aufwands bei möglichst konstantem Ergebnis. Die Bewertung von Produktvarianten mittels der Kostenermittlung über sämtliche Produktstrukturelemente wird zwar angedacht, aufgrund der damit einhergehenden

Komplexitäts- und Aufwandssteigerung und somit der unrealistischen Umsetzung in der Praxis allerdings nicht beschrieben. Diese Defizite sind zu adressieren.

4.2.2 Formale Anforderungen

Neben den inhaltlichen hat die zu entwickelnde Methodik formale Anforderungen zu erfüllen. Hierüber wird gewährleistet, dass das Modell neben der Beantwortung spezifischen Fragestellungen auch grundsätzliche allgemeingültige Modellanforderungen adressiert. Somit wird die Anwendbarkeit und Richtigkeit der Methodik sichergestellt. Die zu adressierenden formalen Anforderungen werden in Anlehnung an PATZAK[415] definiert und werden im Folgenden kurz erläutert[416]:

- Anhand der formalen Richtigkeit wird die Reproduzierbarkeit und Widerspruchsfreiheit von getätigten Aussagen sichergestellt, sodass die Nachprüfbarkeit des Modells gewährleistet wird.
- Anhand der empirischen Richtigkeit wird eine hohe Übereinstimmung zwischen der Systemstruktur bzw. den Systemelementen mit der Realität sichergestellt, sodass die Abbildungseigenschaften des Modells mit der Realität eine hinreichend hohe Ähnlichkeit aufweisen.
- Anhand der Nutzfreundlichkeit wird eine ausreihende Akzeptanz des Modells in der Praxis sichergestellt, wodurch das Modell intuitiv anwendbar und die Modellergebnisse für den Anwender einfach verständlich und interpretierbar darzustellen sind.
- Anhand der Zweckbezogenheit wird sichergestellt, dass das Modell aus der Sicht des Anwenders gleichermaßen formal und inhaltlich nutzbar ist.
- Anhand der optimalen Wirksamkeit wird ein sinnvolles Aufwand-Nutzen-Verhältnis bei der Erstellung des Modells sichergestellt, wobei der Aufwand zur Modellerstellung gering zu halten und der Nutzen des Modells hoch sein sollte.

Eine vergleichende Betrachtung der formalen Anforderungen offenbart stellenweise Zielkonflikte, die im Rahmen der Modellentwicklung gegeneinander abzuwägen oder

[415] Vgl. Patzak (1982) - Systemtechnik - Planung komplexer innovativer Systeme, S. 309.

[416] Vgl. Rudolf (2013) - Produktionsgerechte Baukastengestaltung, S. 93; Riesener (2015) - Ähnlichkeitsbasierte Produktkonfiguration im Maschinenbau, S. 101f.; Dölle (2017) - Projektsteuerung in der Produktentwicklung mittels Predictive Analytics, S. 97f.

aufzulösen sind. So können beispielsweise die Anforderungen bzgl. der optimalen Wirksamkeit des Modells der der empirischen Richtigkeit widersprüchlich sein, da einerseits ein geringer Aufwand zur Modellerstellung und andererseits eine möglich detailgetreue Abbildung der Realität anzustreben ist. Dieser Zielkonflikt kann bspw. durch eine zielorientierte Simplifizierung des Modells aufgelöst werden. Insgesamt ist bei der Modellentwicklung auf ein ausgewogenes Maß an Modellvereinfachung zu achten, um stets eine ausreichend hohe Genauigkeit zu gewährleisten.[417]

Zur Bestimmung der optimalen Wirksamkeit ist neben dem Aufwand insbesondere der Nutzen des Modells relevant. Die mit der Bewertung von Produktvarianten unter Anwendung von Process Data Mining angestrebten Nutzenpotenziale werden daher im folgenden Abschnitt beschrieben.

4.3 Angestrebte Nutzenpotenziale der Bewertung von Produktvarianten mittels Process Data Mining

Das Ziel dieses Abschnittes ist die Erläuterung der mit der Entwicklung der Methodik angestrebten Nutzenpotenziale. Nach PÜMPIN beschreibt der Begriff Nutzenpotenzial „eine in der Umwelt, im Markt oder in der Unternehmung latent oder effektiv vorhandene Konstellation, die durch Aktivitäten der Unternehmung zum Vorteil aller Bezugsgruppen erschlossen werden kann“[418]. Diese Definition aufgreifend werden im Folgenenden die mit der Bewertung von Produktvarianten mittels Process Data Mining angestrebten und umzusetzenden Nutzenpotenziale ausgeführt.

Der angestrebte Nutzen in Bezug auf die strategische Unternehmensführung (siehe Kapitel 2.1) besteht in der Unterstützung von prospektiven Entscheidungen in Bezug auf die am Markt angebotenen Produktvarianten. Wie bereits einführend erläutert, führt eine Bewertung der Produktvarianten unter Berücksichtigung der jeweils tatsächlich angefallenen Kosten zu signifikant anderen Ergebnissen als eine Deckungsbeitragsrechnung. Anhand einer nicht verursachungsgerechten Kostenzuordnung, wie sie durch die Deckungsbeitragsrechnung erfolgt, wird ein Großteil des Produktportfolios als profitabel eingestuft. Eine verbesserte, d. h. verursachungsgerechtere Kostenzuordnung, deckt die tatsächlich profitablen und die nicht profitablen Produktvarianten auf.

---

417 Vgl. Lenders (2009) - Beschleunigung der Produktentwicklung, S. 103.
418 Pümpin (1992) - Das Dynamik-Prinzip, S. 47.

Eine Kernerkenntnis hierbei ist, dass nur ein geringer Teil des gesamten Portfolios tatsächlich profitabel ist.[419] Werden Entscheidungen basierend auf einer falschen Grundlage getroffen, so besteht die Gefahr, dass Entscheidungen getroffen werden, die nicht zu einer Steigerung, sondern vielmehr zu einer Reduktion des Unternehmensergebnisses beitragen. Ist also nicht mit Sicherheit bekannt, welche Produktvarianten tatsächlich gewinnbringen und welche verlustbehaftet sind, so lassen sich keine fundierten Entscheidungen in Bezug auf die zukünftig am Markt anzubietenden Produktvarianten treffen. Eine korrekte und insbesondere aktuelle Bewertung der Produktvarianten ist erforderlich, um korrekte Entscheidungen in Bezug auf das am Markt anzubietende und im Unternehmen zu produzierende Produktportfolio ableiten zu können. Sind die verlustbehafteten Produktvarianten identifiziert, können diese entweder abgekündigt, deren Preise angepasst oder deren Kosten gesenkt werden. In Bezug auf die Abkündigung unprofitabler Produktvarianten gaben produzierende Unternehmen im Rahmen einer Studie des Werkzeugmaschinenlabors WZL der RWTH Aachen an, dass sie durch eine konsequente Abkündigung in 34% der Fälle die Herstellkosten reduzieren und in 20% der Fälle den Profit pro Variante steigern konnten.[420]

In Bezug auf die Preisdefinition gaben in derselben Studie 75% der erfolgreichsten Unternehmen an, die Profitabilität des gesamten Produktportfolios anhand der Berücksichtigung von Komplexitätskosten bei der Bepreisung einzelner Produktvarianten zu steigern. Die Boston Consulting Group (BCG) beziffert die Potenziale, die sich durch eine verbesserte Kostentransparenz und daraus abgeleiteten Entscheidungen ergeben, mit einer Steigerung der Gewinnspanne um 25% bis 100%. So konnte ein Unternehmen, bei dem 50 von 80 Produktvarianten zunächst unprofitabel waren, durch alleinige die Anpassung der Preise die Profitabilitätsziele für weitere 20 Produktvarianten erreichen.[421] Darüber hinaus können Maßnahmen ergriffen werden, um besonders profitable Produktvarianten in größerer Stückzahl in weiteren Märkten abzusetzen und somit das Unternehmensergebnis weiter zu steigern. Das erste Nutzenpotenzial besteht also in der Unterstützung korrekter und zielgerichteter Entscheidungen zur Steigerung des Unternehmensergebnisses durch eine valide und aktuelle Bewertung von Produktvarianten.

---

[419] Vgl. Deloitte (2016) - Komplexitätsmanagement in der Automobilindustrie, S. 4.

[420] Werkzeugmaschinenlabor WZL der RWTH Aachen (2017) - Globales Komplexitätsmanagement.

[421] The Boston Consulting Group (2010) - Mastering Complexity.

Weitere Nutzenpotenziale ergeben sich aus den zentralen Herausforderungen bei der Kostenrechnung.[422]

Eine der Herausforderungen der Kostenrechnung besteht darin, dass sich die Kosten von Produktvarianten aus der Summe der Kosten vieler Bauteile und Baugruppen ergebe. Dieses Problem ist zwar theoretisch beherrschbar, die Umsetzung in der Praxis allerdings, selbst mit ausschließlichem Bezug auf Einzelkosten, extrem aufwändig.[423] Wird der hohe Aufwand für die Umsetzung einer prozesskostenbasierten Kalkulation einbezogen und berücksichtigt, dass eine prozessorientierte Kostenrechnung für sämtliche Komponenten einer Produktvariante durchgeführt werden muss, um eine hohe Zuverlässigkeit und Verursachungsgerechtheit zu erzielen, erweitert sich das Problem. Das zweite Nutzenpotenzial dieser Arbeit ist daher, die praktische Umsetzung einer feingranularen Kostenermittlung und -zuordnung anhand einfacher und praktikabler Strukturen und i. d. R. zur Verfügung stehenden Informationen zu befähigen. Anhand der zu entwickelnden Methodik können in der Anwendung die erforderlichen Informationen hinsichtlich der Produktvarianten und Ressourcenkosten in wenig umfangreichen Vorlagen dokumentiert werden. Diese Informationen werden automatisch in Strukturen überführt, die die Anwendung von Process Data Mining ermöglichen.

Ein weiteres Problem der Kostenrechnung besteht in der Vorkalkulation, da diese meist auf wenig verlässlichen und unvollständigen Informationen beruht und daher unsichere und überhaupt schwierig zu erreichende Ergebnisse liefert.[424] Das dritte Nutzenpotenzial besteht daher in der Verbesserung der Vorkalkulation durch die Verwendung einer Datengrundlage, die durch die Anwendung von Process Data Mining verlässliche und exakte Ergebnisse liefert.

Für eine aktuelle Entscheidungsgrundlage ist eine ständige Aktualisierung der kostenrelevanten Daten erforderlich. Hierin besteht eine weitere Herausforderung der Kostenrechnung. Dies ist zwar prinzipiell durch eine flexible Grenzplankostenrechnung in Verbindung mit EDV-Systemen gelöst, aufgrund existenzieller Lücken allerdings nicht umsetzbar.[425] Die ständige Aktualisierung der einer Kostenrechnung zugrundeliegenden Daten stellt basierend auf umfangreicher Erfahrung zahlreicher Prozesskostenprojekte eine Herausforderung in der Praxis dar. Das vierte Nutzenpotenzial der zu entwickelnden Methodik besteht demnach in der automatischen Erfassung der für die

[422] Vgl. Ehrlenspiel et al. (2014) - Kostengünstig Entwickeln und Konstruieren, S. 432f.

[423] Vgl. Ehrlenspiel et al. (2014) - Kostengünstig Entwickeln und Konstruieren, S. 432.

[424] Vgl. Ehrlenspiel et al. (2014) - Kostengünstig Entwickeln und Konstruieren, S. 432.

[425] Vgl. Ehrlenspiel et al. (2014) - Kostengünstig Entwickeln und Konstruieren, S. 432.

prozessorientierte Kostenrechnung erforderlichen Daten. Es erfolgt eine Reduktion auf die zentralen Kostenquellen (Unternehmensressourcen) sowie auf die für die Ermittlung derer Kosten erforderlichen Informationen. Diese sind einmalig zu definieren und können fortan automatisch aus bestehenden Systemen, bspw. einem ERP-System, aktualisiert werden. Durch die Anwendung von Process Data Mining werden sämtliche Informationen in Kontext gebracht, um aus den so geschaffenen Beziehungen echtzeitfähiges und damit aktuelles Wissen bzgl. der varianteninduzierten Prozesskosten zu generieren.

Schließlich stellt die Berücksichtigung des Kosteneinflusses von Stückzahl, Neuheitsgrad und Kompliziertheit einer Produktvariante eine weitere Problematik in der Kostenrechnung dar. Diese Faktoren besitzen bei einer einzelkostenproportionalen Kostenzuordnung keinen Kosteneinfluss. Eine Lösung hierfür ergibt sich durch eine prozessorientierte Kostenzuordnung.[426] Hierauf bezugnehmend besteht das fünfte Nutzenpotenzial dieser Arbeit in der Steigerung der Verursachungsgerechtheit bei der Kostenzuordnung durch eine stringente Prozessorientierung bei der Ermittlung und Zuordnung varianteninduzierter Prozesskosten. Ausgehend von einem idealen Ergebnis, d. h. vollständig verursachungsgerecht zugeordneter Kosten, wird durch die Anwendung von Process Data Mining der Aufwand auf ein Minimum reduziert.

Insgesamt werden durch die zu entwickelnde Methodik die fünf beschriebenen Nutzenpotenziale angestrebt. Im folgenden Kapitel wird das Grobkonzept der Methodik beschrieben, um einen umfassenden Überblick über das Vorgehen und die Zusammenhänge zu geben.

4.4 Grobkonzept der Bewertung von Produktvarianten mittels Process Data Mining

Das Ziel dieses Abschnitts ist die Herleitung des Grobkonzepts der zu erarbeitenden der Methodik. Die Herleitung erfolgt in Anlehnung an die Schritte des KDD-Prozesses nach FAYYAD ET AL.[427] (siehe Kapitel 2.4.2), der die Entdeckung von relevantem Wissen durch die Anwendung von Datenanalyse sicherstellt. Mit der Selektion, der Vorverarbeitung und der Transformation der zugrundeliegenden Daten wird im Rahmen des

[426] Vgl. Ehrlenspiel et al. (2014) - Kostengünstig Entwickeln und Konstruieren, S. 432f.

[427] Vgl. Fayyad et al. (1996) - Knowledge Discovery in Databases, S. 41.

KDD-Prozesses die Vorbereitung der Daten zur Datenanalyse angestrebt. Hierauf basierend erfolgt mit der Anwendung von Data Mining die eigentliche Datenanalyse. Im Kontext dieser Arbeit wird Data Mining mit Process Data Mining ersetzt, um den Bezug zu Prozessdaten und die Wissensentdeckung hieraus zu spezifizieren. Abschließend werden die Ergebnisse interpretiert und evaluiert, um das entdeckte Wissen zu explizieren und für die Unterstützung von Entscheidungen anwendbar zu machen. Während der KDD-Prozess den übergeordneten Rahmen der Methodik bestimmt, folgt die Erarbeitung der Datengrundlage dem Extended Axiomatic Design nach MERTENS[428], welches mit den Produktvarianten, den Prozessen und den Ressourcen die zu integrierenden Domänen für eine korrekte Ermittlung und verursachungsgerechte Zuordnung varianteninduzierter Prozesskosten definiert. In diesen Domänen sind die jeweils relevanten Daten zu selektieren, vor zu verarbeiten und für die Anwendung von Process Data Mining zu transformieren. Die sich somit ergebenden Herleitung des Grobkonzepts ist in Abbildung 4-3 dargestellt.

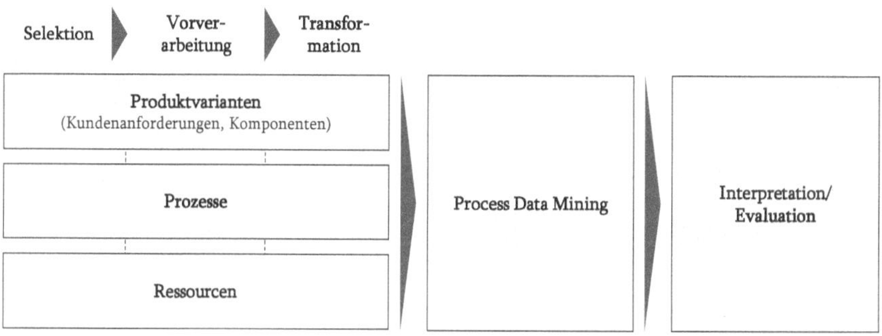

Abbildung 4-3: Herleitung des Grobkonzepts[429]

Im Folgenden werden die einzelnen Schritte des Grobkonzepts sowie die hierbei durchzuführenden Aufgaben kurz beschrieben.

Zunächst gilt es die Domäne der Produktvarianten, welche die Kundenanforderungen und die Komponenten miteinander verbinden, systematisch zu beschreiben. Hierfür sind im Rahmen der Selektion Dokumentationsvorlagen zu entwickeln, welche eine effiziente Vorverarbeitung der Daten bzgl. der Produktvarianten durch den Anwender

[428] Vgl. Mertens (2020) - Measure and manage your product costs right, S. 50.

[429] In Anlehnung an Fayyad et al. (1996) - Knowledge Discovery in Databases, S. 41; Mertens (2020) - Measure and manage your product costs right, S. 50ff.

ermöglichen. Abschließend sind die vom Anwender zur Verfügung gestellten Daten für die Anwendung von Datenanalyse zu transformieren (siehe Kapitel 5.1).

Während Produktvarianten und Komponenten die Kostenträger darstellen, bilden Ressourcen die Quelle der Kosten. Daher sollen im zweiten Schritt die Domäne der Ressourcen sowie deren Kosten beschrieben werden, um hierüber die Grundlage für die Ermittlung von Prozesskosten zu bilden. Zur Objektivierung der Kostenermittlung ist im Rahmen der Selektion eine einheitliche Grundlage für die Ermittlung der ressourcenspezifischen Kostensätze zu entwickeln. Für die Anwendung der Ressourcen und deren Kosten zur Prozesskostenrechnung sind die ermittelten Informationen anhand zu definierender Dokumentationsvorlagen vom Anwender im Zuge der Vorverarbeitung zur Verfügung zu stellen. Diese Informationen gilt es anschließend im Rahmen der Transformation für die Anwendung von Process Data Mining erfassbar zu machen (siehe Kapitel 5.2).

Für die Ermittlung und verursachungsgerechte Zuordnung von Kosten sind die Produktvarianten und die Ressourcen miteinander zu verknüpfen und die Zusammenhänge zu quantifizieren. Dies erfolgt im Extended Axiomatic Design anhand von Prozessen, welche daher im dritten Schritt beschrieben werden sollen. Im Kontext dieser Arbeit wird die Prozessdomäne durch in Process Aware Information Systems erfasste Prozessdaten repräsentiert, sodass mit der Selektion zunächst die für die Prozesskostenrechnung erforderlichen Informationen anhand von in Informationssystemen erfassbaren Daten herzuleiten sind. Die relevanten Daten sind im Rahmen der zu entwickelnden Methodik entsprechend zu dokumentieren und vorzuverarbeiten, sodass diese durch die Transformation für Process Data Mining zur Verfügung gestellt werden (siehe Kapitel 5.3).

Der vierte Schritt fokussiert die Entdeckung prozessbezogenen Wissens über die Anwendung von Process Data Mining. Ziel ist es hierbei, die Zusammenhänge der beschriebenen Domänen zu erklären und hierüber die Ermittlung varianteninduzierte Prozesskosten zu ermöglichen. Daher bedarf es zunächst der integrierenden Beschreibung aller Domänen, um hierauf basierend die vom Anwender zur Verfügung gestellten Daten miteinander zu verknüpfen deren Zusammenhänge zu quantifizieren (siehe Kapitel 5.4).

Abschließend erfolgt im fünften Schritt die Interpretation der Ergebnisse durch die verursachungsgerechte Zuordnung der varianteninduzierten Prozesskosten über die Ebenen der Produktstruktur zu den Produktvarianten. Anhand der somit verursachungsgerecht zugeordneten Kosten soll eine profitabilitätsorientierte Bewertung der

Produktvarianten zur Unterstützung von Entscheidungen in Bezug auf das Produktportfolio des anwendenden Unternehmens erarbeitet werden (siehe Kapitel 5.5).

Aus den beschriebenen Schritten lässt sich das Grobkonzept der zu entwickelnden Methodik ableiten, welches aus fünf aufeinander aufbauenden Teilmodellen besteht (siehe Abbildung 4-4).

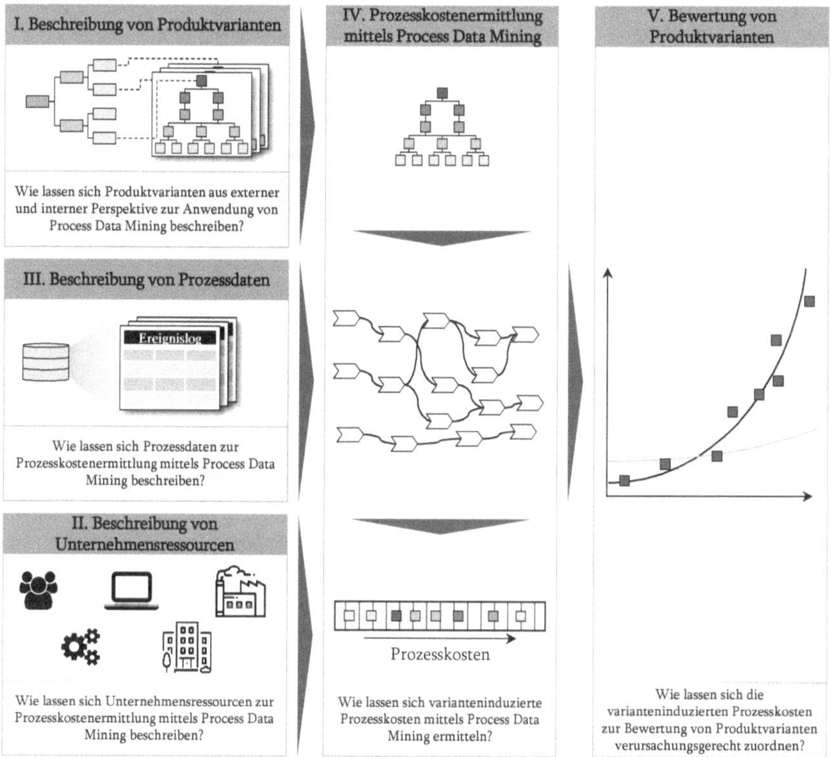

Abbildung 4-4: Grobkonzept der Bewertung von Produktvarianten

Die beschriebenen Schritte werden im Folgenden kurz erläutert und in den Gesamtkontext der Arbeit eingeordnet. Die Detaillierung der Methodik erfolgt in Kapitel 5.

4.4.1 Beschreibung von Produktvarianten

Als Grundlage der Bewertung von Produktvarianten sind diese im ersten Schritt aus unternehmensexterner und -interner Perspektive zu beschreiben. Ziel der Beschreibung ist einerseits die Befähigung zur Ermittlung von Prozesskosten auf der Ebene der Produktstrukturelemente unter Anwendung von Process Data Mining. Weiterhin sind die Produktvarianten so zu beschreiben, dass eine verursachungsgerechte Zuordnung der varianteninduzierten Prozesskosten ermöglicht wird. Hierfür soll zunächst beschrieben werden, wie Merkmale und Ausprägungen zur Beschreibung des Produktportfolios aus externer Perspektive ermittelt werden können. Die ermittelten Merkmale und Ausprägungen gilt es zur Verknüpfung mit der unternehmensinternen Perspektive sowie zur Befähigung der Anwendung von Process Data Mining entsprechend zu dokumentieren. Daher soll zur Anleitung der Anwendung eine entsprechende Vorlage zur Dokumentation der Informationen entwickelt werden. Basierend auf den aus externer Sicht beschriebenen Produktvarianten gilt es weiterhin, diese aus interner Sicht als Komposition von Produktstrukturelementen zu beschreiben. Hierbei ist die Prozesskostenermittlung eines jeden Produktstrukturelements unter Anwendung von Process Data Mining sowie die anschließende verursachungsgerechte Zuordnung zu befähigen. Analog zur Erfassung der externen Perspektive sollen auch für die interne Beschreibung der Produktvarianten Vorlagen zur Dokumentation der relevanten Daten entwickelt werden. Abschließend gilt es die vom Anwender anhand der Dokumentationsvorlagen zur Verfügung gestellten Daten zur Anwendung von Process Data Mining zu transformieren. Dies erfolgt über die Entwicklung eines entsprechenden Datenmodells, welches die kostenrelevanten Informationen anhand von Klassen und Attributen beinhaltet und die Anwendung von Process Data Mining ermöglicht. Das Ergebnis des ersten Schrittes ist somit die Repräsentation der für die Produktvarianten relevanten Daten, anhand der unter Anwendung von Process Data Mining der varianteninduzierten Prozesskosten ermittelt und zur Bewertung der Produktvarianten verursachungsgerecht zugeordnet werden können.

4.4.2 Beschreibung von Unternehmensressourcen

Nachdem im ersten Schritt die Bezugsobjekte der Kosten beschrieben wurden, sollen im zweiten Schritt mit den Unternehmensressourcen die Quellen der Kosten beschrieben werden. Für die Fokussierung der Ressourcen auf diejenigen, die für die Ermittlung von Prozesskosten relevant sind, sollen zunächst empirisch-induktive sowie analytisch-deduktive Analysen durchgeführt werden. Ziel der Analysen ist eine möglichst umfassende Berücksichtigung der in die Methodik zu integrierenden Ressourcen. Darüber hinaus muss sichergestellt sein, dass eine möglichst umfangreiche Zuordnung der Kosten des Unternehmens auf diejenigen Ressourcen erfolgt, die anhand von Prozessdaten in PAIS auch erfassbar sind. Daher soll eine Bewertungsmethodik entwickelt werden, die die Erfassbarkeit der Ressourcen in PAIS prüft bzw. sicherstellt. Basierend auf diesen Erkenntnissen bedarf es der Entwicklung einer Methode zur verursachungsgerechten Zuordnung der nicht in PAIS erfassbaren Kosten. Für die Kostenzuordnung und die hierauf basierende Ermittlung der ressourcenspezifischen Kostensätze ist weiterhin die Entwicklung eines Vorgehens zur objektiven Ermittlung der jeweiligen Kosten und der zeitbezogenen Kapazitäten notwendig. Für die anschließende Transformation der Informationen in ein entsprechendes Datenmodell, sind zunächst die relevanten Informationen der Domäne Ressource zu definieren und die anschließend in einer entsprechenden Vorlage zu Dokumentieren. Die Entwicklung der erforderlichen Dokumentationsvorlagen sowie die Überführung der hierin spezifizierten zur Befähigung der Prozesskotenermittlung mittels Process Data Mining soll im Rahmen der Methodik erfolgen. Das Ergebnis des zweiten Schrittes sind die prozesskostenrelevanten Daten der Domäne Ressource, die für die Anwendung von Process Data Mining vorliegen.

4.4.3 Beschreibung von Prozessdaten

Das zentrale Element dieser Arbeit sind die automatisch in PAIS erfassten Prozessdaten, welche bereits erfolgreich zur Anwendung von Process Mining verwendet werden.[430] Zur Befähigung der Prozesskostenermittlung soll daher zunächst ein Abgleich zwischen den für die Prozesskostenrechnung erforderlichen sowie den in PAIS erfassbaren Daten erfolgen. Hierfür gilt es basierend auf den kostentheoretischen Prinzipien des TDABC[431] sowie der Berücksichtigung der Ziele bei der Ermittlung varianteninduzierter Kosten (siehe Kapitel 2.3) zunächst die für die Ermittlung varianteninduzierter Prozesskosten erforderlichen Informationen zu bestimmen. Hierauf basierend soll geprüft werden, ob die Informationen unmittelbar in PAIS erfassbar sind oder anhand originärer Daten berechnet werden müssen. Basierend auf diesen Erkenntnissen gilt es Vorschriften für die Berechnung der erforderlichen Informationen anhand von in PAIS erfassbaren Daten zu entwickeln. Hieraus ergibt sich der Bedarf der in PAIS zu erfassenden Prozessdaten. Um die erfassten Prozessdaten für die Prozesskostenermittlung mittels Process Data Mining vorzubereiten, gilt es, eine entsprechende Vorlage zur Dokumentation der unmittelbar erfassbaren Prozessdaten zu entwickeln. Letztlich

[430] Vgl. Davenport und Spanyi (2019) - What Process Mining Is, and Why Companies Should Do It.

[431] Vgl. Kaplan und Anderson (2003) - Time-Driven Activity-Based Costing.

sollen die Prozessdaten in eine die Anwendung von Process Data Mining befähigende Repräsentation transformiert werden. Hierfür ist ein Datenmodell zu entwickeln, das einerseits die originären Prozessdaten erfasst und weiterhin die Ermittlung und verursachungsgerechte Zuordnung der Prozesskosten ermöglicht. Hierfür sind Relationen zu den Domänen Komponente bzw. Produktvariante sowie zu der Domäne Ressource vorzusehen. Die Prozessdaten bilden somit die Schnittstelle zwischen der Kostenquelle und -senke. Das Ergebnis des dritten Schrittes sind für die Ermittlung varianteninduzierter Prozesskosten unter Anwendung von Process Data Mining beschriebene Prozessdaten.

4.4.4 Ermittlung varianteninduzierter Prozesskosten mittels Process Data Mining

Im vierten Schritt gilt es zunächst, die Zusammenhänge der Domänen Produktvarianten, Prozesse und Ressourcen zu erklären. Diese bilden die Grundlage für die nachfolgende Prozesskostenermittlung unter Anwendung von Process Data Mining. In einer vergleichenden Analyse der Eignung prozessorientierter Kostenrechnungsverfahren stellt DIERKES heraus, „daß die Bezugsgrößen der Grenzplankostenrechnung den beschäftigungsabhängigen Teilprozeßmengen der Prozeßteilkostenrechnung“[432] entsprechen. Prozessorientierte Verfahren stiften daher in direkten Leistungsbereichen gegenüber der bereits verbreiteten Grenzplankostenrechnung keinen Mehrwert,[433] weshalb dieser Einschränkung gefolgt und eine Fokussierung auf indirekte Leistungsbereiche vorgenommen werden soll (siehe Abbildung 4-5).

	Direkte Leistungsbereiche	Indirekte Leistungsbereiche
Partiell prozesskostenorientiertes Kostenrechnungssystem	z.B. Grenzplankostenrechnung	***Fokus der Methodik*** Prozessteilkostenrechnung
Vollständig prozesskostenorientiertes Kostenrechnungssystem	Prozessteilkostenrechnung	

Abbildung 4-5: Fokus der Methodik im Kontext der Kostenrechnung[434]

Darüber hinaus soll die Prozesskostenermittlung in Anlehnung an DIERKES unter den Prinzipien der Teilkosten- und Istkostenrechnung (siehe Kapitel 2.3) erfolgen, sodass die in dem jeweils betrachteten Zeitraum angefallenen varianteninduzierten Prozess-

[432] Dierkes (1998) - Planung und Kontrolle von Prozeßkosten, S. 24.
[433] Vgl. Dierkes (1998) - Planung und Kontrolle von Prozeßkosten, S. 24f.
[434] Vgl. Dierkes (1998) - Planung und Kontrolle von Prozeßkosten, S. 24.

kosten ermittelt und möglichst verursachungsgerecht zugeordnet werden. Die Ergebnisse können bspw. in einer Nachkalkulation, welche in der Auftrags- und Einzelfertigung unerlässlich ist[435], zur Unterstützung prospektiver Entscheidungen verwendet werden. Um den kostentheoretischen sowie den entscheidungsorientierten Anforderungen zu genügen, gilt es, die Ermittlung der varianteninduzierten Prozesskosten im Rahmen dieser Arbeit an dem Verfahren des TDABC (siehe Kapitel 2.3.3) auszurichten. Die Prozesskostenermittlung und -zuordnung muss hierbei unmittelbar aus der jeweiligen Ressourcenbeanspruchung erfolgen. Der Aspekt der durch die Produktvarianten induzierten Prozesskosten soll hierbei durch die ausschließliche Ermittlung derjenigen Prozesskosten berücksichtigt werden, die einer Produktvariante oder einem Produktstrukturelement unmittelbar zuordenbar sind. Daher kann die ausschließliche Aktivitätendurchführung für den jeweiligen Kostenträger antizipiert werden, woraus die Induktion der Prozesskosten für die letztlich betrachtete Produktvariante geschlossen wird. Die Zuordnung der nicht mittels Process Data Mining erfassbaren Gemeinkosten soll hierbei nicht berücksichtigt werden. Basierend auf diesen Annahmen sollen im Rahmen der Methodik zunächst ein detailliertes Vorgehen zur Ermittlung der varianteninduzierten Prozesskosten mittels Process Data Mining entwickelt werden. Dies erfolgt durch die Erarbeitung spezifischer statistischer und automatischer Algorithmen, anhand derer die zugrundeliegenden Daten mit dem Ziel der Kostenermittlung analysiert werden. Für eine effiziente Ermittlung der einmaligen und laufenden varianteninduzierten Prozesskosten sowie der Klassifikation der laufenden Prozesskosten nach der jeweiligen Regelmäßigkeit (täglich, wöchentlich etc.) muss weiterhin ein Algorithmus entwickelt werden, der basierend auf den Prozessdaten zunächst die Klassifikation der für einen Kostenträger durchgeführten Aktivitäten ermöglicht. Die Ergebnisse gilt es anschließend für die Prozesskostenermittlung zu nutzen. Für eine Detaillierung der Ergebnisse schlagen HORVÁTH UND MAYER die Prozesskostenberechnung für zu einem Endprodukt gehörenden Komponenten sowie die finale Zurechnung der entsprechenden Kosten vor.[436] Dieses Vorgehen soll im Rahmen der vorliegenden Arbeit aufgegriffen werden, um die ermittelten Prozesskosten im folgenden Schritt verursachungsgerecht zuzuordnen.

---

[435] Vgl. Kilger et al. (2012) - Flexible Plankostenrechnung, S. 50.

[436] Vgl. Horváth und Mayer (1995) - Konzeption und Entwicklungen der Prozeßkostenrechnung, S. 80.

4.4.5 Verursachungsgerechte Zuordnung varianteninduzierter Prozesskosten zur Bewertung von Produktvarianten

Im abschließenden Schritt sollen die Produktvarianten basierend auf den ermittelten Prozesskosten bewertet und Entscheidungen zur Unternehmensführung und dem Komplexitätsmanagement unterstützt werden. Hierfür muss zunächst eine Methode erarbeitet werden, die die verursachungsgerechte Zuordnung der varianteninduzierten Prozesskosten zu den Produktvarianten ermöglicht. Bei der Kostenzuordnung gilt es die laufenden Kosten mit den jeweils unterschiedlichen Frequenzen ihrer Durchführung zu berücksichtigen. So sind bspw. die täglich anfallenden Prozesskosten eines Bauteils auch für die übergeordnete Baugruppe zu übernehmen. Durch die feingranulare Prozesskostenermittlung auf der Ebene der Produktstrukturelemente wird eine genaue und zuverlässige Bewertung der Produktvarianten ermöglicht. Diese erfolgt basierend auf den verursachungsgerecht zugeordneten Kosten, wobei gezielt Entscheidungen zur Unternehmensführung unterstützt werden sollen. Daher gilt es zunächst, die Produktvarianten hinsichtlich der Profitabilität, d. h. dem erzielten Stückgewinn, zu bewerten. Hieraus sollen sich bereits erste Handlungsempfehlungen zur Entscheidungsunterstützung ergeben. Weiterhin sollen der Profitabilitätsbeitrag einer jeden Komponente sowie einer jeden Ausprägung zur Steuerung der internen bzw. externen Komplexität ermittelt werden. Der Profitabilitätsbeitrag gibt Aufschluss darüber, welche Auswirkung die Verwendung eines bestimmten Bauteils bzw. die Realisierung einer bestimmten Ausprägung auf den Stückgewinn einer Produktvariante besitzen. Die Ermittlung des Profitabilitätsbeitrags erfolgt durch die Anwendung multidimensionaler Regressionsanalysen (siehe Kapitel 2.4.2). Hierfür müssen die vorher hergeleiteten Informationen entsprechend vorbereitet werden.

In diesem Kapitel wurde das Grobkonzept der Methodik anhand des KDD-Prozesses sowie des Extended Axiomatic Designs hergeleitet und die relevanten Schritte beschrieben. Zur Erarbeitung der Methodik gilt es die relevanten Schritte in Teilmodelle zu überführen. Im folgenden Kapitel erfolgt daher die Ableitung der für die Methodik relevanten Teilmodelle.

4.5 Ableitung von Teilmodellen

In diesem Abschnitt erfolgt die Ableitung der für die Erreichung der Zielsetzung erforderlichen Teilmodelle basierend auf dem in Kapitel 4.4 beschrieben Grobkonzept der zu erarbeitenden Methodik. Für die Teilmodelle gelten die allgemeinen Eigenschaften von Modellen, d. h. das Abbildungsmerkmal, das Verkürzungsmerkmal sowie das pragmatische Merkmal (siehe Kapitel 2.4.1). Die Methodik zur Bewertung von Produktvarianten mittels Process Data Mining wird in fünf Teilmodelle unterteilt (siehe Abbildung 4-6).

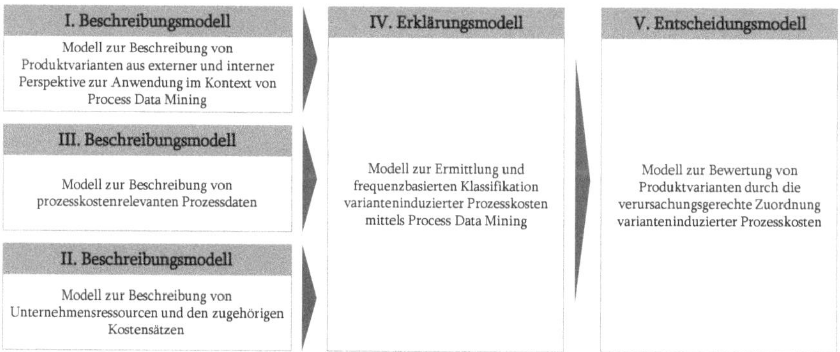

Abbildung 4-6: Teilmodelle zur Bewertung von Produktvarianten mittels Process Data Mining

Das erste Modell zur Beschreibung der Produktvarianten im Kontext der Anwendung von Process Data Mining kann als terminologisch-deskriptives Beschreibungsmodell betrachtet werden, da hierin die für die Beschreibung der Produktvarianten relevanten Größen beschrieben und erfasst werden. Das zweite Modell zur Beschreibung der Unternehmensressourcen kann als analytisch-deduktives und empirisch-induktives Beschreibungsmodell angesehen werden, da die prozesskostenrelevanten Unternehmensressourcen aus theoretischen Betrachtungen der Volks- und Betriebswirtschaftslehre, der allgemeinen und prozessorientierten Kostenrechnung sowie anhand von Experteninterviews der produzierenden Industrie ermittelt werden. Das dritte Beschreibungsmodell zur modellbasierten Beschreibung prozesskostenrelevanter Prozessdaten kann ebenfalls als terminologisch-deskriptives Beschreibungsmodell angesehen werden. Hierauf basierend erfolgt in dem vierten Erklärungsmodell die Erklärung der Zusammenhänge zwischen den Domänen Produktvariante, Prozess und Ressource zur Ermittlung varianteninduzierter Prozesskosten. Die hierdurch erlangten Erkenntnisse fließen in das abschließende Erklärungsmodell ein, in dem die Prozesskosten mit dem Ziel der Bewertung von Produktvarianten zur Ableitung planerischer und steuernder Entscheidungen verursachungsgerecht zugeordnet werden.

4.6 Zwischenfazit: Konzept zur Bewertung von Produktvarianten mittels Process Data Mining

Das übergeordnete Ziel dieses Kapitels bestand in der Konzeptionierung der Methodik zur Bewertung von Produktvarianten mittels Process Data Mining. Hierfür wurde in Kapitel 4.1 zunächst das Zielbild der Methodik über die Auflösung der zwischen Effizienz, Genauigkeit, Zuverlässigkeit und Aktualität bestehenden Dilemmata beschrieben.

Basierend auf der Zielsetzung und dem Objektbereich der Arbeit sowie den beschriebenen Defiziten in Praxis und Theorie wurden in Kapitel 4.2 die inhaltlichen und formalen Anforderungen an die zu erarbeitende Methodik beschrieben. Hierüber werden eine zielgerichtete Entwicklung der Methodik sowie ein ständiger Abgleich der erlangten mit den angestrebten Erkenntnissen ermöglicht.

In Kapitel 4.3 erfolgte die Herleitung der Nutzenpotenziale, welche maßgeblich in der Verbesserung der Bewertung der Produktvarianten zur Befähigung planerischer und steuernder Entscheidungen sowie die Adressierung der vier zentralen Herausforderungen der Kostenrechnung besteht. Hieraus ergeben sich insgesamt fünf Nutzenpotenziale, die mit der Entwicklung der Methodik erzielt werden sollen.

Schließlich wurde in Kapitel 4.4 das Grobkonzept der Methodik aus dem Extended Axiomatic Design[437] und dem KDD-Prozess[438] zur Sicherstellung der korrekten Kostenermittlung sowie der Anwendbarkeit von Process Data Mining hergeleitet. Das Grobkonzept besteht aus fünf Schritten und mündet in der Unterstützung planender und steuernder Entscheidungen basierend auf verursachungsgerecht zugeordneten, varianteninduzierten Prozesskosten.

Abschließend wurden in Kapitel 4.5 die für die Entwicklung der Methodik erforderlichen Teilmodelle abgeleitet. Die Methodik wird demnach anhand von drei Beschreibungs-, einem Erklärungs- und einem Entscheidungsmodell gebildet. Im folgenden Kapitel 5 erfolgt die Detaillierung der Methodik zur Bewertung von Produktvarianten mittels Process Data Mining.

[437] Vgl. Mertens (2020) - Measure and manage your product costs right, S. 50.

[438] Vgl. Fayyad et al. (1996) - Knowledge Discovery in Databases, S. 40.

5 Detaillierung der Methodik zur Bewertung von Produktvarianten mittels Process Data Mining

Das übergeordnete Ziel der Methodik ist die Verbesserung der Bewertung von Produktvarianten basierend auf der Ermittlung und verursachungsgerechten Zuordnung varianteninduzierter Prozesskosten mittels Process Data Mining. In diesem Kapitel wird die hierfür erforderliche Methodik detailliert. Hierbei werden zunächst Produktvarianten aus externer und interner Perspektive sowie zur Anwendung im Kontext von Process Data Mining beschrieben (siehe Kapitel 5.1). Daran anschließend werden die prozesskostenrelevanten Unternehmensressourcen hergeleitet, deren Kostensätze bestimmt und zur Befähigung der Anwendung von Process Data Mining beschrieben (siehe Kapitel 5.2). Aufbauend auf der Beschreibung der Produktvarianten und der Unternehmensressourcen werden die zu ermittelnden Prozessdaten hergeleitet und für die Anwendung von Process Data Mining beschrieben (siehe Kapitel 5.3). Die Ermittlung der varianteninduzierten Prozesskosten erfolgt über die Erklärung der Zusammenhänge zwischen Produktvarianten, Prozessen und Ressourcen (siehe Kapitel 5.4). Abschließend werden die ermittelten Prozesskosten verursachungsgerecht zugeordnet, um hierüber eine entscheidungsunterstützende Bewertung von Produktvarianten zu entwickeln (siehe Kapitel 5.5).

Vor der Detaillierung der Methodik sei an dieser Stelle die Relevanz einer vom Anwender zu definierenden Periode erläutert. Die nachfolgenden Schritte sowie die Bewertung von Produktvarianten sind stets für eine festgelegte Periode durchzuführen. Dies ist insbesondere vor dem Hintergrund der Ermittlung und Zuordnung der varianteninduzierten Prozesskosten sowie der profitabilitätsorientierten Bewertung von Produktvarianten erforderlich.[439] Hierdurch wird die Umsetzung des maßgeblichen Ziels der Kostenrechnung, d. h. „der Ausweis eines verursachungsgerechten, leistungsbezogenen Ressourcenverbrauchs einer Periode“[440], sichergestellt.

[439] Vgl. Coenenberg et al. (2016) - Kostenrechnung und Kostenanalyse, S. 98; Horsch (2020) - Kostenrechnung, S. 36ff.

[440] Coenenberg et al. (2016) - Kostenrechnung und Kostenanalyse, S. 98.

5.1 Beschreibung von Produktvarianten

Produktvarianten bilden das Produktportfolio eines Unternehmens, welches Gestaltungsobjekt der Unternehmensführung und -steuerung ist. Für die optimale Ausrichtung des Produktportfolios sind diesbezügliche Entscheidungen anhand der Bewertung von Produktvarianten zu unterstützen. Ziel dieses Kapitels ist daher die Beschreibung von Produktvarianten aus externer und interner Perspektive, sodass die Ermittlung und verursachungsgerechte Zuordnung varianteninduzierter Prozesskosten mittels Process Data Mining ermöglicht wird. Es wird daher die folgende Forschungsfrage beantwortet:

Wie lassen sich Produktvarianten aus externer und interner Perspektive zur Anwendung im Kontext von Process Data Mining beschreiben?

Die Beantwortung der Forschungsfrage erfolgt über die Erarbeitung eines Vorgehens, anhand dessen in der Anwendung Produktvarianten aus externer und interner Perspektive beschrieben werden können. Hierfür wird zunächst erläutert, wie Produktvarianten aus externer Perspektive strukturiert zu beschreiben sind und wie die Strukturierung zu dokumentieren ist (siehe Kapitel 5.1.1). Für die Ermittlung und verursachungsgerechte Zuordnung von Kosten wird weiterhin die Beschreibung und Dokumentation der unternehmensinternen Perspektive auf die Produktvarianten erläutert (siehe Kapitel 5.1.2). Schließlich werden die Beschreibungsdimensionen integriert und für die Anwendung von Process Data Mining in ein Datenmodell überführt (siehe Kapitel 5.1.3).

5.1.1 Produktvarianten aus externer Perspektive

Das Ziel dieses Arbeitsschrittes ist die anwendungsorientierte Beschreibung von Produktvarianten aus externer Perspektive. Die Beschreibung der Produktvarianten aus externer Perspektive bildet die Grundlage für eine markt- und kundenorientierte Gestaltung des Produktportfolios im Rahmen der Unternehmensführung. Für eine übersichtliche Abbildung der externen Perspektive erfolgt die Beschreibung anhand von Merkmalen und Ausprägungen (siehe Kapitel 2.2.2). Dies ermöglicht eine eindeutige Klassifizierung einer jeden Produktvariante.[441] Nach GEMBRYS sind die wesentlichen Vorteile der merkmalorientierten Produktklassifizierung eine redundanzfreie und flexible Abbildung der Produktvarianten. Weiterhin kann hierdurch eine Fokussierung

[441] Vgl. Heina (1999) - Variantenmanagement, S. 114; Paass (1974) - Produktbeschreibung als Teilaspekt eines Produktinformationssystems, S. 27.

auf wenige Beschreibungselemente erfolgen, wodurch der Beschreibungsaufwand reduziert und die Verständlichkeit erhöht wird.[442]

Im Folgenden wird erläutert, wie relevante Merkmalen und Ausprägungen bestimmt werden können und in welcher Form diese für die Bewertung der Produktvarianten zu dokumentieren sind.

5.1.1.1 Bestimmung von Merkmalen und Ausprägungen

Für die Beschreibung von Produktvarianten aus externer Perspektive ist zunächst die Bestimmung der hierfür erforderlichen Merkmale und Ausprägungen erforderlich. Da in der Literatur unterschiedliche Ansätze bestehen, diese zu bestimmen, wird im Folgenden eine Methodik entwickelt und beschrieben, welche in der Anwendung die Bestimmung relevanter Merkmale und Ausprägungen ermöglicht (siehe Abbildung 5-1).

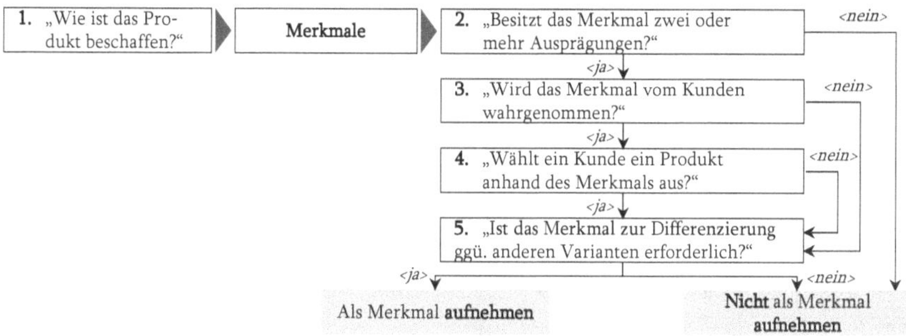

Abbildung 5-1: Methodik zur Bestimmung kundenrelevanter Merkmale

Nach SUH gilt es zunächst für die Ermittlung der richtigen Merkmale, die richtigen Fragen an die richtigen Kunden zur richtigen Zeit zu stellen.[443] Hieran angelehnt basiert die Methodik auf Leitfragen, die eine zielorientierte Merkmalsermittlung ermöglichen. Die sich aus der Methodik ergebenden Merkmale sollen einerseits die eindeutige Identifikation von Produktvarianten sowie die Differenzierung gegenüber anderen Produktvarianten erlauben und andererseits die marktseitige Perspektive abbilden. Die Leitfragen ergeben sich aus einer Analyse und Konsolidierung bestehender Ansätze, welche die Ermittlung und Beschreibung relevanter Merkmale und deren Ausprägungen fokussieren.

[442] Vgl. Gembrys (1998) - Modell zur Reduzierung der Variantenvielfalt, S. 40.

[443] Vgl. Suh (2001) - Axiomatic design, S. 14.

Die erste Leitfrage, *„Wie ist das Produkt beschaffen?“*, kann aus der Definition von Beschaffenheitsmerkmalen nach DIN 2330:2031-07[444] sowie in Anlehnung an EHRLENSPIEL UND MEERKAMM[445] abgeleitet werden. Hieraus ergeben sich sämtliche, ein Produkt beschreibenden Merkmale. KAISER empfiehlt eine Einschränkung auf diejenigen Merkmale, die „sich gegenseitig [ausschließende Ausprägungen]“[446] besitzen und anhand derer sich Produktvarianten voneinander unterscheiden lassen[447].

HEINA definiert diejenigen Merkmale als variantenrelevant, bei denen unterschiedliche, d. h. mehr als eine, Ausprägungen auftreten können[448], woraus sich die zweite Leitfrage, *„Besitzt das Merkmal zwei oder mehr Ausprägungen?“*, ableiten lässt.

Die erste Einschränkung auf die markt- bzw. kundenseitige Relevanz der Merkmale wird über die dritte Leitfrage, *„Wird das Merkmal vom Kunden wahrgenommen?“*, getroffen. Diese Frage ergibt sich sowohl aus der Empfehlung von HEINA, die Betrachtung auf diejenigen Merkmale zu fokussieren, welche vom Kunden direkt oder indirekt wahrnehmbar sind[449] als auch aus der Klassifizierung von Kundenanforderungen nach KANO, wobei für den Kunden unerhebliche Merkmale als irrelevant anzusehen sind.[450]

Nach SCHUH UND RIESENER „müssen [geeignete] Merkmale marktseitige Relevanz besitzen, was heißt, dass ein Kunde diese aktiv wählen möchte“[451] und KAISER fordert, dass Merkmale „in erster Linie unter Vertriebsgesichtspunkten zu sehen [sind]“[452]. HEINA fordert weiterhin, dass Merkmale auf den Kaufentscheidungsprozess Einfluss haben müssen[453], woraus sich insgesamt die vierte Leitfrage, *„Wählt ein Kunde ein Produkt anhand des Merkmals aus?“*, ergibt.

Die fünfte Leitfrage, *„Ist das Merkmal zur Differenzierung gegenüber anderen Varianten relevant?“*, zielt auf die Anforderung der eindeutigen Differenzierbarkeit durch die

---

444 Vgl. Deutsches Institut für Normung (2013) - Begriffe und Benennungen, S. 6f.
445 Vgl. Ehrlenspiel und Meerkamm (2017) - Integrierte Produktentwicklung, S. 39.
446 Kaiser (2020) - Technische Produktdokumentation, S. 18.
447 Vgl. Kaiser (2020) - Technische Produktdokumentation, S. 18f.
448 Vgl. Heina (1999) - Variantenmanagement, S. 123.
449 Vgl. Heina (1999) - Variantenmanagement, S. 123f.
450 Vgl. Sauerwein (2000) - Das Kano-Modell, S. 29.
451 Schuh und Riesener (2017) - Produktkomplexität managen, S. 120.
452 Kaiser (2020) - Technische Produktdokumentation, S. 19.
453 Vgl. Heina (1999) - Variantenmanagement, S. 101.

Kombination von Ausprägungen[454], sodass ggf. auch nicht direkt kundenrelevante Merkmale bei der Beschreibung aus externer Perspektive aufgenommen werden.

Die Ausprägungen zu den einzelnen Merkmalen beschreiben nach SCHUH UND RIESENER Optionen, anhand derer ein Produkt von Kunden ausgewählt wird und sollten anhand konkreter Werte eindeutig quantifizierbar sein.[455] KAISER fordert weiterhin, dass sich die Ausprägungen eines jeweiligen Merkmals gegenseitig ausschließen.[456] Die Ausprägungen lassen anhand der Merkmale ableiten. Nach DIN 4000-1:2019-03 sind die Ausprägungen eines Merkmals entweder eine kodierte oder attributive Angabe oder ein Zahlenwert.[457]

Anhand der in diesem Abschnitt ermittelten Merkmale und Ausprägungen erfolgt die Klassifikation der Produktvarianten aus externer Perspektive. Im folgenden Abschnitt wird eine Dokumentationsvorlage zur Vorverarbeitung der Informationen entwickelt.

5.1.1.2 Dokumentation der Produktvarianten aus externen Perspektive

Nach der Bestimmung der relevanten Merkmale und Ausprägungen sind die Produktvarianten anhand dieser zu klassifizieren und die Klassifizierung ist für die weitere Verwendung zu dokumentieren. Daher erfolgt in diesem Abschnitt die Herleitung der zu dokumentierenden Informationen sowie die Entwicklung einer Vorlage, welche die Dokumentation in der Anwendung ermöglicht.

Für die Dokumentation der relevanten Informationen sowie zur eindeutigen Formulierung der Zusammenhänge müssen spezifische Mengen der Beschreibungsdimensionen definiert werden. In Bezug auf die Produktvarianten sei $\Psi \in \mathbb{R}^P$ die Menge der Kostenträger mit der Gesamtzahl aller Kostenträger P. Die Menge der Kostenträger sei unterteilt in zwei Teilmengen: Es seien $PV \in \mathbb{R}^N$ die Menge der Produktvarianten mit der Gesamtzahl aller Produktvarianten N und $PE \in \mathbb{R}^M$ die Menge der Produktstrukturelemente mit der Gesamtzahl aller Produktstrukturelemente M. Ferner sei $ME \in \mathbb{R}^Q$ die Menge der Merkmale mit der Gesamtzahl aller Merkmale Q und $AS \in \mathbb{R}^S$ die Menge der Ausprägungen mit der Gesamtzahl aller Ausprägungen S.

---

[454] Vgl. Kaiser (2020) - Technische Produktdokumentation, S. 18; Schuh und Riesener (2017) - Produktkomplexität managen, S. 121; Gembrys (1998) - Modell zur Reduzierung der Variantenvielfalt, S. 27.

[455] Vgl. Schuh und Riesener (2017) - Produktkomplexität managen, S. 120f.

[456] Vgl. Kaiser (2020) - Technische Produktdokumentation, S. 18.

[457] Vgl. Deutsches Institut für Normung (2019) - Sachmerkmal-Listen, S. 9.

Für die eindeutige Identifikation einer Produktvariante sowie für die Verknüpfung der externen mit der internen Perspektive und den weiteren Datenmodellen ist die Definition einer eindeutigen Identifikationsnummer (ID) erforderlich. Jede Produktvariante ist über eine Kombination von Ausprägungen der jeweilig relevanten Merkmale klassifiziert, welche folglich einer jeden Produktvariante eindeutig zuzuordnen sind. Die Dokumentation der Informationen erfolgt anlehnend an eine Produktmatrix[458] in tabellarischer Form (siehe Tabelle 5-1).

Tabelle 5-1: Dokumentation der Produktvarianten aus externer Perspektive

Allgemeine Darstellung:

ID	Merkmal 1	...	Merkmal Q	Stückzahl abgesetzt	Preis/ Stück
$ID(pv_1)$	$as(pv_1, m_1)$	...	$as(pv_1, m_Q)$	$s_{sd}\,(pv_1)$	$pr(pv_1)$
$ID(pv_2)$	$as(pv_2, m_2)$	...	$as(pv_2, m_Q)$	$s_{sd}\,(pv_2)$	$pr(pv_2)$
...	...	...	...	...	...
$ID(pv_N)$	$as(pv_N, m_1)$	...	$as(pv_N, m_Q)$	$s_{sd}\,(N)$	$pr(pv_N)$

Beispielhafte Darstellung (Ausschnitt):

ID	Leistung	Farbe	Antrieb	Stückzahl abgesetzt	Preis/ Stück
PV-ID-01	150 kW	Schwarz	Benzin	1.500	45.000 €
PV-ID-21	200kW	Blau	Elektro	2.200	50.000 €

Legende

$as\,(pv, me)$ Ausprägung as von Produktvariante $pv \in PV$ des Merkmals $me \in ME$

$s_{sd}\,(pv)$ Abgesetzte Stückzahl s_{sd} von Produktvariante $pv \in PV$

$pr(pv)$ Preis pr von Produktvariante $pv \in PV$

Ferner sind weitere, für die Bewertung der Produktvarianten relevante Informationen zu erfassen. In Anlehnung an die mehrstufige Divisionskalkulation, welcher auch die Prozesskostenrechnung folgt,[459] werden die Kosten je nach Ort der Entstehung auf die produzierte bzw. abgesetzte Stückzahl zugeordnet, wobei in Bezug auf die externe Perspektive die abgesetzte Stückzahl $s_{sd}(pv)$ einer jeden Produktvariante $pv \in PV$ für die betrachtete Periode zu erfassen ist.[460] Weiterhin sind die jeweiligen Preise $pr(pv)$ einer Produktvariante $pv \in PV$ zu erfassen.

[458] Vgl. Kaiser (2020) - Technische Produktdokumentation, S. 20.

[459] Vgl. Coenenberg et al. (2016) - Kostenrechnung und Kostenanalyse, S. 172.

[460] Vgl. Coenenberg et al. (2016) - Kostenrechnung und Kostenanalyse, S. 140ff.; Horsch (2020) - Kostenrechnung, S. 119.

Die Beschreibung der Produktvarianten aus externer Perspektive bildet die Grundlage für Entscheidungen zur marktorientierten Gestaltung des Produktportfolios. Für die Bewertung der Produktvarianten ist die Ermittlung und verursachungsgerechte Zuordnung der jeweiligen Prozesskosten erforderlich. Zur Steigerung der Genauigkeit soll dies auf allen Stufen der Produktstruktur erfolgen, welche die interne Perspektive auf die Produktvarianten repräsentieren. Im folgenden Abschnitt erfolgt daher die Beschreibung der Produktvarianten aus interner Perspektive im Kontext der Anwendung von Process Data Mining.

5.1.2 Produktvarianten aus interner Perspektive

Nach der Beschreibung der Produktvarianten aus externer Perspektive wird in diesem Abschnitt die Beschreibung von Produktvarianten aus interner, d. h. unternehmensseitiger, Perspektive erarbeitet. Hierüber wird die Grundlage für die Ermittlung der Prozesskosten eines jeden Produktstrukturelements sowie deren verursachungsgerechten Zuordnung zu den Produktvarianten gebildet. Nachfolgend werden die für die Kostenermittlung und -zuordnung mittels Process Data Mining erforderlichen Informationen beschrieben sowie eine Vorgabe zur Dokumentation dieser Informationen entwickelt. In diesem Kontext erfolgt eine Verallgemeinerung von Produktvarianten und Produktstrukturelementen zu Kostenträgern, um die hierfür geltenden Regularien allgemein formulieren und anwenden zu können.

Aus dem Ziel, varianteninduzierte Prozesskosten mittels Process Data Mining zu ermitteln und verursachungsgerecht zuzuordnen, ergeben sich unterschiedliche Anforderungen an die Beschreibung von Kostenträgern aus interner Perspektive. Einerseits müssen die zu beschreibenden Elemente in PAIS erfassbar sein. Dies ist erforderlich, damit die für die Kostenträger durchgeführten Aktivitäten und erforderlichen Ressourcenbeanspruchungen in den Prozessdaten enthalten sind. Andererseits muss anhand der Beschreibung eine verursachungsgerechte Zuordnung der kostenträgerspezifischen Prozesskosten über alle Produktstrukturstufen ermöglicht werden. Zur Steigerung der Verursachungsgerechtheit müssen die durch die Produktvarianten jeweils konsumierten Mengen der Kostenträger ersichtlich werden. Zur Erfüllung dieser Anforderungen erfolgt die Dokumentation anhand von Strukturstücklisten (siehe Kapitel 2.2.3.1). Für die eindeutige Identifikation eines Kostenträgers wird jedem hierfür eine eindeutige Identifikationsnummer (ID) zugeordnet. Weiterhin wird die jeweilige

Strukturstufe $st_{\psi_i,\psi_{pt}}, \psi_i, \psi_{pt} \in \Psi$ sowie die Stückzahl $sz_{\psi_i,\psi_{pt}}, \psi_i, \psi_{pt} \in \Psi$ eines Kostenträgers ψ_i in Abhängigkeit des diesem übergeordneten Kostenträgers ψ_{pt} dokumentiert (siehe Tabelle 5-2).[461]

Tabelle 5-2: Dokumentation der Zusammensetzung der Kostenträger

Allgemeine Darstellung:

ID	Strukturstufe	Stückzahl
ID(ψ_1)	0	1
ID(ψ_2)	$st_{\psi_2,\psi_{pt}}$	$sz_{\psi_2,\psi_{pt}}$
ID(ψ_3)	$st_{\psi_3,\psi_{pt}}$	$sz_{\psi_3,\psi_{pt}}$
...	...	...

Legende

$st_{\psi_i,\psi_{pt}}$ Strukturstufe ***st*** von Kostenträger $\psi_i \in \Psi$ in übergeordnetem Kostenträger $\psi_{pt} \in \Psi$

$sz_{\psi_i,\psi_{pt}}$ Stückzahl ***sz*** von Kostenträger $\psi_i \in \Psi$ in übergeordnetem Kostenträger $\psi_{pt} \in \Psi$

Beispielhafte Darstellung (Ausschnitt):

ID	Strukturstufe	Stückzahl
PV-ID-01	0	1
K-ID-02	1	5
K-ID-03	1	2
K-ID-02	2	6
K-ID-04	2	10
K-ID-05	3	5
PV-ID-21	0	1
K-ID-06	1	5
K-ID-05	2	15
K-ID-07	1	8
K-ID-08	2	10
K-ID-05	3	7

Die Zusammenhänge der Kostenträger lassen sich anhand eines Gozintograph (vgl. Kapitel 2.2.3.1) veranschaulichen und anhand der Überführung in einen Graphen für die numerische Analyse vorbereiten (siehe Abbildung 5-2).

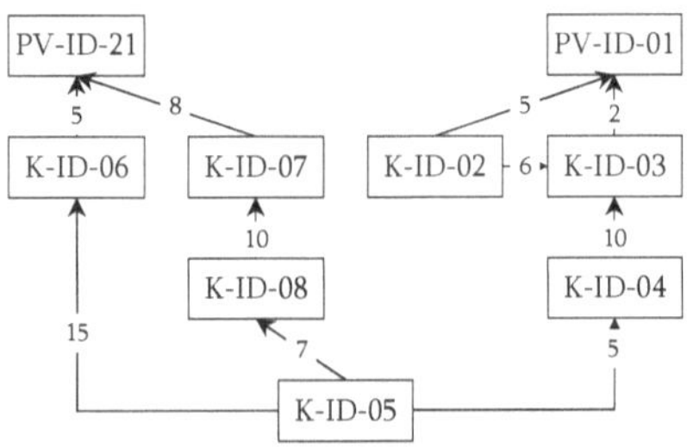

Abbildung 5-2: Gozintograph für betrachtetes Fallbeispiel

[461] Vgl. Deutsches Institut für Normung (1977) - Begriffe im Zeichnung- und Stücklistenwesen, S. 8.

Neben der Zusammensetzung der Kostenträger sind die jeweils produzierten Stückzahlen sowie die jeweiligen Einzelkosten pro Stück für die Kostenkalkulation nach den Prinzipien der mehrstufigen Divisionskalkulation relevant. Die Dokumentation der innerhalb der initial definierten Periode produzierten Stückzahlen $s_{pd}(\psi)$ sowie der jeweiligen Einzelstückkosten $ek(\psi)$ eines Kostenträgers $\psi \in \Psi$ erfolgt in einer gemeinsamen Vorlage (siehe Tabelle 5-3).

In diesem Abschnitt erfolgte die Selektion der für die im Kontext dieser Arbeit relevanten Informationen in Bezug auf die Beschreibung der Produktvarianten aus interner Perspektive. Gemeinsam mit der in Kapitel 5.1.1 entwickelten Beschreibung aus externer Perspektive lässt sich somit das Produktportfolio gesamtheitlich beschreiben und für die Anwendung von Datenanalyse verfügbar machen.

Tabelle 5-3: Dokumentation produzierter Stückzahlen und Einzelkosten der Kostenträger

Allgemeine Darstellung:

ID	Stückzahl produziert	Einzelkosten/ Stück
ID(ψ_1)	$s_{pd}(\psi_1)$	$ek(\psi_1)$
ID(ψ_2)	$s_{pd}(\psi_2)$	$ek(\psi_2)$
...	...	...
ID(ψ_P)	$s_{pd}(\psi_P)$	$ek(\psi_P)$

Legende

$s_{pd}(\psi)$	Produzierte Stückzahl s_{pd} von Kostenträger $\psi \in \Psi$
$ek(\psi)$	Einzelkosten ek von Kostenträger $\psi \in \Psi$

Beispielhafte Darstellung (Ausschnitt):

ID	Stückzahl produziert	Einzelkosten/ Stück
PV-ID-01	1.500	25.000 €
PV-ID-21	500	35.000 €
K-ID-02	27.500	10 €
K-ID-03	3.500	7,50 €
K-ID-04	35.000	6,30 €
K-ID-05	480.000	0,25 €
K-ID-06	4.000	500 €
K-ID-07	5.000	750 €
K-ID-08	45.000	17,5 €

In den letzten beiden Arbeitsschritten wurden die durch den Anwender zu definierenden Informationen und deren Strukturen in Bezug auf die externe und interne Perspektive auf die Produktvarianten beschrieben. Hierauf aufbauend erfolgt im nächsten Kapitel die Integration der Perspektiven zu einer gesamtheitlichen Beschreibung der Produktvarianten sowie die Transformation der Informationen zur Anwendung von Process Data Mining.

5.1.3 Produktvarianten zur Anwendung von Process Data Mining

Nachdem die Produktvarianten aus externer und interner Perspektive beschrieben wurden, erfolgt in diesem Kapitel die Transformation der Informationen zur Anwendung von Process Data Mining. Hierzu werden die externe und interne Beschreibungsdimension zunächst integriert, indem ein Datenmodell zur ganzheitlichen Repräsentation der Informationen entwickelt wird. Basierend auf der integrierten Beschreibung erfolgt die Berechnung weiterer, für die Ermittlung und verursachungsgerechte Zuordnung von Prozesskosten relevanten Informationen.

5.1.3.1 Integration der externen und internen Perspektive

Nachdem die externe und interne Perspektive auf Produktvarianten beschrieben wurden, erfolgt in diesem Kapitel die Integration der externen und internen Perspektive sowie die Abbildung der Informationen in einem gemeinsamen Datenmodell. Anhand des Datenmodells wird die Anwendung von Process Data Mining ermöglicht.[462] Für die Wahl der im Kontext dieser Arbeit passenden Methode zur Datenmodellierung erfolgt zunächst eine Diskussion möglicher Methoden sowie die Auswahl der für die Datenmodellierung anzuwendenden Methode.

GAUSEMEIER ET AL. beschreiben ein Produktmodell in Matrixdarstellung,[463] welches die direkte Verknüpfung der Kundenanforderungen mit den entsprechenden Bauteilen, Prozessen und Ressourcen ermöglicht. Diese Modellierungsweise ist zwar intuitiv und leicht zu verstehen, KISSEL stellt allerdings heraus, dass matrixbasierte Modellierungssprachen bereits bei geringem Komplexitätsgrad unübersichtlich und eingeschränkt in der Darstellungsweise sind.[464] Der Komplexitätsgrad der in dieser Arbeit abzubildenden Strukturen ist aufgrund der Verknüpfung der Domäne Produkt, Prozess und Ressourcen sowie der Quantifizierung der Zusammenhänge als hoch einzustufen. Daher erfolgt die Modellierung des Datenmodells in Anlehnung an KISSEL[465] anhand der UML.

Das Datenmodell der Produktvarianten, welches die externe und interne Perspektive abbildet und die dazugehörigen Informationen und Zusammenhänge enthält, ist in Abbildung 5-3 dargestellt und wird im Folgenden erläutert.

---

[462] Vgl. Wedekind et al. (1998) - Modellierung , Simulation, Visualisierung, S. 265.
[463] Vgl. Gausemeier et al. (2012) - Produkte und Produktionssysteme integrativ konzipieren, S. 141.
[464] Vgl. Kissel (2014) - Mustererkennung in komplexen Produktportfolios, S. 83f.
[465] Vgl. Kissel (2014) - Mustererkennung in komplexen Produktportfolios, S. 99.

Die abzubildenden Informationen und Zusammenhänge der externen und internen Perspektive ergeben sich aus den vorhergehenden Arbeitsschritten. Vor dem Hintergrund der Kostenrechnung erfolgt die allgemeine Repräsentation der Produktvarianten und Produktstrukturelemente anhand der Klasse Kostenträger, welche zum Zwecke der Bewertung von Produktvarianten spezialisiert und erweitert werden kann. Das Datenmodell beinhaltet sämtliche Attribute, die anhand der in den vorhergehenden Abschnitten eingeführten Dokumentationen spezifiziert werden können.

Das Produktportfolio (Klasse *Produktportfolio*) ergibt sich als Gesamtheit der Produktvarianten (Klasse *Produktvariante*), wobei ein Produktportfolio aus mindestens einer Produktvariante besteht und jede Produktvariante einem Produktportfolio zugeordnet ist. Einer jeden Produktvariante ist der jeweilige Preis (Attribut *price*) mit der dazugehörigen Währung (Attribut *currency*) zuzuordnen.

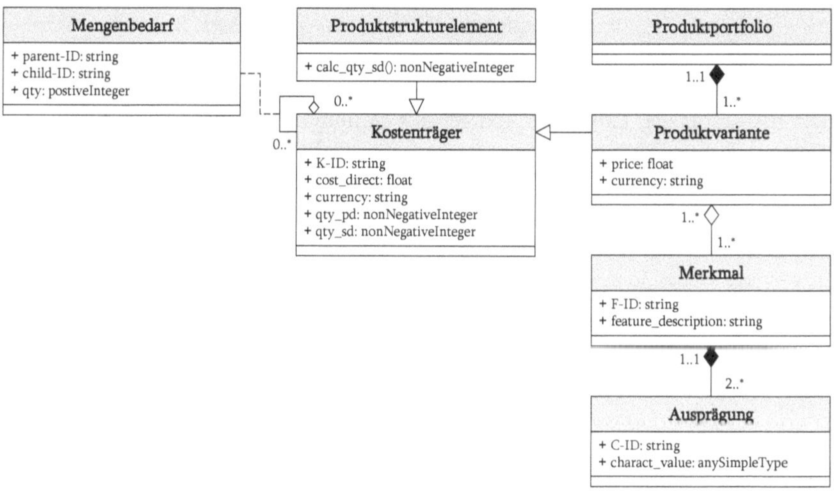

Abbildung 5-3: Datenmodell der Produktvarianten

Die modellbasierte Abbildung der Produktvarianten aus externer Perspektive erfolgt in Anlehnung an GEMBRYS[466] über die Zuordnung von Merkmalen (Klasse *Merkmal*) und Ausprägungen (Klasse *Ausprägung*). Einer Produktvariante ist dabei mindestens

[466] Vgl. Gembrys (1998) - Modell zur Reduzierung der Variantenvielfalt, S. 52ff.

ein Merkmal zugeordnet und ein Merkmal besteht aus mindestens zwei Ausprägungen. Weiterhin ist jedes Merkmal mindestens einer Produktvariante, jede Ausprägung genau einem Merkmal zugeordnet. Jedes Merkmal ist durch eine eindeutige Identifikationsnummer (Attribut *F-ID*) und eine beschreibende Benennung (Attribut *feature_description*), jede Ausprägung durch eine eindeutige Identifikationsnummer (Attribut *C-ID*) und einen Ausprägungswert (Attribut *charact_value*) bestimmt. Diese Beziehungen lassen sich vollständig aus der Dokumentation der Produktvarianten aus externer Perspektive bestimmen und anhand des Datenmodells abbilden.

Eine Produktvariante verbindet die externe und interne Perspektive und ist ein spezieller Kostenträger. Ein Kostenträger (Klasse *Kostenträger*) bildet das zentrale Element des Datenmodells der Produktvarianten, da hierüber externe und interne Perspektive auf die Produktvarianten vereint und generalisiert wird. Einem jeden Kostenträger ist eine Identifikationsnummer (Attribut *K-ID*) sowie weitere relevante Informationen zugeordnet. Diese sind die jeweiligen Einzelstückkosten (Attribut *cost_direct*) sowie die entsprechende Währung (Attribut *currency*), die produzierte Stückzahl (Attribut *qty_pd*) und die abgesetzte Stückzahl (Attribut *qty_sd*). Die abgesetzten Stückzahlen der Produktvarianten (siehe Kapitel 5.1.1.2) sowie die produzierten Stückzahlen aller Kostenträger (siehe Kapitel 5.1.2) ergeben sich unmittelbar aus den entsprechenden Dokumentationen. Die abgesetzten Stückzahlen aller Kostenträger können anhand der Zusammensetzungen der Kostenträger berechnet werden. Die modellbasierte Abbildung der Zusammensetzung aller Kostenträger bildet den Kern der internen Perspektive und erfolgt in Anlehnung an KISSEL[467]. Hierzu wird erfasst, welcher Kostenträger in welcher Menge in einen anderen eingeht (Assoziationsklasse *Mengenbedarf*). Hierfür wird für jede Assoziation zwischen je zwei Kostenträgern die Identifikationsnummer des übergeordneten Kostenträgers (Attribut *parent-ID*) und des einfließenden Kostenträgers (Attribut *child-ID*) sowie die jeweilige Stückzahl (Attribut *qty*) abgebildet.

Neben der Produktvariante ist ein Produktstrukturelement (Klasse *Produktstrukturelement*) ein spezieller Kostenträger. Für eine möglichst verursachungsgerechte Kostenzuordnung sind die abgesetzten Stückzahlen der Produktstrukturelemente aus den mengenmäßigen Zusammenhängen zu berechnen (Methode *calc_qty_sd()*). Die Berechnungsvorschrift der Methode wird in Kapitel 5.1.3.2 erläutert.

Anhand des Datenmodells lassen sich vom Anwender dokumentierten Informationen in Bezug auf die externe und interne Perspektive der Produktvarianten strukturiert

[467] Vgl. Kissel (2014) - Mustererkennung in komplexen Produktportfolios, S. 101.

anhand von XML erfassen und für die Anwendung von Process Data Mining beschreiben (siehe Kapitel 2.4.1.5). Hierbei ist für jedes dokumentierte Element ein entsprechendes Objekt aus den Klassen des Datenmodells mit den dazugehörigen Attributen abzuleiten und die jeweiligen Verknüpfungen zu weiteren Objekten zu definieren. Im nächsten Kapitel werden basierend auf den beschriebenen Daten Vorbereitungen für die Ermittlung und verursachungsgerechte Zuordnung von Prozesskosten erarbeitet.

5.1.3.2 Vorbereitungen zur Prozesskostenermittlung und -zuordnung

Nachdem Produktvarianten anhand eines Datenmodells für die Anwendung von Process Data Mining beschrieben wurden, erfolgt in diesem Abschnitt die Überführung der Informationen zur Ermittlung und verursachungsgerechten Zuordnung varianteninduzierter Prozesskosten.

Zunächst wird mit der Direktbedarfsmatrix (siehe Kapitel 2.2.3.1) eine elementare Grundlage zur verursachungsgerechten Kostenzuordnung über alle Stufen der Produktstruktur eingeführt. Die Direktbedarfsmatrix DBM ist quadratisch und es gilt $DBM = (sz_{i,j}) \in \mathbb{R}^{PxP}$, wobei spalten- und zeilenweise die identische Sequenz der Kostenträger sicherzustellen ist (siehe Abbildung 5-4).

Allgemeine Darstellung:

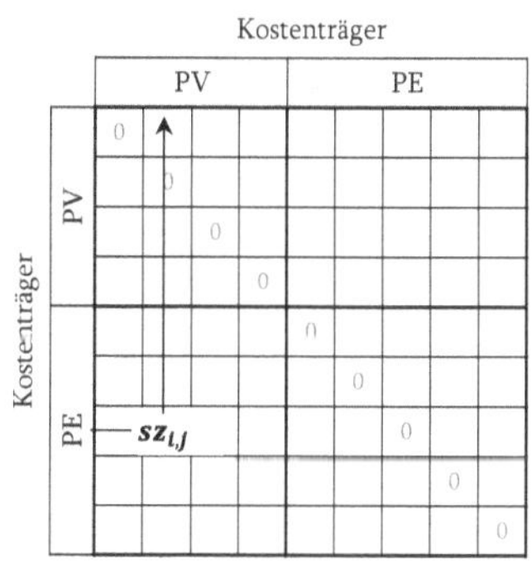

Beispielhafte Darstellung (Ausschnitt):

	PV-ID-01	PV-ID-21	K-ID-02	K-ID-03	K-ID-04	K-ID-05	K-ID-06	K-ID-07	K-ID-08
PV-ID-01	0	0	0	0	0	0	0	0	0
PV-ID-21	0	0	0	0	0	0	0	0	0
K-ID-02	5	0	0	6	0	0	0	0	0
K-ID-03	2	0	0	0	0	0	0	0	0
K-ID-04	0	0	0	10	0	0	0	0	0
K-ID-05	0	0	0	0	5	0	15	0	7
K-ID-06	0	5	0	0	0	0	0	0	0
K-ID-07	0	8	0	0	0	0	0	0	0
K-ID-08	0	0	0	0	0	0	0	10	0

Legende

$sz_{i,j}$ Stückzahl sz von Kostenträger $i \in \Psi$ in Kostenträger $j \in \Psi,\ i \neq j$

Abbildung 5-4: Direktbedarfsmatrix der Kostenträger

Anhand der Direktbedarfsmatrix sowie dem Primärbedarf an Produktvarianten, d. h. den jeweils abgesetzten Stückzahlen, lässt sich unmittelbar die Absatzmenge eines jeden Produktstrukturelements bestimmen. Diese Berechnung entspricht der Methode „calc_qty_sd()“ der Klasse Produktstrukturelement.

Zunächst wird zur Berechnung der Primärbedarfsvektor $\vec{s}_{pr} \in \mathbb{R}^P$ gebildet, welcher die Stückzahlen der jeweils abgesetzten Kostenträger enthält. Abgesetzt werden im Kontext dieser Arbeit ausschließlich Produktvarianten, sodass der Primärbedarfsvektor unmittelbar aus der Dokumentation in Kapitel 5.1.1.2 anhand der abgesetzten Stückzahlen $s_{sd}(pv), pv \in PV$ gebildet werden kann. Aus der Direktbedarfsmatrix und dem Primärbedarfsvektor ergeben sich die abgesetzten Stückzahlen aller Kostenträger anhand des Bruttobedarfsvektors zu:[468]

$$\vec{s}_{sd} = (I - DBM)^{-1} \cdot \vec{s}_{pr} \tag{5.1}$$

mit

$\vec{s}_{sd}$	$\in \mathbb{R}^P$,	Bruttobedarfsvektor aller Kostenträger
I	$\in \mathbb{R}^{PxP}$,	Einheitsmatrix
DBM	$\in \mathbb{R}^{PxP}$,	Direktbedarfsmatrix der Kostenträger
$\vec{s}_{pr}$	$\in \mathbb{R}^{PxP}$,	Primärbedarfsvektor

Die abgesetzten Stückzahlen eines Kostenträgers $s_{sd}(\psi), \psi \in \Psi$ entsprechen dem Attribut „**qty_sd**“ der Klasse Kostenträger.

Zusammenfassend erfolgt in diesem Kapitel eine strukturierte Beschreibung von Produktvarianten für die Anwendung von Process Data Mining. Das Beschreibungsmodell bietet dem Anwender die Möglichkeit, Daten bzgl. der Produktvarianten unter Verwendung einfacher, tabellenbasierter Strukturen anzugeben und automatisiert in ein modellbasiertes, maschinenlesbares Format zu übertragen. Während die in diesem Kapitel beschriebenen Kostenträger die Bezugsobjekte der Kosten darstellen, sind Unternehmensressourcen die Kostenquellen. Zur Quantifizierung der durch einen Kostenträger konsumierten Ressourcen erfolgt im nächsten Kapitel die Beschreibung der Unternehmensressourcen sowie der dazugehörigen Kosten zur Anwendung im Kontext von Process Data Mining.

---

[468] Vgl. Dyckhoff und Spengler (2010) - Produktionswirtschaft, S. 259ff.

5.2 Beschreibung von Unternehmensressourcen

Nach der Beschreibung der Domäne der Produktvarianten erfolgt in diesem Kapitel Beschreibung der Domäne der Ressourcen. Ziel ist es hierbei, die Ermittlung von Prozesskosten durch die Anwendung von Process Data Mining zu ermöglichen. Daher wird in diesem Kapitel die folgende Forschungsfrage beantwortet:

> Wie lassen sich Unternehmensressourcen zur Prozesskostenermittlung mittels Process Data Mining beschreiben?

Zur Beantwortung der Forschungsfrage werden zunächst die für die Ermittlung varianteninduzierter Prozesskosten relevanten Unternehmensressourcen identifiziert (siehe Kapitel 5.2.1). Hierauf basierend wird beschrieben, wie die Kostensätze der Unternehmensressourcen zu berechnen und zu dokumentieren sind (siehe Kapitel 5.2.2). Für die Anwendung von Process Data Mining erfolgt abschließend eine Transformation der prozesskostenrelevanten Informationen der Domäne der Unternehmensressourcen in ein Datenmodell (siehe Kapitel 5.2.3).

5.2.1 Prozesskostenrelevante Unternehmensressourcen

Im ersten Schritt werden in diesem Kapitel die Prozesskostenermittlung relevanten Unternehmensressourcen aus einem Abgeich wissenschaftlicher und praxisbezogener Ansätze identifiziert (siehe Abbildung 5-5).

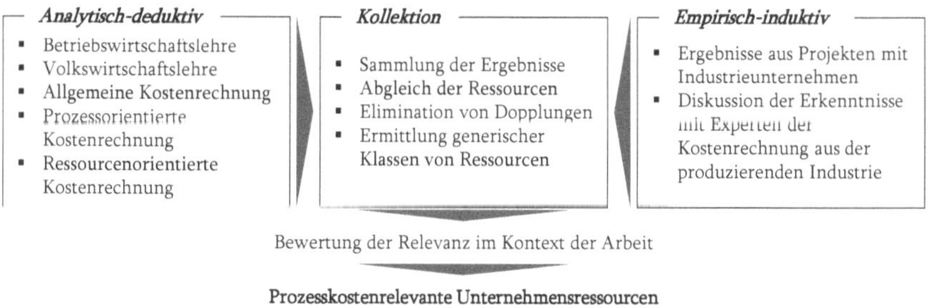

Abbildung 5-5: Vorgehen zur Ermittlung prozesskostenrelevanter Unternehmensressourcen

Dies erfolgt einerseits analytisch-deduktiv aus einer umfassenden Betrachtung wissenschaftlicher Ansätze der Betriebs- und Volkswirtschaften sowie der Kostenrechnung im Allgemeinen und der prozess- bzw. ressourcenorientierten Kostenrechnung im

Speziellen. Darüber hinaus werden die Erkenntnisse empirisch-induktiv mit in der industriellen Praxis relevanten Unternehmensressourcen abgeglichen und die Erkenntnisse der analytisch-deduktiven Analyse ggf. vervollständigt. Hieraus ergeben sich jeweils relevante Unternehmensressourcen, welche aggregiert, verglichen und um Duplikate bereinigt werden. Schließlich werden die Unternehmensressourcen anhand generischer Klassen definiert und die Relevanz der jeweiligen Ressourcen im Kontext dieser Arbeit bewertet. Aus der Bewertung und Selektion ergeben sich diejenigen Unternehmensressourcen, die für die Prozesskostenermittlung mittels Process Data Mining zu berücksichtigen sind. In den folgenden Abschnitten werden analytisch-deduktiv die relevanten Unternehmensressourcen aus wissenschaftlicher Sicht hergeleitet und um die praxisrelevanten Unternehmensressourcen ergänzt.

In einer betriebswirtschaftlichen Betrachtung differenziert GUTENBERG grundlegend menschliche Arbeitsleistung, Betriebsmittel und Werkstoffe als allgemeine Produktionsfaktoren. Die menschlichen Arbeitsleistungen werden weiter in objektbezogene, d. h. unmittelbar mit der Leistungserstellung in Zusammenhang stehende, und dispositive, d. h. mit der Leitung und Lenkung der Betriebsabläufe in Zusammenhang stehende, Tätigkeiten unterteilt.[469] Eine detailliertere Betrachtung gibt Aufschluss über die damit zusammengefassten Ressourcentypen. So sind die der menschlichen Arbeitsleistung zuzuordnenden Kosten lediglich Personalkosten. Unter Betriebsmitteln werden alle Grundstücke, Gebäude, Maschinen, innerbetriebliche Fördermittel, Werkzeuge, Vorrichtungen, Werkstatt- und Büroeinrichtung sowie Geräte, Anlagen, Modelle, Muster und Kraftfahrzeuge, sofern für die Leistungserstellung erforderlich, zusammengefasst. Als Werkstoffe werden alle Rohstoffe, Halb- und Fertigfabrikate bezeichnet.[470]

Diese Unterteilung wird von KILGER ET AL. aufgegriffen und es wird eine erste Differenzierung nach der Zuordenbarkeit der jeweiligen Kosten vorgenommen. So werden neben den Einzelmaterialkosten die Personalkosten der Primärkostenstellen (Einzellohnkosten) direkt zugeordnet. Sonstige Primärkosten, wie z. B. Personalkosten in der Forschung, Entwicklung, Konstruktion, dem Einkauf oder dem Vertrieb, lassen sich nur über entsprechende Systeme, in denen die bezugsgrößenproportionale Beanspruchung der Ressourcen erfasst wird, direkt zuordnen. Zur eindeutigen Identifikation der „sonstigen Primärkosten" werden diese im weiteren Verlauf der Arbeit als Quasi-

[469] Vgl. Gutenberg (1971) - Grundlagen der Betriebswirtschaftslehre, S. 3f.
[470] Vgl. Gutenberg (1971) - Grundlagen der Betriebswirtschaftslehre, S. 11ff.

primärkosten bezeichnet. Für die Kosten der Sekundärkostenstellen, wie z. B. Raumkosten, Instandhaltungskosten, Energiekosten etc. müssen eigene Bezugsgrößen definiert und auf aktivitätendurchführende Ressourcen umgelegt werden, deren Kosten wiederum direkt einem Kostenträger zuordenbar sind. So ergeben sich mehrstufige Verrechnungssysteme, anhand derer ein möglichst umfangreicher Anteil der Kosten verursachungsgerecht den entsprechenden Kostenträgern zugeordnet werden kann.[471]

In Anlehnung an die von GUTENBERG postulierten Grundtypen der Produktionsfaktoren führt SCHUH eine Untersuchung der für die ressourcenorientierte Prozesskostenrechnung maßgeblich relevanten Unternehmensressourcen durch. So ergeben sich die Ressourcen Kapital, Personal, Maschinen, Gebäude und aufgrund der zunehmenden Bedeutung in der Produktionstechnik EDV.[472]

Während die ressourcenorientierte Prozesskostenrechnung ein über alle Unternehmensbereiche anzuwendendes Kostenrechnungsverfahren ist, stellen HORVÁTH UND MAYER heraus, dass prozessorientierte Kostenrechnungsverfahren insbesondere zu einer Steigerung der Verursachungsgerechtheit von Quasiprimärkosten beitragen. Im Rahmen der Prozesskostenrechnung werden also schwerpunktmäßig Personal- und Personalnebenkosten indirekter Leistungsbereiche, die bis zu 70% der Gesamtkosten ausmachen, einbezogen.[473] Der Anteil der Personal- und Personalnebenkosten an den Gesamtkosten wird in einer Studie von HORSCH belegt: hinter den Materialkosten (Rohstoffe, Zuliefererteile, Hilfsstoffe), die im Mittel 60,7% der Gesamtkosten ausmachen, liegen die Personalkosten mit durchschnittlich 20,3% an zweiter Stelle.[474] Im Rahmen der Prozesskostenrechnung werden Kosten für Büro, Raum, Softwarelizenzen sowie Abschreibungen bzw. Mieten von Anlagen und logistischen Einrichtungen berücksichtigt.[475]

SCHUSTER identifiziert die für die Prozessmodellierung relevanten Ressourcen anhand der Prozessbeteiligung in aktive und passive Ressourcen. Aktive Ressourcen sind bspw. Maschinen und menschliche Arbeitskräfte, da diese die Abarbeitung von Aufgaben beeinflussen oder selbst durchführen. Passive Ressourcen sind bspw. Grundstücke und Gebäude, da diese zwar zur Leistungserstellung erforderlich sind, allerdings keine aktive Leistung im Sinne der Aufgabenbeeinflussung oder -durchführung aufweisen.[476]

---

471 Vgl. Kilger et al. (2012) - Flexible Plankostenrechnung, S. 197ff.
472 Vgl. Schuh (1989) - Gestaltung und Bewertung von Produktvarianten, S. 113.
473 Vgl. Horváth und Mayer (1995) - Konzeption und Entwicklungen der Prozeßkostenrechnung, S. 68.
474 Vgl. Horsch (2020) - Kostenrechnung, S. 46.
475 Vgl. Horváth und Mayer (1995) - Konzeption und Entwicklungen der Prozeßkostenrechnung, S. 68.
476 Vgl. Schuster (2012) - Ressourcen in Geschäftsprozessen, S. 37.

Insgesamt wird bei den für Geschäftsprozesse relevanten Ressourcen zwischen Maschinenressourcen, Materialressourcen, gegenstandslosen Ressourcen und Humanressourcen unterschieden.[477]

Eine ähnliche Konzentration der Kosten auf die prozessdurchführenden Ressourcen wird von KAPLAN UND ANDERSON vorgeschlagen, um gleichermaßen die prozessorientierte Kostenermittlung sowie eine möglichst umfassende Kostenzuordnung zu erreichen. So werden die Kosten für Personal, Ausrüstung, Hilfsstoffen, Betriebsmitteln und Anlagen einerseits den unterstützenden Bereichen, d. h. Personalabteilung, Buchhaltung, Informationssystemen, und andererseits den operativen Bereichen, d. h. Entwicklung, Produktion, Vertrieb, Einkauf und Verkauf, zugeordnet. Die Kosten der unterstützenden Bereiche werden zunächst den operativen Bereichen und anschließend gesammelt anhand zeitorientierter Bezugsgrößen den Kostenträgern zugeordnet.[478]

Die sich aus der Literatur ergebenden Ressourcen wurden im Rahmen der Erarbeitung dieser Arbeit anhand von Befragungen und Diskussionen mit Experten aus der produzierenden Industrie sowie einem Abgleich mit Industrieprojekten im Bereich der ressourcenorientierten Prozesskostenrechnung auf deren Praxistauglichkeit hin geprüft. Eine zentrale Erkenntnis ist, dass in der Praxis besondere Schwierigkeiten in der innerbetrieblichen Leistungsverrechnung und den kostenbezogenen Implikationen aus der gegenseitigen Ressourcenbeanspruchung bestehen. So werden sowohl im Rahmen der prozessorientierten als auch der ressourcenorientierten Kostenrechnung häufig allgemeine Kostensätze für Ressourcen verwendet, da die Detaillierung der Ressourcenkostensätze extrem hohe Aufwände zur Folge hätte. Nichtsdestotrotz wurde die Notwendigkeit einer solchen innerbetrieblichen Leistungsverrechnung auf die prozessdurchführenden und an der betrieblichen Leistungserstellung unmittelbar beteiligten Ressourcen hervorgehoben. Diese Anforderung soll in der weiteren Erarbeitung Rechnung getragen werden. Weitere, über die bereits erläuterten Ressourcen hinausgehenden und für die Kostenrechnung erforderliche oder relevante Ressourcentypen wurden im Rahmen der empirisch-induktiven Analyse nicht identifiziert.

Wie bereits aus der Vorstellung und Diskussion bestehender Ansätze ersichtlich (siehe Kapitel 3.2.3), wird die verursachungsgerechte Zuordnung der Kosten direkter Leis-

[477] Vgl. Schuster (2012) - Ressourcen in Geschäftsprozessen, S. 72.
[478] Vgl. Kaplan und Anderson (2007) - Time-Driven Activity-Based Costing, S. 45ff.

tungsbereiche, z. B. durch die flexible Plankostenrechnung, bereits hinreichend adressiert.[479] Im Rahmen dieser Arbeit erfolgt in Anlehnung an prozessorientierte Kostenrechnungsverfahren daher eine Fokussierung auf die Quasiprimär- und Sekundärkosten, die nicht direkt oder nur mit äußerst hohem Aufwand und dabei geringer Genauigkeit und Zuverlässigkeit den verursachenden Kostenträgern zugeordnet werden können. In Anlehnung an KAPLAN UND ANDERSON wird hierbei auf die explizite Berücksichtigung von Kapitalkosten verzichtet, da der Aufwand zur Erfassung und bezugsgrößenproportionalen Zuordnung zu aktivitätendurchführenden Ressourcen einen nicht automatisierbaren, hohen manuellen Aufwand darstellt.[480] Die Kapitalkosten finden dennoch bei der Berechnung der Ressourcenkostensätze in Form kalkulatorischer Abschreibungen und Zinsen Beachtung. Insgesamt werden somit die Personalressourcen, die IT-Ressourcen und die Gebäuderessourcen als prozesskostenrelevante Unternehmensressourcen identifiziert (siehe Abbildung 5-6).

Prozesskostenrelevante Unternehmensressourcen	**Bezeichnung:** Quelle
Personalressource	**Personal**: Schuh (1989), S. 115; **Menschliche Arbeitsleistung**: Gutenberg (1972), S. 11; **Personal, Personalnebenkosten**: Horváth und Mayer (1995), S. 68; Dierkes (1998), S. 33; **„Personell"**: Kaplan und Anderson (2007), S. 45; **Personal**: Kilger (2012), S. 297; **„Human Resource"**: Schuster (2012) S. 69; Horsch (2020), S. 58
IT-Ressource	**EDV**: Schuh (1989), S. 115; **Softwarelizenzkosten**: Horváth und Mayer (1995), S. 68; **„Information Systems"**: Kaplan und Anderson (2007), S. 45; **„Insubstantial Resource"**: Schuster (2012), S. 70
Gebäuderessource	**Gebäude**: Schuh (1989), S. 115; **Grundtücke, Gebäude**: Gutenberg (1972), S. 71; **Bürokosten, Raumkosten, Abschreibung logistischer Einrichtungen**: Horváth und Mayer (1995), S. 68; **„Facilities"**: Kaplan und Anderson (2007), S. 45; **Gebäude**: Kilger (2012), S. 117; **Gebäude**: Horsch (2020), S. 6

Abbildung 5-6: Prozesskostenrelevante Unternehmensressourcen

Für die in diesem Abschnitt identifizierten Unternehmensressourcen gilt es im nächsten Schritt die entsprechenden Kostensätze zu ermitteln, anhand derer die Ermittlung von Prozesskosten sowie deren verursachungsgerechte Zuordnung ermöglicht wird.

5.2.2 Kostensätze der Unternehmensressourcen

Nach der Identifikation der für die Prozesskostenermittlung relevanten Unternehmensressourcen werden in diesem Kapitel ein Vorgehen zur Ermittlung der ressourcenspezifischen Kostensätze entwickelt. Die Kostensätze sind für die Ermittlung der

---

[479] Vgl. Dierkes (1998) - Planung und Kontrolle von Prozeßkosten, S. 23f.

[480] Kaplan und Anderson (2007) - Time-Driven Activity-Based Costing, S. 44.

Prozesskosten nach den Prinzipien des TDABC erforderlich, um aus der zeitlichen Beanspruchung der Ressourcen Kosten zu berechnen. Hierfür ist die verursachungsgerechte Zuordnung der Kosten quasiprimärer und sekundärer Leistungsbereiche auf diejenigen Ressourcen erforderlich, die unmittelbar mit der Leistungserstellung (Kostenträgern) in Zusammenhang stehende Aktivitäten durchführen.[481] Daher erfolgt in diesem Arbeitsschritt zunächst eine Bewertung der Ressourcen hinsichtlich der Fähigkeit, Aktivitäten durchzuführen sowie der Mittelbarkeit des Zusammenhangs mit der Leistungserstellung. Hieraus ergeben sich die für die Prozesskostenermittlung abzubildenden Zusammenhänge. Anschließend wird eine Methodik entwickelt, anhand derer die Ressourcenkostensätze ermittelt werden. Die hierfür erforderlichen Informationen werden anschließend aus einer betriebswirtschaftlichen Kostenbetrachtung hergeleitet.

5.2.2.1 Kostenrelevante Zusammenhänge der Unternehmensressourcen

Das Ziel dieses Schrittes ist die Ermittlung der relevanten Zusammenhänge der identifizierten Unternehmensressourcen. Hierdurch soll einerseits eine möglichst umfangreiche Zuordnung aller Kosten zu denjenigen Unternehmensressourcen gewährleistet werden, deren Beanspruchung in PAIS erfassbar sind. Andererseits soll eine möglichst verursachungsgerechte Zuordnung sämtlicher Kosten zu den Kostenträgern ermöglicht werden. Hierfür sind insbesondere Kosten derjenigen Ressourcen, die keine operativen Aktivitäten durchführen (passive Ressourcen) oder nicht unmittelbar an der Leistungserstellung beteiligt sind (dispositive Ressourcen) denjenigen Ressourcen zuzuordnen, die operative Aktivitäten durchführen (aktive Ressourcen) und unmittelbar an der Leistungserstellung beteiligt sind (objektbezogene Ressourcen). Somit können Kostensätze für aktive und objektbezogene Ressourcen berechnet werden, die die Kosten der nicht in PAIS erfassbaren Unternehmensressourcen beinhalten.

Zur Ermittlung der Zusammenhänge erfolgt zunächst eine differenzierte Betrachtung der in Kapitel 5.2.1 identifizierten Ressourcen anhand von zwei Leitfragen. Die Bewertung der Ressourcen hinsichtlich deren Aktivitätendurchführung erfolgt anhand folgender Leitfrage:

1. Beeinflusst die Ressource Aktivitäten oder führt diese durch?

Durch die Differenzierung der Ressourcen anhand dieser Leitfrage wird geprüft, ob die kostenrelevante Ressource an der Prozessdurchführung aktiv beteiligt ist und die Ak-

[481] Vgl. Sonnenberg und vom Brocke (2014) - The missing link between BPM and accounting, S. 226.

tivitäten damit in PAIS erfassbar sind. Ressourcen, die nicht aktiv an der Prozessdurchführung beteiligt sind, führen keine operativen Aktivitäten durch, was dazu führt, dass die Beanspruchung dieser Ressourcen nicht in Prozessdaten ersichtlich ist. Die Kosten der passiven Ressourcen sind folglich verursachungsgerecht auf die aktiven Ressourcen zu verteilen, sodass deren Kosten wiederum verursachungsgerecht den Kostenträgern zugeordnet werden können.

Die zweite Leitfrage soll prüfen, ob die jeweilige Ressource einen direkten Bezug zur Leistungserstellung aufweist. Dies erfolgt anhand folgender Leitfrage:

2. Steht die Ressource in unmittelbarem Zusammenhang mit der Erstellung von Kostenträgern?

Die Prüfung der Mittelbarkeit des Zusammenhangs einer Ressource mit der Leistungserstellung stellt sicher, dass die Beanspruchungen der prozesskostenrelevanten Unternehmensressourcen den konsumierenden Kostenträgern aufgrund des unmittelbaren Zusammenhangs zugeordnet werden können. Die Beanspruchung mittelbar mit der Produkterstellung zusammenhängender, d. h. indirekter, Ressourcen kann in Prozessdaten zwar erfasst, aber nicht in direkten Zusammenhang mit Kostenträgern gebracht werden. Aufgrund der Zuordenbarkeit der Kosten primärer Ressourcen als Einzelkosten werden weiterhin ausschließlich die quasiprimären und sekundären Ressourcen betrachtet. Die Kosten der sekundären Ressourcen sind daher verursachungsgerecht auf die quasiprimären Ressourcen zu verteilen. Im Folgenden werden die prozesskostenrelevanten Unternehmensressourcen hinsichtlich der zwei Leitfragen diskutiert und entsprechend klassifiziert.

Personalressourcen sind aktive Ressourcen, die in den quasiprimären und sekundären Leistungsbereichen sowohl einen unmittelbaren, objektbezogenen als auch einen mittelbaren, dispositiven Zusammenhang zu der Erstellung von Produkten oder Produktstrukturelementen aufweisen können. Die Kosten der dispositiven Ressourcen sind beanspruchungsproportional den objektbezogenen Personalkosten zuzuordnen. Ferner können Personalressourcen für Gebäude und IT-Ressourcen (z. B. Wartung o.ä.) beansprucht werden, sodass die hierfür entstehenden Kosten den jeweiligen Ressourcen zuzuordnen sind. IT-Ressourcen sind aktive Ressourcen, die sowohl in mittelbarem als auch in unmittelbarem Zusammenhang mit der Produkterstellung stehen können. So können IT-Ressourcen zum Management von Personal- oder Gebäuderessourcen genutzt werden und damit dispositiven Charakter aufweisen oder direkt bei der Produkterstellung unterstützen und damit objektbezogen sein. Die Kosten der IT-Ressourcen sind daher beanspruchungsproportional den entsprechenden Ressourcen zuzuordnen. Insgesamt ist also eine gegenseitige Beanspruchung der prozesskostenrelevanten Ressourcen in unterschiedlich hohem Umfang möglich. Die jeweiligen Kosten sind sämtlichen Ressourcen beanspruchungsproportional zuzuordnen, um eine möglichst umfassende Zuordnung der quasiprimären und sekundären Kosten zu ermöglichen. Für die korrekte Formulierung der Zusammenhänge seien zunächst die hierfür relevanten Mengen definiert. Gebäuderessourcen sind passive Ressourcen, die zwar zur Leistungserstellung beitragen, an dieser allerdings nicht direkt beteiligt sind. Die Kosten der Gebäuderessourcen sind demnach beanspruchungsproportional auf die IT- und Personalressourcen zu verteilen. Die Bewertung der prozesskostenrelevanten Unternehmensressourcen anhand der definierten Kriterien (Aktivität, Mittelbarkeit) ist in Abbildung 5-7 zusammenfassend dargestellt.

Ressource	Aktivität	Mittelbarkeit
Personalressource	ja	ja/ nein
IT-Ressource	ja	ja/ nein
Gebäuderessource	nein	nein

Abbildung 5-7: Bewertung prozesskostenrelevanter Unternehmensressourcen

Nachdem die Ressourcen entsprechend der zwei Leitfragen klassifiziert wurden, gilt es im nächsten Schritt die Zusammenhänge und Abhängigkeiten der Ressourcen abzubilden. Hierüber soll eine möglichst umfassende Zuordnung aller Kosten zu den in PAIS erfassbaren Ressourcenbeanspruchungen ermöglicht werden. Für die eindeutige Definition der Zusammenhänge gilt es die jeweiligen Mengen zu definieren. So sei $\Omega \in \mathbb{R}^R$ die Menge aller Unternehmensressourcen mit der Gesamtzahl aller Unternehmensressourcen R. Die Menge aller Unternehmensressourcen besitze die Teilmengen der Personalressourcen $P \in \mathbb{R}^V$ mit der Gesamtzahl an Personalressourcen V, der IT-Ressourcen $T \in \mathbb{R}^W$ mit der Gesamtzahl an IT-Ressourcen W und der Gebäuderessourcen $G \in \mathbb{R}^U$ mit der Gesamtzahl an Gebäuderessourcen U.

Die Abbildung der Zusammenhänge und Abhängigkeiten für die Kostenverteilung erfolgt anhand der Dokumentation der gegenseitigen Ressourcenbeanspruchungen. Zur besseren Übersichtlichkeit und eindeutigen Identifikation wird jeder Unternehmensressource eine eindeutige Ressourcen-Identifikationsnummer (R-ID) zugeordnet. Mittels dieser lässt sich die gegenseitige Beanspruchung in der Ressourcenbedarfsmatrix $RBM = (b_{i,j}) \in \mathbb{R}^{RxR}$ dokumentieren. Die Ressourcenbedarfsmatrix ist symmetrisch und gibt an, in welchem Umfang $b \in \mathbb{R}$ eine Ressource $i \in \Omega$ eine jeweils andere Ressource $j \in \Omega$ beansprucht. Eine Ressource kann sich dabei nicht selbst beanspruchen, d. h. $i \neq j$ (siehe Abbildung 5-8).

Allgemeine Darstellung:

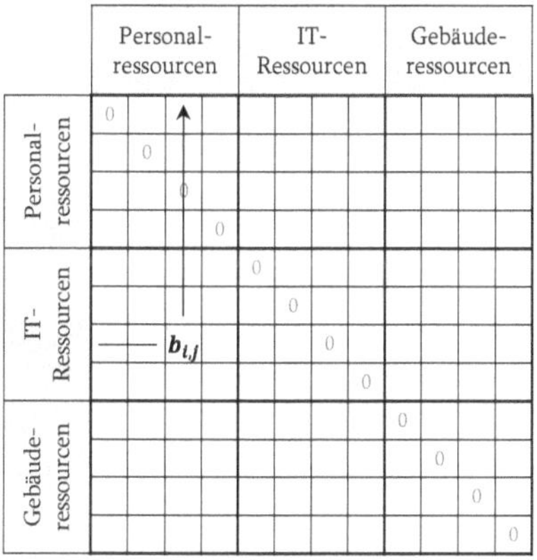

Beispielhafte Darstellung (Ausschnitt):

	R-ID-01	R-ID-02	R-ID-03	R-ID-04	R-ID-05	R-ID-06	R-ID-07	R-ID-08	R-ID-09	R-ID-10	R-ID-11	R-ID-12
R-ID-01	0	0	0	0	0	0	0	0	0	0	0	0
R-ID-02	0	0	0	0	0	25	0	0	10	0	0	0
R-ID-03	0	0	0	0	0	0	0	60	0	0	5	0
R-ID-04	0	0	0	0	0	0	0	0	0	0	0	0
R-ID-05	25	0	5	0	0	0	0	0	0	0	0	0
R-ID-06	0	15	0	0	0	0	0	10	0	0	0	0
R-ID-07	25	0	0	0	5	0	0	0	0	0	0	0
R-ID-08	0	0	0	15	0	0	0	0	0	0	0	0
R-ID-09	5	0	0	0	0	15	0	0	0	0	0	0
R-ID-10	0	0	25	0	5	0	0	0	0	0	0	0
R-ID-11	0	5	0	0	0	0	0	0	0	0	0	0
R-ID-12	0	0	0	0	0	0	0	0	0	0	0	0

Legende

$b_{i,j}$ Umfang b, in dem Ressource $i \in \Omega$ Ressource $j \in \Omega$ beansprucht, $i \neq j$

$[b_{i,j}] = \begin{cases} \text{sec, wenn Personal-oder IT-Ressource beansprucht wird} \\ \text{m}^2\text{, wenn Gebäuderessource beansprucht wird} \end{cases}$

Abbildung 5-8: Dokumentation der Ressourcenbedarfsmatrix

Die gegenseitige Beanspruchung ist entsprechend der jeweils relevanten Beanspruchungsmaße zu dokumentieren. So werden Gebäuderessourcen über die entsprechende Fläche in Quadratmetern beansprucht. Die Beanspruchung von IT- und Personalressourcen erfolgt zeitproportional, d. h. es sind die jeweiligen Beanspruchungsdauern in Sekunden zu dokumentieren.

Aus der gegenseitigen Beanspruchung sowie weiteren, kostenrelevanten Informationen kann der Ressourcenkostensatz einer jeden Ressource ermittelt werden. Die Methodik zur Bestimmung der ressourcenspezifischen Kostensätze wird im nächsten Schritt vorgestellt.

5.2.2.2 Methodik zur Ermittlung der Ressourcenkostensätze

Nachdem die im Kontext dieser Arbeit zu berücksichtigenden Ressourcen identifiziert und deren Zusammenhänge anhand der Ressourcenbedarfsmatrix definiert wurden, erfolgt in diesem Abschnitt die Entwicklung einer Methodik zur Ermittlung der Ressourcenkostensätze. Hierbei werden die gegenseitigen Ressourcenbeanspruchungen und der damit einhergehende Leistungsaustausch berücksichtigt, um die Kosten der dispositiven und passiven Ressourcen bestmöglich auf die objektbezogenen und aktiven Ressourcen zu verteilen. Im Folgenden wird zunächst erläutert, welche Informationen für die Berechnung der Kostensätze erforderlich sind. Aus diesem Informationsbedarf werden nachfolgend die erforderlichen Daten zur Ermittlung der Informationen abgeleitet.

Aufgrund des gegenseitigen Leistungsaustauschs der Unternehmensressourcen sind die Ressourcenbeziehungen komplex und nicht einfach zurechenbar.[482] Für die eindeutige Ermittlung der Kostensätze bei komplexen Ressourcenbeziehungen muss ein lineares Gleichungssystem definiert und gelöst werden.[483] Das zu formulierende Gleichungssystem gibt in Anlehnung an HORSCH[484] und KILGER ET AL.[485] die Zusammenhänge der initialen Gesamtkosten pro Jahr (Initialkosten), der empfangenen und der abgegebenen Leistungen sowie der praktischen Kapazität der Ressourcen wider und verrechnet diese miteinander. Die von HORSCH bzw. KILGER ET AL. definierten Gleichungssysteme sind nicht unmittelbar numerisch lösbar,[486] weshalb im Rahmen dieser Arbeit ein neues, numerisch lösbares Gleichungssystem entwickelt wird. Dieses setzt sich aus der Ressourcenbedarfsmatrix $RBM \in \mathbb{R}^{RxR}$, dem Vektor der Initialkosten $\vec{k}_0 \in \mathbb{R}^R$ sowie dem Vektor der praktischen Kapazitäten $\vec{c}_0 \in \mathbb{R}^R$ zusammen. Das Ergebnis sind die Ressourcenkostensätze $\vec{k} \in \mathbb{R}^R$, welche sich nach folgender Gleichung berechnen:

$$\vec{k} = (\mathrm{diag}(\vec{c}) - RBM)^{-1} \cdot \vec{k}_0 \tag{5.2}$$

mit

$\vec{k}$	Ressourcenkostensatzvektor
$\vec{c}_0$	Vektor der praktischen Kapazitäten
RBM	Ressourcenbedarfsmatrix
$\vec{k}_0$	Initialkostenvektor

[482] Vgl. Horsch (2020) - Kostenrechnung, S. 99f.

[483] Vgl. Kilger et al. (2012) - Flexible Plankostenrechnung, S. 353f.; Horsch (2020) - Kostenrechnung, S. 105ff.

[484] Vgl. Horsch (2020) - Kostenrechnung, S. 105ff.

[485] Vgl. Kilger et al. (2012) - Flexible Plankostenrechnung, S. 353f.

[486] Für die Lösung der Gleichungssysteme ist zunächst eine Umformung der Gleichungen und eine anschließende Anwendung von Lösungsverfahren, wie dem Additionssystem, erforderlich. Dies ist in der Praxis zwar umsetzbar, allerdings nicht in ein vollständig automatisch ablaufendes System integrierbar.

Die Initialkosten und die praktische Kapazität sind abhängig von der Art der Ressource (Personalressource, IT-Ressource, Gebäuderessource). Um für die praktische Anwendung eine Anleitung zur einheitlichen Bestimmung der Kostenfaktoren zur Verfügung zu stellen, werden diese im Folgenden für Personalressourcen, IT-Ressourcen und Gebäuderessourcen anhand jeweils relevanter Bestimmungsfaktoren erläutert. Die Bestimmungsfaktoren ergeben sich dabei analytisch-deduktiv aus einer umfassenden Analyse bestehender Ansätze zur Bestimmung der jeweiligen Initialkosten und der praktischen Kapazitäten. Darüber hinaus richtet sich die Berechnung nach der Aktivität und Mittelbarkeit der jeweiligen Ressourcenarten (siehe Kapitel 5.2.2.1).

Kostenrelevante Informationen der Personalressourcen

Die Personalkosten stellen im Kontext der quasiprimären und sekundären Leistungsbereiche den größten Faktor dar.[487] Die Personalkosten sind für die zeitbezogene Zuordnung zu den entsprechenden Kostenträgern oder anderen Ressourcen in Bezug zu der praktischen Kapazität, d. h. der zur Aktivitätendurchführung verfügbaren Zeit, zu setzen. Im Folgenden werden die Ermittlung der Initialkosten $k_{0,p}$ sowie der praktischen Kapazität $c_{0,p}$ einer Personalressource $p \in P$ beschrieben. HORSCH differenziert die Personalkosten in die Kosten des Direktentgelts und die Personalzusatzkosten.[488] Diese übergeordneten Kosten setzen sich wiederum aus einzelnen Teilkosten zusammen, welche einer Personalressource meist individuell sind und daher kurz vorgestellt werden. Die Aufschlüsselung ergibt sich in Anlehnung an HORSCH[489].

Die Kosten des Direktentgelts bilden sich durch Fertigungslöhne, Gemeinkostenlöhne, Prämienlöhne, Gehälter, Ausbildungsvergütungen sowie Zulagen für Mehrarbeit, Feiertagarbeit oder Nachtarbeit. Fertigungslöhne sind als Einzelkosten zuordenbar und damit nicht im Betrachtungsbereich dieser Arbeit. Die Personalzusatzkosten ergeben sich aus gesetzlichen und tarifvertraglichen bzw. freiwilligen (zusammen: sonstige) Sozialleistungen. Die gesetzlichen Sozialleistungen sind weiter zu differenzieren in die Kosten für die Rentenversicherung, die Krankenversicherung, Arbeitslosenversicherung, Pflegeversicherung, Unfallversicherung. Die tarifvertraglichen bzw. freiwilligen sonstigen Sozialleistungen ergeben sich durch die betriebliche Altersversorgung, Urlaubsgeld, Weihnachtsgeld, Kantinenzuschüsse, Fahrtkostenzuschüsse sowie Sonderzahlungen für Umzug, Geburt und Eheschließung. Insgesamt berechnen sich die initialen jährlichen Kosten einer Personalressource $p \in P$ nach Gleichung (5.3).

[487] Vgl. Horváth und Mayer (1995) - Konzeption und Entwicklungen der Prozeßkostenrechnung, S. 68.
[488] Vgl. Horsch (2020) - Kostenrechnung, S. 58.
[489] Vgl. Horsch (2020) - Kostenrechnung, S. 58.

$$k_{0,p} = kp_{de,p} + kp_{z,p} = kp_{d,p} + kp_{gs,p} + kp_{ss,p} \tag{5.3}$$

mit

$k_{0,p}$	Initialkosten [EUR/a]
$kp_{de,p}$	Direktentgeltkosten pro Jahr [EUR/a]
$kp_{zk,p}$	Personalzusatzkosten pro Jahr [EUR/a]
$kp_{gs,p}$	Gesetzliche Sozialleistungskosten pro Jahr [EUR/a]
$kp_{ss,p}$	Sonstige Sozialleistungskosten [EUR/a]

Zur Berechnung des spezifischen Kostensatzes einer Personalressource ist die Ermittlung derjenigen Kapazität erforderlich, die eine Personalressource insgesamt zur Ausübung produktiver Tätigkeiten zur Verfügung steht. Im Gegensatz zu den Gebäuderessourcen kann bei Personalressourcen nicht davon ausgegangen werden, dass die Kosten dispositiver Personalressourcen vollständig auf die beanspruchenden Ressourcen verrechnet werden müssen, da Aktivitäten ohne direkten Bezug zu anderen Ressourcen oder der Leistungserstellung durchgeführt werden können. Die hierfür entstehenden Kosten sind über die Verrechnung der übrigen Gemeinkosten zuzuordnen.

Die praktische Kapazität einer Personalressource ergibt sich aus der schrittweisen Berücksichtigung nicht produktiv zur Verfügung stehender Zeiten.[490] Ausgehend von den Tagen eines Kalenderjahres (i. d. R. 365 Tage) werden die nicht gearbeiteten Tage subtrahiert. Die nicht gearbeiteten Tage richten sich nach lokalen Gegebenheiten und beinhalten bspw. Wochenendtage, Feiertage, Urlaubstage und Krankheitstage. Daraus ergibt sich die Anzahl gearbeiteter Tage. Diese wird multipliziert mit der Differenz aus jeweils den jeweils vereinbarten Arbeitsstunden pro Tag und der durchschnittlich nicht produktiv gearbeiteten Zeit (z. B. für Frühstücks- und Mittagspausen) in Stunden. Die theoretische Kapazität ist mit einem Produktivitätsfaktor, z. B. 80%, zu multiplizieren, welcher individuell gewählt werden kann. Die praktische Kapazität einer Personalressource $p \in P$ pro Jahr in Sekunden berechnet sich unter Berücksichtigung der individuellen Rahmenbedingungen nach Gleichung (5.4).[491]

[490] Dierkes (1998) - Planung und Kontrolle von Prozeßkosten, S. 34.

[491] Vgl. Kaplan und Anderson (2007) - Time-Driven Activity-Based Costing, S. 52f.

$$c_{0,p} = \left(tp_{yd,p} - tp_{dn,p}\right) \cdot \left(tp_{dh,p} - tp_{hn,p}\right) \cdot tp_{pf,p} \cdot 3600 \frac{\text{sec}}{\text{h}} \tag{5.4}$$

mit

$c_{0,p}$	Praktische Kapazität pro Jahr [sec]
$tp_{yd,p}$	Tage in Kalenderjahr [d]
$tp_{dn,p}$	Nicht gearbeitete Tage pro Kalenderjahr [d]
$tp_{dh,p}$	Arbeitsstunden pro Tag [h/d]
$tp_{hn,p}$	Durchschnittlich nicht gearbeitete Stunden pro Tag [h/d]
$tp_{pf,p}$	Produktivitätsfaktor [-]

Kostenrelevante Informationen der IT-Ressourcen

Aufgrund des aktiven Charakters von IT-Ressourcen sind deren Kosten für eine verursachungsgerechte Zuordnung auf eine zeitliche Größe zu beziehen. Im Folgenden wird beschrieben, wie die Initialkosten $k_{0,t}$ und die praktische Kapazität $c_{0,t}$ einer IT-Ressource $t \in T$ für die Ermittlung der Ressourcenkostensätze bestimmt werden. Die Kosten einer IT-Ressource ergeben sich nach MERTENS ET AL. anhand des TCO-Ansatzes.[492] In Anlehnung hieran sind die Kosten einer IT-Ressource in IT-Bereitstellungskosten und IT-Bewirtschaftungskosten zu unterteilen.

Zu den IT-Bereitstellungskosten zählen für den Fall lizensierter IT-Ressourcen deren Lizenzkosten und für den Fall sich im Eigentum befindlicher IT-Ressourcen die Beschaffungskosten (z. B. Hardwarekosten, Softwarekosten) und die Einführungskosten (z. B. Schulung, Einrichtung).[493] Während die Lizenzkosten i. d. R. für einen bestimmten zeitlichen Umfang anfallen (bspw. jährlich), können die Beschaffungs- und Einführungskosten als Grundlage für die Berechnung kalkulatorischer Kosten, d. h. kalkulatorischer Abschreibungen und kalkulatorischer Zinsen,[494] verwendet werden. Die IT-Bewirtschaftungskosten lassen sich in Betriebskosten (z. B. Kosten für Wartung und Service) und Aktualisierungskosten (z. B. Kosten für Updates) unterteilen. Die Kostenwerte sind jeweils über ein gesamtes Jahr zu aggregieren und zu dokumentieren. Die initialen Gesamtkosten einer IT-Ressource $t \in T$ ergeben sich nach Gleichung (5.5).

[492] Vgl. Mertens et al. (2017) - Grundzüge der Wirtschaftsinformatik, S. 167.
[493] Vgl. Mertens et al. (2017) - Grundzüge der Wirtschaftsinformatik, S. 167.
[494] Vgl. Coenenberg et al. (2016) - Kostenrechnung und Kostenanalyse, S. 90ff.

$$k_{0,t} = ki_{lk,t} + ki_{ka,t} + ki_{zk,t} + ki_{bk,t} + ki_{ak,t} \tag{5.5}$$

mit

$k_{0,t}$	Initialkosten pro Jahr [EUR/a]
$ki_{lk,t}$	Lizenzkosten pro Jahr [EUR/a]
$ki_{ka,t}$	Kalkulatorische Abschreibungen pro Jahr [EUR/a]
$ki_{zk,t}$	Kalkulatorische Zinsen pro Jahr [EUR/a]
$ki_{bk,t}$	Betriebskosten pro Jahr [EUR/a]
$ki_{ak,t}$	Aktualisierungskosten pro Jahr [EUR/a]

Die Kosten sind in Bezug zu der zur Verfügung stehenden Kapazität zu setzen, um eine zeitproportionale Zuordnung der Kosten zu ermöglichen. Die praktische Kapazität einer IT-Ressource ist dabei abhängig von der Unterstützung bei bzw. der Ausführung von Aktivitäten. Wird ein Konstruktionsprogramm bspw. ausschließlich von einer im Einschichtbetrieb arbeitenden Personalressource verwendet, so kann die nutzbare Zeit der der Personalressource gleichgesetzt werden. Ein den Kunden weltweit jederzeit zur Verfügung stehender Konfigurator ist jederzeit einsatzbereit und nutzbar. Daher ist die praktische Kapazität $c_{0,t}$ einer jeden IT-Ressource in Sekunden entsprechend der erforderlichen Verfügbarkeit festzulegen.

Kostenrelevante Informationen der Gebäuderessourcen

Als Bezugsgröße für die Kosten der Gebäuderessourcen wird in Anlehnung an ZEITNER ET AL.[495] die entsprechenden Flächeneinheit, d. h. Quadratmeter, verwendet. Aufgrund des passiven Charakters der Gebäuderessourcen sind die entsprechenden Kosten den gebäudebeanspruchenden Ressourcen verursachungsgerecht zuzuordnen. Im Folgenden wird eine Einführung in die Ermittlung der Initialkosten $k_{0,g}$ sowie der praktischen Kapazität $c_{0,g}$ einer Gebäuderessource $g \in G$ und wie diese auf die beanspruchenden Ressourcen zu verteilen sind gegeben.

Die Initialkosten einer Gebäuderessource ergeben sich in Anlehnung an ZEITNER ET AL. nach dem Total Cost of Ownership- (TCO-)Ansatz aus den Flächenbereitstellungskosten und den Flächenbewirtschaftungskosten. Die Kosten für die Flächenbereitstellung werden im Rahmen dieser Arbeit nach DIN 276:2012-12 (Kosten im Bauwesen),[496] die Kosten für die Flächenbewirtschaftung nach DIN 18960:2020-11 (Nutzungskosten im

[495] Vgl. Zeitner et al. (2019) - Flächenkosten, S. 204ff.

[496] Vgl. Deutsches Institut für Normung (2018) - Kosten im Bauwesen.

Hochbau),[497] ermittelt. In DIN 18960:2020-11 wird eine Erweiterung der reinen Nutzungskosten um die kalkulatorischen Abschreibungen für den Zweck einer Wirtschaftlichkeitsuntersuchung empfohlen.[498] Dieser Empfehlung folgend ergeben sich die Flächenbewirtschaftungskosten demnach aus den Nutzungskosten und den kalkulatorischen Abschreibungen. Die einzelnen Elemente der jeweiligen Kosten werden im Folgenden kurz erläutert, um dem Anwender ein grundsätzliches Verständnis zu gewährleisten. Für eine detaillierte Betrachtung sei allerdings auf DIN 276:2012-12 (Kosten im Bauwesen)[499], DIN 18960:2020-11 (Nutzungskosten im Hochbau)[500] und für die Ermittlung der kalkulatorischen Abschreibungen auf COENENBERG ET AL.[501] und KILGER ET AL.[502] verwiesen.

Die jährlichen Flächenbereitstellungskosten seien für den Fall von angemieteten Gebäuden gleich der jährlichen Mietkosten. Für den Fall eines Neubaus, eines Umbaus oder einer Modernisierung ergeben sich die Flächenbereitstellungskosten nach DIN 276:2012-12 aus den Kosten für das Grundstück, den vorbereitenden Maßnahmen, dem Bauwerk, den Außenanlagen und Freiflächen, der Ausstattung und Kunstwerken, den Baunebenkosten und der Finanzierung.[503] Für die Ermittlung der jährlichen Kosten einer Gebäuderessource sind demnach entweder die Mietkosten oder die kalkulatorischen Abschreibungen, welche sich aus den Flächenbereitstellungskosten eines im Eigentum befindlichen Gebäude ergeben, zu dokumentieren. Ferner sind die Nutzungskosten für die jährlichen Gesamtkosten relevant.

Die jährlichen Flächenbewirtschaftungskosten, die „alle in baulichen Anlagen und deren Grundstücken entstehenden regelmäßig oder unregelmäßig wiederkehrenden Kosten, beginnend nach der Inbetriebnahme“[504] zusammenfassen, ergeben sich nach DIN 18960:2020-11 aus den Kapitalkosten, den Objektmanagementkosten, den Betriebskosten und den Instandsetzungskosten. Auch diese Kosten lassen sich weiter detaillieren, um eine exakte Berechnung zu ermöglichen. Auf die Detaillierung soll an dieser Stelle verzichtet und auf die Ausführungen in DIN 18960:2020-11 verwiesen

[497] Vgl. Deutsches Institut für Normung (2020) - Nutzungskosten im Hochbau.
[498] Vgl. Deutsches Institut für Normung (2020) - Nutzungskosten im Hochbau, S. 4.
[499] Vgl. Deutsches Institut für Normung (2018) - Kosten im Bauwesen.
[500] Vgl. Deutsches Institut für Normung (2020) - Nutzungskosten im Hochbau.
[501] Vgl. Coenenberg et al. (2016) - Kostenrechnung und Kostenanalyse, S. 90ff.
[502] Vgl. Kilger et al. (2012) - Flexible Plankostenrechnung, S. 319.
[503] Vgl. Deutsches Institut für Normung (2020) - Nutzungskosten im Hochbau, S. 13.
[504] Deutsches Institut für Normung (2020) - Nutzungskosten im Hochbau, S. 4.

werden.[505] Die Initialkosten einer Gebäuderessource ergeben sich demnach aus der Summe aller Teilkosten nach Gleichung (5.6).

$$k_{0,g} = kg_{ka,g} + kg_{mk,g} + kg_{kk,g} + kg_{ok,g} + kg_{bk,g} + kg_{ih,g} \tag{5.6}$$

mit

$k_{0,g}$	Initialkosten der Ressource $g \in G$
$kg_{ka,g}$	Kalkulatorische Abschreibungen der Ressource $g \in G$
$kg_{mk,g}$	Mietkosten der Ressource $g \in G$
$kg_{kk,g}$	Kapitalkosten der Ressource $g \in G$
$kg_{ok,g}$	Objektmanagementkosten der Ressource $g \in G$
$kg_{bk,g}$	Betriebskosten der Ressource $g \in G$
$kg_{ih,g}$	Instandhaltungskosten der Ressource $g \in G$

Aus der Bewertung der prozesskostenrelevanten Ressourcen in Kapitel 5.2.2.1 ergibt sich die Notwendigkeit der vollumfänglichen Verrechnung der Kosten der Gebäuderessourcen. Daher werden die Gesamtkosten einer Gebäuderessource den aktiven Ressourcen proportional der jeweils beanspruchten Nutzfläche[506] zugeordnet. Für die Berechnung der Kapazität wird von einer vollständig definierten Ressourcenbedarfsmatrix ausgegangen. Die praktische Kapazität einer Gebäuderessource berechnet sich über die Summe der beanspruchten Teilflächen nach Gleichung (5.7).

$$c_{0,g} = \sum_{i \in (P \cup T)} b_{i,j} \tag{5.7}$$

mit

$c_{0,g}$	Praktische Kapazität der Gebäuderessource $g \in G$ [m²]
$b_{i,j}$	Umfang, in dem Ressource $i \in (P \cup T)$ Gebäuderessource $j \in G$ beansprucht [m²]
P	Menge der Personalressourcen
T	Anzahl der IT-Ressourcen

505 Vgl. Deutsches Institut für Normung (2020) - Nutzungskosten im Hochbau, S. 9ff.

506 Deutsches Institut für Normung (2011) - Facility Management - Teil 6, S. 41.

Soll eine differenziertere Ermittlung der Gebäudekosten (z. B. für unterschiedliche Bereiche, die aufgrund unterschiedlicher Bewirtschaftung verschiedene Kosten pro Fläche aufweisen) erfolgen, so können die Einzelkosten der Flächen nach (5.6) und die Einzelkapazitäten nach (5.7) berechnet und die entsprechende Teilfläche als eigenes Objekt definiert werden. Dieses Vorgehen entspricht dem von KILGER ET AL. beschriebenen Verfahren der Flächenzuteilung auf einzelne Kostenstellen[507].

Die in diesem Abschnitt beschriebenen Informationen sind in der Anwendung jeweils zu ermitteln und für die Berechnung der Ressourcenkostensätze zu dokumentieren. Im Folgenden wird daher eine Vorlage zur Dokumentation der kostenrelevanten Informationen sowie der Ressourcenkostensätze entwickelt.

5.2.2.3 Dokumentation der Ressourcenkostenkostensätze

Nachdem die Initialkosten und die praktische Kapazität für die Personalressourcen, die IT-Ressourcen und die Gebäuderessourcen bestimmt wurden, müssen diese vom Anwender dokumentiert werden. Hierzu wird in diesem Abschnitt eine Dokumentationsvorlage entwickelt, welche vom Anwender ausgefüllt werden kann und die prozesskostenrelevanten Informationen enthält.

Einerseits ist die Ressourcenbedarfsmatrix (siehe Kapitel 5.2.2.1) zu dokumentieren. Diese gibt Aufschluss über die gegenseitigen Beanspruchungen der einzelnen Ressourcen anhand der jeweiligen Ressourcen-Identifikationsnummer. Darüber hinaus sollen für jede Ressource, identifizierbar über die entsprechende Ressourcen-Identifikationsnummer (R-ID), der jeweilige Mengenbezug, die Initialkosten und die praktische Kapazität dokumentiert werden. Die R-ID stellt den Primärschlüssel zur eindeutigen Identifikation der ressourcenspezifischen Kostensätze dar. Der Mengenbezug dient einer möglichst verursachungsgerechten Kostenzuordnung nach den Prinzipien der mehrstufigen Divisionskalkulation und orientiert sich an dem Leistungsbereich, aus der diese zur Verfügung gestellt wird (siehe Tabelle 5-4).

Für die Reduktion der Kalkulationskomplexität erfolgt in Anlehnung an DIERKES ausschließlich die Unterscheidung in Produktions- und Absatzmenge,[508] welche sich jeweils auf die produzierten bzw. abgesetzten Stückzahlen der Kostenträger beziehen (siehe Kapitel 5.1). Hintergrund der Kostenzuordnung zu unterschiedlichen Bezugsmengen ist die jeweilige Kostenverursachung. So können produzierte, eingelagerte und damit nicht abgesetzte Kostenträger keine absatzspezifischen Kosten verursachen.

---

[507] Vgl. Kilger et al. (2012) - Flexible Plankostenrechnung, S. 272.

[508] Vgl. Dierkes (1998) - Planung und Kontrolle von Prozeßkosten, S. 26.

Tabelle 5-4: Mengenbezug der Ressourcenkosten nach Leistungsbereich[509]

Leistungsbereich	Mengenbezug
Forschung, Entwicklung und Konstruktion	Produktionsmenge (PM)
Einkauf-, Material- und Logistikbereich	Produktionsmenge (PM)
Verwaltungs- und Vertriebsbereich	Absatzmenge (AM)
Betriebsleitung und Arbeitsvorbereitung mit Herstellungsbezug	Produktionsmenge (PM)
Betriebsleitung und Arbeitsvorbereitung mit Absatzbezug	Absatzmenge (AM)

Die Kosten aufgrund der Ressourcenbeanspruchung in den unterschiedlichen Leistungsbereichen sind demnach auf die jeweils relevanten Mengen zu beziehen.[510] Die Initialkosten und die praktische Kapazität stellen Faktoren zur Ermittlung der Ressourcenkostensätze anhand Gleichung (5.2) dar. Schließlich ist für jede Ressource der sich ergebende Kostensatz, der sich einheitsmäßig in Bezug auf eine Sekunde ergibt, zu dokumentieren (siehe Tabelle 5-5).

Tabelle 5-5: Dokumentation der ressourcenkostenrelevanten Informationen

Allgemeine Darstellung:

R-ID	Mengenbezug	Initialkosten	Praktische Kapazität	Kostensatz
R–ID(ω_1)	$ref(\omega_1)$	$k_0(\omega_1)$	$c_0(\omega_1)$	$k(\omega_1)$
R–ID(ω_2)	$ref(\omega_2)$	$k_0(\omega_2)$	$c_0(\omega_2)$	$k(\omega_2)$
…	…	…	…	…
R–ID(ω_R)	$ref(\omega_R)$	$k_0(\omega_R)$	$c_0(\omega_R)$	$k(\omega_R)$

Legende

$ref(\omega)$	Mengenbezug ref von Ressource $\omega \in (P \cup T)$
$k_0(\omega)$	Initialkosten k_0 von Ressource $\omega \in \Omega$
$c_0(\omega)$	Praktische Kapazität c von Ressource $\omega \in \Omega$
$k(\omega)$	Kostensatz k von Ressource $\omega \in \Omega$

PM: Produktionsmenge AM: Absatzmenge

Beispielhafte Darstellung (Ausschnitt):

R-ID	$ref(\omega)$	$\vec{k}_0$[€/a]	$\vec{c}_0$	$\vec{k}$
R-ID-01	-	30.000	25+25=50 m²	600 €/m²
R-ID-02	-	50.000	15+5=20 m²	2500 €/m²
R-ID-03	-	60.000	25+5=30 m²	2000 €/m²
R-ID-04	-	95.000	15 m²	6333,3 €/m²
R-ID-05	PM	80.000	$5{,}280 \cdot 10^6$ sec	$19{,}9 \cdot 10^{-3}$ €/sec
R-ID-06	AM	90.000	$5{,}10 \cdot 10^6$ sec	$25{,}0 \cdot 10^{-3}$ €/sec
R-ID-07	PM	120.000	$5{,}40 \cdot 10^6$ sec	$25{,}0 \cdot 10^{-3}$ €/sec
R-ID-08	AM	50.000	$4{,}80 \cdot 10^6$ sec	$30.2 \cdot 10^{-3}$ €/sec
R-ID-09	AM	250.000	$11{,}40 \cdot 10^6$ sec	$22{,}2 \cdot 10^{-3}$ €/sec
R-ID-10	PM	25.000	$11{,}40 \cdot 10^6$ sec	$6{,}58 \cdot 10^{-3}$ €/sec
R-ID-11	PM	12.000	$9{,}00 \cdot 10^6$ sec	$2{,}72 \cdot 10^{-3}$ €/sec
R-ID-12	PM	20.000	$11{,}40 \cdot 10^6$ sec	$1{,}75 \cdot 10^{-3}$ €/sec

509 In Anlehnung an Kilger et al. (2012) - Flexible Plankostenrechnung, S. 407ff.; Coenenberg et al. (2016) - Kostenrechnung und Kostenanalyse, S. 140f.; Horsch (2020) - Kostenrechnung, S. 118ff.

510 Vgl. Coenenberg et al. (2016) - Kostenrechnung und Kostenanalyse, S. 140f.; Horsch (2020) - Kostenrechnung, S. 119.

Die anhand der beschriebenen Methode ermittelten Ressourcenkostensätze stellen eine möglichst verursachungsgerechte Zuordnung der Kosten zu den aktiven, objektbezogenen Ressourcen dar. Die Kosten von Gebäuderessourcen werden vollständig, die von dispositiven Personal- und IT-Ressourcen entsprechend der Ressourcenbedarfsmatrix zugerechnet. Zur Ermittlung der varianteninduzierten Prozesskosten mittels Process Data Mining sind die Ressourceninformationen in ein Datenmodell zu überführen. Dieses wird im nächsten Kapitel beschrieben.

5.2.3 Ressourcen zur Anwendung von Process Data Mining

In diesem Abschnitt wird das zur Anwendung von Process Data Mining erforderliche Ressourcenmodell anhand eines Datenmodells beschrieben. Hierbei sind die für die Ermittlung der Ressourcenkostensätze essenziellen Informationen in das Ressourcenmodell zu integrieren. Das Datenmodell der Unternehmensressourcen mit den dazugehörigen Attributen, deren Datentypen, den Methoden und Relationen ist in Abbildung 5-9 dargestellt und wird im Folgenden erläutert.

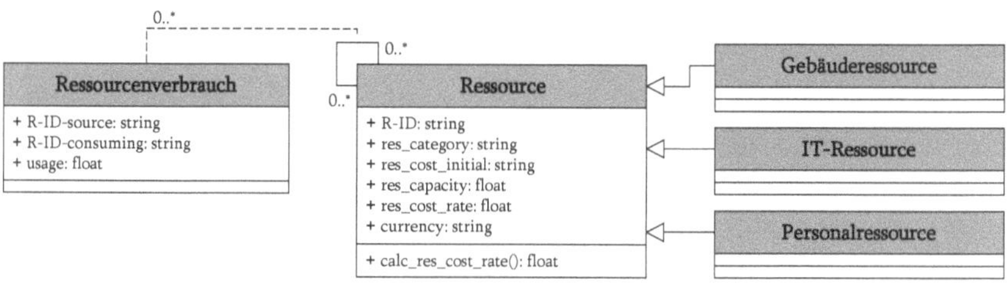

Abbildung 5-9: Datenmodell der Unternehmensressourcen

Aufgrund der einheitlichen Dokumentation der Ressourcen (Klasse Ressource) können diese zusammengefasst und einheitlich definiert werden. Jeder Ressource ist die eindeutige Identifikationsnummer (Attribut *R-ID*), der Mengenbezug (Attribut *res_category*), die Initialkosten (Attribut *res_cost_initial*) sowie die praktische Kapazität (Attribut *res_capacity*) zuzuordnen. Darüber hinaus ist die gegenseitige Ressourcenbeanspruchung, welche in der Ressourcenbedarfsmatrix dokumentiert wird, zu erfassen (Assoziationsklasse *Ressourcenverbrauch*). Eine Assoziation zwischen zwei Ressourcen wird über die Identifikationsnummern der Kapazität zur Verfügung stellenden Ressource (Attribut *R-ID_source*), der konsumierenden Ressource (Attribut *R-ID_consuming*) sowie dem jeweiligen Umfang der Beanspruchung (Attribut *usage*) definiert. Der Ressourcenkostensatz (Attribut *res_cost_rate*) wird anhand der bereits erläuterten Attribute sowie des gegenseitigen Ressourcenverbrauchs entsprechend Gleichung (5.2) (Methode *calc_res_cost_rate()*) berechnet.

Die Ressource vererbt sämtliche Attribute, Assoziationen und Methoden an die Sub-Klassen Personalressource, Gebäuderessource und IT-Ressource, welche die Superklasse nicht erweitern.

Zusammenfassend erfolgt in diesem Kapitel eine strukturierte Ermittlung und Beschreibung der relevanten Unternehmensressourcen sowie der damit verbundenen Kostensätze. Das Beschreibungsmodell bietet dem Anwender die Möglichkeit, Daten bzgl. der Unternehmensressourcen unter Verwendung einfacher, tabellen- und matrixbasierter Strukturen anzugeben und automatisiert in ein modellbasiertes, maschinenlesbares Format zu übertragen. Über das letztlich beschriebene Datenmodell wird die Anwendung von Process Data Mining ermöglicht. Im nächsten Kapitel werden die prozesskostenrelevanten Prozessdaten identifiziert, anhand von in PAIS erfassbaren Daten definiert und die entsprechenden Informationen für die Anwendung von Process Data Mining beschrieben.

5.3 Beschreibung von Prozessdaten

Nachdem in den vorausgegangenen Kapiteln Produkt- und Ressourcendomäne beschrieben wurden, erfolgt in diesem Kapitel die Beschreibung der verknüpfenden Prozessdomäne. Die Prozessdomäne wird durch Prozessdaten expliziert, wobei diese gleichermaßen die Prozesskostenermittlung als auch die Anwendung von Process Data Mining befähigen müssen. Daher wird in diesem Kapitel die folgende Forschungsfrage beantwortet:

> Wie lassen sich Prozessdaten zur Prozesskostenermittlung mittels Process Data Mining beschreiben?

Für die Beantwortung der Forschungsfrage erfolgt zunächst die Ermittlung des Informationsbedarfs für eine auf den Prinzipien von TDABC basierenden Prozesskostenermittlung sowie die Identifikation der für diese Informationen erforderlichen Prozessdaten (siehe Kapitel 5.3.1). Die so ermittelten und die Prozesskostenermittlung befähigenden Prozessdaten werden nachfolgend in ein Datenmodell überführt, anhand dessen die Anwendung von Process Data Mining ermöglicht wird (siehe Kapitel 5.3.2).

5.3.1 Prozesskostenrelevante Informationen

In diesem Arbeitsschritt erfolgt die Herleitung der für die Prozesskostenermittlung erforderlichen Informationen. Das System der Kostenrechnung orientiert sich dabei an dem TDABC mit dem Ziel der Kostenträgerstückrechnung, anhand welcher sich die Bewertung von Produktvarianten durchführen lässt. In einem ersten Schritt werden die zur Durchführung des TDABC erforderlichen Informationen hergeleitet und beschrieben. Um die praktische Anwendung der Methodik zu gewährleisten, erfolgt in diesem Schritt auch der Abgleich mit den in der Realität anhand von PAIS erfassbaren Prozessdaten. Im zweiten Schritt werden die in PAIS direkt ermittelbaren Prozessdaten beschrieben, aus denen sich die für das TDABC erforderlichen Informationen bestimmen lassen.

5.3.1.1 Ermittlung des Informationsbedarfs zur Ermittlung varianteninduzierter Prozesskosten

In diesem Abschnitt werden die für eine prozessorientierte Kostenrechnung anhand der Prinzipien des TDABC erforderlichen Informationen hergeleitet und bewertet, ob diese direkt in PAIS erfassbar oder über direkt erfassbare Prozessdaten zu ermitteln sind.

Durch die Anwendung des TDABC werden die Ermittlung und unmittelbare Zuordnung der sich durch eine Ressourcenbeanspruchung ergebenden Kosten zu einem Kostenträger ermöglicht.[511] Wie in Kapitel 2.3.3 beschrieben, sind hierfür die zeitliche Beanspruchung einer Ressource zur Durchführung einer Aktivität sowie der entsprechende Ressourcenkostensatz erforderlich. Um die Kosten einem Kostenträger direkt zuordnen zu können, ist zu bestimmen, für welchen Kostenträger die jeweiligen Ressourcen beansprucht wurden. Ferner ist zur Verbesserung der Bewertung von Produktvarianten zu bestimmen, welche Kosten einmalig, bspw. für die Einführung einer neuen Produktvariante, oder laufend, bspw. für die Pflege und Aktualisierung der bestehenden Produktvarianten, angefallen sind. Nach BAYER sind die Aktivitäten daher nach einmaligen und, unter Berücksichtigung der Frequenz, laufenden Aktivitäten zu differenzieren.[512] Im Folgenden werden die für die Durchführung einer prozessorientierten Kostenrechnung mittels TDABC sowie zur frequenzorientierten Differenzierung der Aktivitäten erforderlichen Informationen beschrieben. Darüber hinaus erfolgt anhand eines Abgleichs mit bestehenden Ansätzen, die auf automatisch in PAIS

[511] Vgl. Kaplan und Anderson (2007) - Time-Driven Activity-Based Costing, S. 23.
[512] Bayer (2010) - Integriertes Variantenmanagement, S. 135.

erfassten Prozessdaten basieren, die Bewertung der Mittelbarkeit in der Datenerfassung.

Kostenträger

Für die Ermittlung und verursachungsgerechte Zuordnung von Prozesskosten ist die Kenntnis über das Produkt bzw. Produktstrukturelement, für welches die jeweiligen Ressourcen beansprucht wurden, erforderlich. Im Allgemeinen sind also die jeweiligen Kostenträger bzw. die Information zu deren eindeutiger Identifikation in den Prozessdaten festzuhalten. Die Identifikation eines Kostenträgers erfolgt über die Zuordnung einer Sachnummer, welche im Modell der Produktvarianten sowohl für Produktvarianten als auch für Produktstrukturelemente festgelegt und in produzierenden Unternehmen i. d. R. vorhanden ist.[513] Durch die Objektorientierung der Ereignislogs ist es möglich, innerhalb eines Ereignisses mehrere Bezugsobjekte, wie z. B. Kostenträger bzw. Sachnummern, *unmittelbar zu erfassen*.[514] Sollte diese Information nicht direkt erfassbar sein, so ist die Sachnummer durch den Abgleich mit weiteren Datenbanken ermittelbar[515] und ist im Zuge der Datenaufbereitung in den dieser Arbeit zugrundeliegenden Prozessdaten als Kostenträger zu definieren. Wird bspw. bei der Bearbeitung eines Auftrags die Auftragsnummer erfasst, so ist über den Abgleich mit der Auftragsdatenbank die zugehörige Produktvariante zu ermitteln und die entsprechende Sachnummer ist zu hinterlegen. Ähnlich verhält es sich bspw. mit Bestellvorgängen und Bestellnummern, Freigabevorgängen und Freigabenummern etc. Ferner dient die Erfassung des Kostenträgers als Schlüssel zur Verknüpfung des Prozessmodells mit dem Produktportfoliomodell (siehe Kapitel 5.1).

Ereignisdauer

Für die Quantifizierung der zeitmäßigen Ressourcenbeanspruchung und der Ermittlung der damit einhergehenden Ereigniskosten ist die Ermittlung der Ereignisdauer erforderlich. Die Ereignisdauer muss für eine korrekte Berechnung der Ereigniskosten mit der entsprechenden Einheit, welche im Kontext der vorliegenden Arbeit auf Sekunden umgerechnet wird, angegeben sein. Die Ereignisdauer kann nicht implizit in PAIS erfasst werden, da ggf. einzelne Ereignisse für den Beginn oder das Ende einer Aktivität erstellt werden und diese in der Anwendung zunächst zusammengeführt werden müssen, um hieraus die Ereignisdauer zu ermitteln.[516] Die Ereignisdauer ist

[513] Vgl. Deutsches Institut für Normung (1977) - Begriffe im Zeichnung- und Stücklistenwesen, S. 8.

[514] Vgl. Sonnenberg und vom Brocke (2014) - The missing link between BPM and accounting, S. 234; van der Aalst (2016) - Process Mining, S. 35; Ghahfarokhi et al. (2021) - OCEL Standard, S. 4.

[515] Vgl. van der Aalst et al. (2012) - Process Mining Manifesto, S. 185.

[516] Vgl. Sonnenberg und vom Brocke (2014) - The missing link between BPM and accounting, S. 222f.

somit nur *mittelbar erfassbar* und hat sich aus unmittelbar erfassbaren Prozessdaten zu ergeben.

Ressourcenkostensatz

Die Ereigniskosten ergeben sich im TDABC aus der Multiplikation der Ereignisdauer mit den Kostensätzen der beanspruchten Ressourcen,[517] weshalb die Ressourcenkostensätze bekannt sein müssen. Ein Ressourcenkostensatz wird im TDABC berechnet als Quotient aus den über einen bestimmten Zeitraum kumulierten Kosten, die für die Verfügbarkeit der Ressourcen aufzubringen sind, und der zeitlichen Kapazität, die die Ressource zur Verrichtung praktischer, d. .h. direkt wertschöpfender, Aktivitäten zur Verfügung steht.[518] Diese beiden Faktoren unterliegen jeweils zahlreichen Einflussgrößen und sind für jede Ressourcen einzeln zu bestimmen, um eine möglich umfangreiche und exakte Ermittlung und verursachungsgerechte Zuordnung von Prozesskosten zu gewährleisten. Aufgrund der komplexen Zusammenhänge für die Bestimmung der Faktoren erfolgt die Berechnung bzw. Erfassung des Ressourcenkostensatzes nicht direkt in PAIS, sondern in einem separaten Modell.[519] Der Ressourcenkostensatz ist damit nur *mittelbar erfassbar* und hat sich aus unmittelbar erfassbaren Prozessdaten zu ergeben.

Aktivität

Für die Differenzierung zwischen einmaligen und laufenden Aktivitäten ist die Erfassung der jeweils durchgeführten Aktivität in den Prozessdaten erforderlich. Die Aktivität ist eine für die Anwendung von Process Mining zwingend erforderliche Information, welche daher standardmäßig in PAIS erfasst wird und somit *unmittelbar erfassbar* ist.[520] Nicht direkt erfassbar ist hingegen, in welcher Frequenz Aktivitäten durchgeführt werden und ob diese somit als einmalig oder laufend zu klassifizieren sind, da hierfür eine Auswertung aller Ereignisse erforderlich ist (siehe Kapitel 5.4). Die frequenzorientierte Differenzierung ergibt sich aus einem mit der Durchführung einer Aktivität verbundenem Ereignisreferenzzeitpunkt.[521]

Ereignisreferenzzeitpunkt

Für die Differenzierung zwischen einmaligen und laufenden Aktivitäten ist die Erfassung des jeweiligen Ereignisreferenzzeitpunkts erforderlich. Dieser wird im Kontext

517 Vgl. Kaplan und Anderson (2003) - Time-Driven Activity-Based Costing, S. 8.

518 Vgl. Kaplan und Anderson (2007) - Time-Driven Activity-Based Costing, S. 41ff.

519 Vgl. Sonnenberg und vom Brocke (2014) - The missing link between BPM and accounting, S. 235.

520 Vgl. Sonnenberg und vom Brocke (2014) - The missing link between BPM and accounting, S. 222; van der Aalst (2015) - Extracting Event Data to Unleash Process Mining, S. 107.

521 Vgl. van der Aalst et al. (2012) - Process Mining Manifesto, S. 175.

dieser Arbeit zum zeitlichen Mittelpunkt des Ereignisses definiert, sodass hierüber ein eindeutiger Zeitpunkt der Aktivitätendurchführung repräsentiert wird. Der für die frequenzorientierte Differenzierung erforderliche Ereignisreferenzzeitpunkt ist eine Funktion von dem Ereigniszeitraum und kann daher nicht implizit in PAIS erfasst werden. Damit ist der Ereignisreferenzzeitpunkt nur *mittelbar erfassbar* und hat sich aus unmittelbar erfassbaren Prozessdaten zu ergeben.

Insgesamt sind also der Kostenträger und die Aktivität unmittelbar in PAIS erfassbare Informationen. Die Ereignisdauer, die Ressourcenkostensätze sowie der Ereignisreferenzzeitpunkt ergeben sich aus unmittelbar erfassbaren Prozessdaten. Im Folgenden werden die hierfür erforderlichen Daten beschrieben und es wird vorgestellt, wie sich die für die Prozesskostenrechnung erforderlichen Informationen hieraus ergeben.

5.3.1.2 Ermittlung prozesskostenrelevanter Informationen aus PAIS-Daten

In diesem Abschnitt werden die nur mittelbar erfassbaren Informationen anhand von unmittelbar in PAIS erfassbaren Daten beschrieben und berechnet. Für die Herleitung der prozesskostenrelevanten Informationen aus in PAIS erfassten Prozessdaten werden zunächst die relevanten Mengen definiert. Diese sind unter Berücksichtigung der initial definierten Periode zu interpretieren. Es sei $\Phi \in \mathbb{R}^E$ die Menge der Ereignisse mit der Gesamtanzahl an Ereignissen E und $A \in \mathbb{R}^Z$ die Menge der Aktivitäten mit der Gesamtanzahl an Aktivitäten Z. Ferner sei $U_s \in \mathbb{R}^E$ die Menge aller Startzeitpunkte und $U_e \in \mathbb{R}^E$ die Menge aller Endzeitpunkte.

Ereignisdauer

Die Ereignisdauer kann nach SONNENBERG UND VOM BROCKE über die Differenz zwischen dem Start- und dem Endzeitpunkt eines Ereignisses berechnet werden, welche *unmittelbar* in PAIS erfassbar sind.[522]. Die Dauer eines Ereignisses $\varphi \in \Phi$ ergibt sich also als Differenz zwischen End- und Startzeitunkt nach Gleichung (5.8) und ist in Sekunden anzugeben.

$$\Delta t(\varphi) = t_e(\varphi) - t_s(\varphi) \tag{5.8}$$

mit

$\Delta t(\varphi)$	Ereignisdauer [sec]
$t_e(\varphi)$	Endzeitpunkt
$t_s(\varphi)$	Startzeitpunkt

[522] Vgl. Sonnenberg und vom Brocke (2014) - The missing link between BPM and accounting, S. 222f.

Ressourcenkostensatz

Ein Ressourcenkostensatz ist stets einer Ressource eigen. Die eine Aktivität durchführende Ressourcen bzw. deren Identifikationsnummer sind in PAIS *unmittelbar erfassbar*[523] und können daher als Fremdschlüssel zur Verknüpfung mit dem Ressourcenmodell (siehe Kapitel 5.2) verwendet werden. Im Kontext dieser Arbeit sollen in einem Ereignis sämtliche durchführenden bzw. beanspruchten Ressourcen erfasst werden, was in bisherigen Ansätzen und Fallbeispielen[524] nicht abgebildet wird. Dies wird durch die Objektorientierung der Ereignislogs ermöglicht, indem in einem Ereignis mehrere Objekte (z. B. Produkte) und mehrere Attribute bzw. Attributwerte (z. B. Ressourcen) erfasst werden können.[525] Die Ressourcen bzw. deren Identifikationsnummern sind also in den Prozessdaten zu erfassen, auf das Ressourcenmodell zu referenzieren und die entsprechenden Ressourcenkostensätze sind für die Berechnung der Ereigniskosten zu verwenden. Für die direkte Multiplikation des Ressourcenkostensatzes mit der Ereignisdauer ergibt sich als Anforderung, dass die Dauer eines Ereignisses in Sekunden anzugeben ist.

Ereignisreferenzzeitpunkt

Der Ereignisreferenzzeitpunkt kann aus dem Start- und dem Endzeitpunkt eines Ereignisses berechnet werden, da diese *unmittelbar* in PAIS erfassbar sind.[526] Der Ereignisreferenzzeitpunkt ist der mittlere Ereigniszeitpunkt und ergibt sich über die Differenz des Start- und Endzeitpunkts eines Ereignisses entsprechend Gleichung (5.9).

$$t_r(\varphi) = t_s(\varphi) + \frac{t_e(\varphi) - t_s(\varphi)}{2} \qquad (5.9)$$

mit

$t_r(\varphi)$	Ereignisreferenzzeitpunkt des Ereignisses $\varphi \in \Phi$
$t_s(\varphi)$	Startzeitpunkt des Ereignisses $\varphi \in \Phi$
$t_e(\varphi)$	Endzeitpunkt des Ereignisses $\varphi \in \Phi$

523 Vgl. van der Aalst et al. (2006) - Business process mining, S. 720; van der Aalst et al. (2012) - Process Mining Manifesto, S. 174; Peters und Nauroth (2019) - Process-Mining, S. 15.

524 Vgl. u. a.Sonnenberg und vom Brocke (2014) - The missing link between BPM and accounting; Wynn et al. (2014) - Cost-Aware Process Management.

525 Vgl. Ghahfarokhi et al. (2021) - OCEL Standard.

526 Vgl. Sonnenberg und vom Brocke (2014) - The missing link between BPM and accounting, S. 222f.

Zusammengefasst sind also der oder die Kostenträger, der Startzeitpunkt und der Endzeitpunkt eines Ereignisses, die durchgeführte Aktivität sowie die beanspruchte Ressource bzw. die beanspruchten Ressourcen in PAIS zu erfassen (siehe Abbildung 5-10).

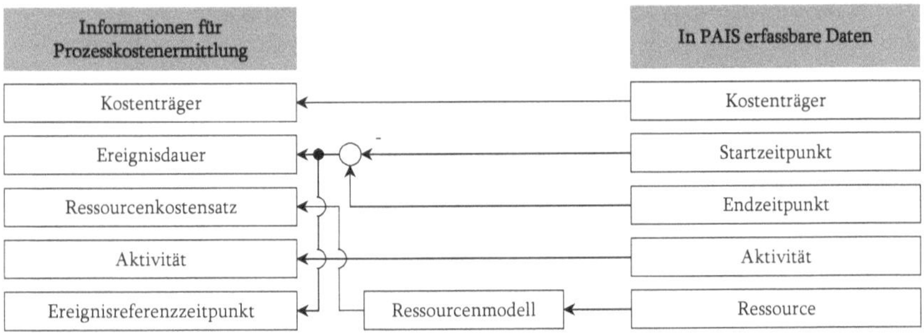

Abbildung 5-10: Ermittlung von prozesskostenrelevanten Informationen aus Prozessdaten

Für die gezielte Auswertung der Prozessdaten zur Ermittlung varianteninduzierter Prozesskosten mittels Process Data Mining sind entsprechend so zu dokumentieren. Im folgenden Abschnitt wird daher beschrieben, wie die Prozessdaten zu dokumentieren sind.

5.3.1.3 Dokumentation der Prozessdaten

In den vorangegangenen Abschnitten wurden die Daten hergeleitet, welche für die Ermittlung varianteninduzierter Prozesskosten in PAIS erfasst werden müssen. Zur Anwendung dieser Daten sind diese entsprechend zu dokumentieren, sodass in diesem Kapitel eine Dokumentationsvorlage für die Prozessdaten entwickelt wird. Hierdurch wird die Anforderung an die Struktur der Prozessdaten gestellt, wie diese in PAIS erfasst werden müssen. Die Prozessdaten setzen sich aus Ereignissen zusammen, wobei die Gesamtheit der Ereignisse als Ereignislog bezeichnet wird.[527] Die Dokumentation und Strukturierung der Prozessdaten erfolgt in Anlehnung an die Standards objektorientierter Ereignislogs (siehe Kapitel 2.4.1.4). Die Dokumentation nach diesem Standard ermöglicht die Anwendung von Process Mining und wird um die im Kontext dieser Arbeit erforderlichen Objekte und Attribute erweitert.

Für jedes Ereignis ist eine eindeutige Ereignis-Identifikationsnummer (E-ID) zu dokumentieren. Für die verursachungsgerechte Zuordnung des quantifizierten Ressourcen-

[527] Vgl. van der Aalst (2016) - Process Mining, S. 35ff.

verbrauchs sind diejenigen Kostenträger mittels der entsprechenden Identifikationsnummern zu erfassen, für die das Ereignis durchgeführt wird oder wurde. Der OCEL-Standard erlaubt hierbei die Erfassung mehrerer Kostenträger. Darüber hinaus sind der jeweilige Start- und Endzeitpunkt sowie die durchgeführte Aktivität zu erfassen und dem jeweiligen Ereignis zuzuordnen. Für die Ermittlung der Kosten eines Ereignisses sind außerdem die in einem Ereignis beanspruchten Ressourcen bzw. die entsprechenden Identifikationsnummern zu dokumentieren, wobei nach dem OCEL-Standard auch hier mehrere Ressourcen innerhalbe eines Ereignisses erfasst werden können. Die Vorlage zur Dokumentation der Prozessdaten ist in Tabelle 5-6 allgemein sowie auszugsweise für das betrachtete Fallbeispiel dargestellt.

Tabelle 5-6: Dokumentation der Prozessdaten

Allgemeine Darstellung:

E-ID	Kostenträger	Startzeitpunkt	Endzeitpunkt	Aktivität	Ressource
E-ID(φ_1)	$\{\Psi(\varphi_1)\}$	$t_s(\varphi_1)$	$t_e(\varphi_1)$	$a(\varphi_1)$	$\{\Omega(\varphi_1)\}$
E-ID(φ_2)	$\{\Psi(\varphi_2)\}$	$t_s(\varphi_2)$	$t_e(\varphi_2)$	$a(\varphi_2)$	$\{\Omega(\varphi_2)\}$
...	...	...	...	...	...
E-ID(φ_E)	$\{\Psi(\varphi_E)\}$	$t_s(\varphi_E)$	$t_e(\varphi_E)$	$a(\varphi_E)$	$\{\Omega(\varphi_E)\}$

Beispielhafte Darstellung (Ausschnitt):

E-ID	Kostenträger	Startzeitpunkt	Endzeitpunkt	Aktivität	Ressource
E-ID-01	{ K-ID-01 }	2021-02-03 T13:30:00+01:00	2021-02-03 T13:45:00+01:00	Konstruieren	{ R-ID-05, R-ID-06 }
E-ID-02	{ K-ID-02, K-ID-03 }	2021-02-03 T14:00:00+01:00	2021-02-03 T15:00:00+01:00	Freigeben	{ R-ID-06, R-ID-07 }
E-ID-03	{ K-ID-04, K-ID-05 }	2021-02-03 T16:30:00+01:00	2021-02-03 T17:45:00+01:00	Prüfen	{ R-ID-05, R-ID-08 }
...	...	...	...	...	...

Legende

$\Psi(\varphi)$ Teilmenge der Kostenträger Ψ, welche Event $\varphi \in \Phi$ zugeordnet sind

$t_s(\varphi)$ Startzeitpunkt t_s von Event $\varphi \in \Phi$

$t_e(\varphi)$ Endzeitpunkt t_e von Event $\varphi \in \Phi$

$a(\varphi)$ Aktivität, die in Event $\varphi \in \Phi$ ausgeführt wird

$\Omega(\varphi)$ Teilmenge der Ressourcen Ω, welche Event $\varphi \in \Phi$ zugeordnet sind

Die einheitlich dokumentierten Prozessdaten bilden die Grundlage zur Ermittlung der varianteninduzierten Prozesskosten und sind für die Anwendung von Process Data

Mining modellbasiert zu beschreiben. Das entsprechende Datenmodell wird im folgenden Kapitel entwickelt und beschrieben.

5.3.2 Prozessdaten zur Anwendung von Process Data Mining

Das Ziel dieses Arbeitsschrittes ist die Überführung der vom Anwender dokumentierten Informationen hinsichtlich der Prozessdaten in ein Datenmodell, um somit die Anwendung von Process Data Mining zu ermöglichen. Das Datenmodell der Prozessdaten ist angelehnt an den OCEL-Standard (siehe Kapitel 2.4.1.4) und wird um die bereits erläuterten Informationen sowie für die Kostenrechnung erforderlichen Attribute und Methoden erweitert. Darüber hinaus werden die Ereignisse mit den Klassen Kostenträger und Ressource mit den entsprechenden Assoziationen und Multiplizitäten verknüpft, sodass eine vollständige Abbildung der erfassten objektorientierten Ereignisdaten im Kontext der Prozesskostenermittlung ermöglicht wird. Das Datenmodell, die dazugehörigen Klassen, Attribute, deren Datentypen sowie die Methoden sind in Abbildung 5-11 dargestellt und werden im Folgenden erläutert.

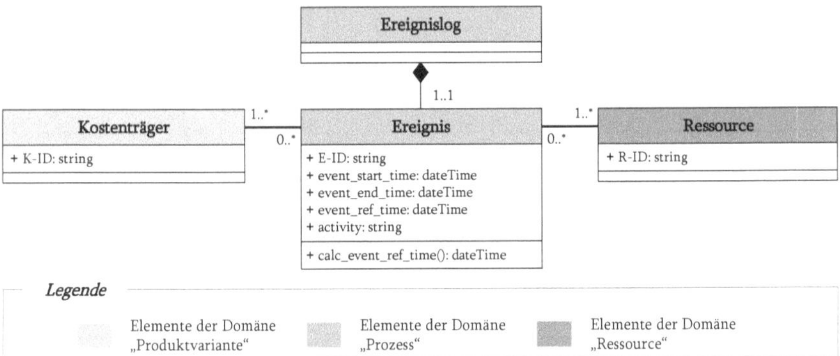

Abbildung 5-11: Datenmodell der Prozessdaten

Zunächst besteht ein Ereignislog (Klasse *Ereignislog*) aus der Gesamtheit der Ereignisse (Klasse *Ereignis*), wobei ein Ereignislog aus beliebig vielen Ereignissen besteht und jedes Ereignis einem Ereignislog zugeordnet ist. Jedem Ereignis ist eine eindeutige Ereignis-Identifikationsnummer (Attribut *E-ID*) zuzuordnen. Die weiteren, für die Ermittlung von Prozesskosten relevanten Attribute sind der Startzeitpunkt (Attribut *event_start_time*) und der Endzeitpunkt (Attribut *event_start_time*) des Ereignisses. Die Ermittlung des Ereignisreferenzzeitpunktes (Attribut *event_ref_time*) ergibt sich basierend auf dem Start- und Endzeitpunkt des Ereignisses nach Gleichung (5.9) (Methode *calc_event_ref_time()*). Weiterhin ist die durchgeführte Aktivität (Attribut *activity*) in das Datenmodell zu integriert. Die Verknüpfung zu den Klassen Kostenträger und Ressource sind identisch, wobei jedem Ereignis mindestens ein Kostenträger und eine Ressource zuzuordnen sind. Gleichermaßen können sowohl ein Kostenträger als auch eine Ressource keinem oder beliebig vielen Ereignissen zugeordnet werden.

In diesem Kapitel erfolgte die Herleitung der für die Ermittlung varianteninduzierter Prozesskosten nach den Prinzipien des TDABC und der mehrstufigen Divisionskalkulation erforderlichen Informationen. Ausgehend von diesem Informationsbedarf wurden die unmittelbar in PAIS erfassbaren und für die Prozesskostenermittlung notwendigen Prozessdaten abgeleitet und beschrieben, wie sich anhand dieser Daten die prozesskostenrelevanten Informationen ergeben. Schließlich wurde in Anlehnung an den OCEL-Standard eine Struktur zur Dokumentation der Prozessdaten entwickelt und die Daten und Strukturen in ein Datenmodell überführt.

Es wird ersichtlich, dass die Prozessdaten das Bindeglied zwischen den Kostenträgern und den Ressourcen darstellen. Anhand der Prozessdaten erfolgt die Quantifizierung des Ressourcenverzehrs auf der einen Seite und die verursachungsgerechte Zuordnung dieser zu den entsprechenden Kostenträgern auf der anderen Seite. Die Verknüpfung der drei Domänen zur Ermittlung und verursachungsgerechten Zuordnung varianteninduzierter Prozesskosten erfolgt mittels Process Data Mining und wird in den nachfolgenden Kapiteln beschrieben. Im nächsten Kapitel wird zunächst auf die Ermittlung varianteninduzierter Prozesskosten mittels Process Data Mining eingegangen.

5.4 Ermittlung varianteninduzierter Prozesskosten mittels Process Data Mining

Nachdem in den vorangegangenen Kapiteln die Domänen Produkt, Ressource und Prozess jeweils singulär beschrieben wurden, erfolgt in diesem Kapitel die Erklärung der Zusammenhänge zur Ermittlung varianteninduzierter Prozesskosten mittels Process Data Mining. In diesem Kapitel wird somit folgende Forschungsfrage beantwortet:

> Wie lassen sich varianteninduzierte Prozesskosten mittels Process Data Mining ermitteln?

Zur Beantwortung der Forschungsfrage erfolgt zunächst die Zusammenführung der domänenspezifischen Modelle zu einem ganzheitlichen Datenmodell (siehe Kapitel

5.4.1). Basierend hierauf erfolgt die Entwicklung der Methodik zur Ermittlung varianteninduzierter Prozesskosten mittels Process Data Mining (siehe Kapitel 5.4.2).

5.4.1 Erklärung der Zusammenhänge zwischen Produkt, Prozess und Ressource

Das Ziel dieses Abschnittes ist die Erklärung der Zusammenhänge zwischen den Domänen Produktvariante, Prozess und Ressource für die Ermittlung und verursachungsgerechte Zuordnung varianteninduzierter Prozesskosten mittels Process Data Mining. Hierfür wird ein ganzheitliches Datenmodell entwickelt und um kostenrelevante Attribute und Methoden erweitert (siehe Abbildung 5-12).

Die Klassen, Attribute, Methoden und Assoziationen des Datenmodells wurden jeweils in den Kapiteln 5.1.3, 5.2.3 und 5.3.2 beschrieben. Für die Ermittlung und verursachungsgerechte Zuordnung von Prozesskosten wurde das gesamtheitliche Datenmodell erweitert. Die Erweiterungen des Datenmodells entsprechend der Komplexitätskostentheorie werden im Folgenden kurz erläutert.

Einmalige Prozesskosten sind einem Kostenträger direkt zugeordnet und unterteilen sich weiter in kostenträgerspezifische (Attribut *cost_prcs_init_iso)* und über die dazugehörigen Kostenträger aggregierten (Attribut *cost_prcs_init_agg*) Prozesskosten. Die Differenzierung zwischen einmaligen und laufenden Prozesskosten ergibt sich durch die jeweils zugeordneten Frequenzen. Da sich für einen Kostenträger mehrere, unterschiedlich hohe und in unterschiedlicher Frequenz auftretende laufende Prozesskosten ergeben können, wird für die kostenträgerspezifischen laufenden Prozesskosten eine eigene Klasse (Klasse *Prozesskosten (run, iso)*) vorgesehen. Hierfür sind die Höhe der kostenträgerspezifischen laufenden Prozesskosten (Attribut *cost_prcs_run_iso*) sowie deren jeweilige Frequenz (Attribut *cost_frequency_iso*) zu ermitteln. Im Rahmen der verursachungsgerechten Kostenzuordnung werden die laufenden Prozesskosten sowie deren Frequenzen über alle enthaltenen Kostenträger entsprechend der jeweiligen Stückzahlen aggregiert, sodass die aggregierten laufenden Prozesskosten (Klasse *Prozesskosten (run, agg)*) ebenfalls in einer separaten Klasse erfasst werden. Aus der Höhe und der Frequenz der kostenträgerspezifischen laufenden Prozesskosten der enthaltenen Kostenträger sowie der jeweils enthaltenen Stückzahl ergeben sich die Höhe (Attribut *cost_prcs_run_agg*) und die Frequenz (Attribut *cost_frequency_run*) der aggregierten laufenden Prozesskosten. Für sämtliche Kostenangaben sind die jeweiligen Währungen (Attribut *currency*) anzugeben, sodass eine Verrechnung über unterschiedliche Währungssysteme ermöglicht wird. Für die verursachungsgerechte Zuordnung der Prozesskosten sei auf Kapitel 5.5 (Methode *calc_cost_prcs_agg()*) verwiesen.

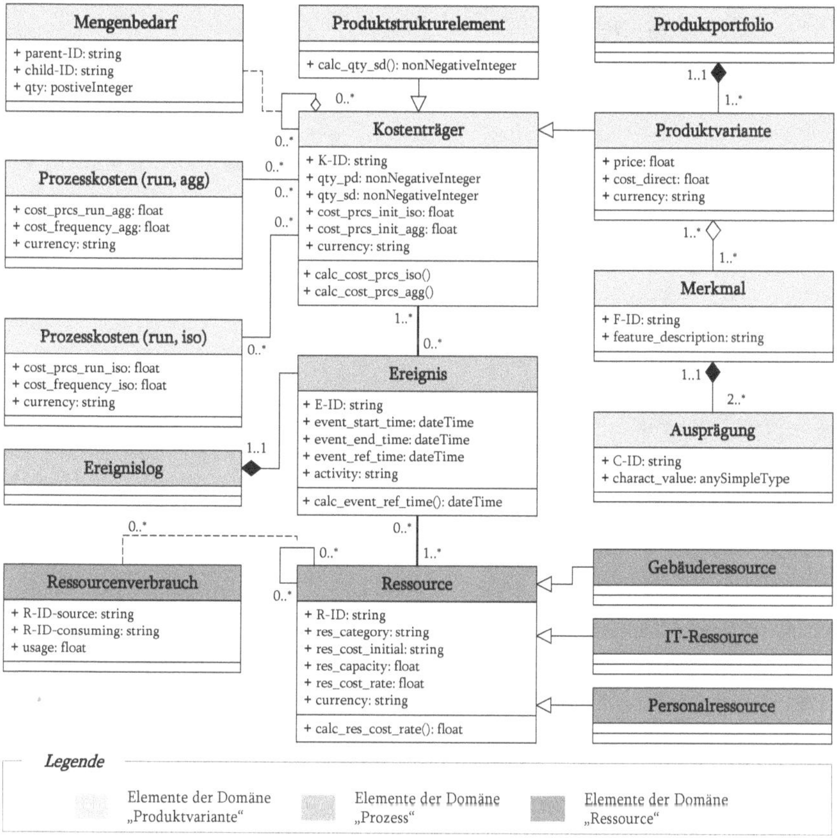

Abbildung 5-12: Datenmodell der Domänen Produktvariante, Prozess und Ressource

Nach der Erklärung der Zusammenhänge zwischen den Domänen Produktvariante, Prozess und Ressource sowie der Erweiterung des Datenmodells um prozesskostenrelevante Elemente sind die Voraussetzungen für die Ermittlung und verursachungsgerechte Zuordnung varianteninduzierter Prozesskosten definiert. Hierauf basierend wird im nächsten Kapitel beschrieben, wie sich die Prozesskosten mittels Process Data Mining ermitteln lassen.

5.4.2 Prozesskostenermittlung mittels Process Data Mining

In diesem Kapitel erfolgt die Ermittlung der Prozesskosten mittels Process Data Mining. Die Ermittlung und die anschließende Zuordnung der varianteninduzierten Prozesskosten erfolgt im Sinne der Ist-Kostenrechnung (siehe Kapitel 2.3), sodass sämtliche während eines Betrachtungszeitraums angefallenen Prozesskosten vollständig zugeordnet werden. Darüber hinaus erfolgt in Anlehnung an die Komplexitätskostentheorie die Differenzierung in einmalige und laufende Prozesskosten,[528] wobei ferner die Frequenz der laufenden Kosten anhand der Prozessdaten bestimmt wird. Für eine gezielte Zuordnung der jeweiligen Kosten zu einem Kostenträger wird im Folgenden zunächst die frequenzorientierte Prozesskostendifferenzierung vorgestellt und anschließend die Berechnung der Prozesskosten erläutert. Die hier vorgestellte Methode „calc_cost_prcs_iso()“ der Klasse „Kostenträger“ dient der Berechnung der isolierten, d. h. kostenträgerspezifischen, einmaligen sowie der kostenträgerspezifischen, frequenzorientiert klassifizierten, laufenden Prozesskosten. Die Ermittlung der aggregierten Kosten über die verursachungsgerechte Zuordnung der Prozesskosten erfolgt im nachfolgenden Kapitel 5.5.

5.4.2.1 Detaillierung der Ermittlung varianteninduzierter Prozesskosten

Ziel dieses Abschnittes ist die Detaillierung der Methodik zur Ermittlung varianteninduzierter Prozesskosten mittels Process Data Mining. Die Grundlage bildet das im vorherigen Abschnitt definierte ganzheitliche Datenmodell sowie die in den Kapiteln 5.1, 5.2 und 5.3 hergeleiteten und dokumentierten Informationen und Zusammenhänge der Domänen Produkt, Prozess und Ressource. Bevor die formale Quantifizierung der kostenträgerspezifischen Stückkosten erfolgt, wird die Ermittlung der varianteninduzierten Prozesskosten in abstrakter Form erläutert. Mit der Methodik werden die einmaligen und laufenden Stückkosten der in einem Ereignis referenzierten Kostenträger aufgrund der durch die Aktivitätendurchführung beanspruchten Ressourcen ermittelt (siehe Abbildung 5-13). Die Methodik wird im Folgenden qualitativ erläutert. Die formale Erklärung der Prozesskostenermittlung mittels Process Data Mining erfolgt in den nachfolgenden Abschnitten 5.4.2.2 und 5.4.2.3.

[528] Gembrys (1998) - Modell zur Reduzierung der Variantenvielfalt, S. 17.

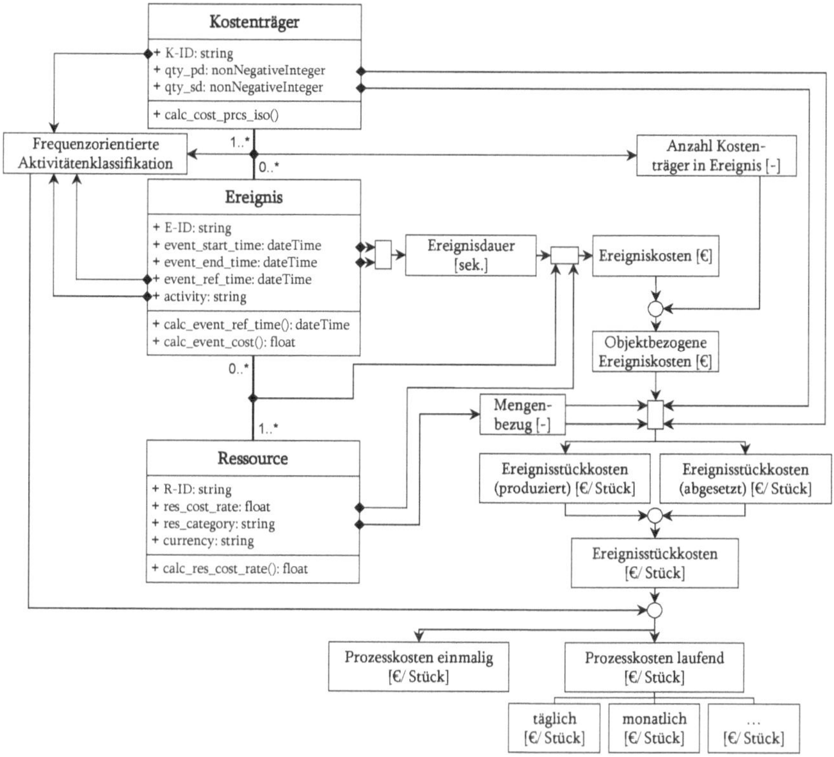

Abbildung 5-13: Detaillierung der Prozesskostenermittlung mittels Process Data Mining

Zunächst werden Aktivitäten in Abhängigkeit eines Kostenträgers nach einmaligen und laufend klassifiziert und die Frequenz der jeweiligen Aktivität bestimmt (frequenzorientierte Aktivitätenklassifikation). Hierbei wird anhand der entsprechenden Ereignisse ermittelt, welche Aktivitäten für einen Kostenträger in welcher Regelmäßigkeit durchgeführt wurden. Aktivitäten, die regelmäßig für einen bestimmten Kostenträger durchgeführt wurden, werden als laufend klassifiziert. Wird eine Aktivität nicht regelmäßig durchgeführt, so gilt sie als einmalig. Darüber hinaus werden hierbei die Frequenz (z. B. täglich, monatlich etc.) der Aktivitätendurchführung sowie das entsprechende Segment (z. B. Tag, Monat etc.) identifiziert. Die frequenzorientierte Aktivitätenklassifikation erfolgt unter Berücksichtigung aller zu analysierender Prozessdaten, d. h. dem gesamten Ereignislog. Anhand dessen werden Erkenntnisse bzgl. der

Regelmäßigkeit der mit den jeweiligen Aktivitäten einhergehenden Prozesskosten ermöglicht.

Die Ermittlung der stückbezogenen Ereigniskosten eines Kostenträgers erfolgt zunächst separat für jedes Ereignis. Den ersten Schritt der Prozesskostenermittlung bildet die Ermittlung der Ereignisdauer anhand des entsprechenden Ereignisstart- und Ereignisendzeitpunkts (siehe Kapitel 5.3). Die Dauer wird anschließend jeweils mit den Kostensätzen der in dem Ereignis referenzierten Ressourcen multipliziert, woraus sich die ressourcenspezifischen Ereigniskosten ergeben. Um diese bei der Kalkulation nicht mehrfach zuzuordnen, erfolgt anschließend jeweils die Aufteilung der Ereigniskosten über die Anzahl der referenzierten Kostenträger. Anhand der so ermittelten kostenträgerspezifischen Ereigniskosten gelingt eine äquivalente Allokation der Ereigniskosten zur den referenzierten Kostenträgern. Für die Ermittlung der stückbezogenen Ereigniskosten werden anschließend die kostenträgerspezifischen Ereigniskosten entsprechend des Mengenbezugs der kostenverursachenden Ressourcen auf die produzierte bzw. abgesetzte Stückzahl der betrachteten Kostenträger bezogen. Hieraus ergeben sich die Ereignisstückkosten eines Kostenträgers in Bezug auf die produzierte bzw. abgesetzte Stückzahl. Im Sinne der Ist-Kostenrechnung werden die produktions- bzw. absatzmengenbezogenen Stückkosten eines jeden Kostenträgers addiert und ergeben somit die jeweiligen Ereignisstückkosten für das betrachtete Ereignis. Dieses Vorgehen ist für sämtliche Ereignisse durchzuführen, sodass die Ereignisstückkosten für jedes Ereignis bestimmt sind und dem jeweiligen Kostenträger zugeordnet werden können.

Sind die Ereignisstückkosten für jedes Ereignis bestimmt, lassen sich die frequenzorientierten Prozesskosten unter Berücksichtig aller Prozessdaten, d. h. des gesamten Ereignislogs, ermitteln. Hierfür werden die Erkenntnisse der initialen Aktivitätenklassifikation zunächst zur Einordnung nach einmaligen und laufenden Prozesskosten verwendet. Die einmaligen Prozesskosten eines Kostenträgers ergeben sich aus der Summe derjenigen Ereignisstückkosten, für welche die entsprechenden Aktivitäten in Abhängigkeit des Kostenträgers als einmalig klassifiziert sind. Die laufenden Prozesskosten ergeben sich aus einer statistischen Analyse der zugrundeliegenden Ereignisstückkosten. Ausgehend von einer als laufend klassifizierten Aktivität eines Kostenträgers werden die hierzu gehörenden Ereignisstückkosten über den Gesamtzeitraum gemittelt. Entsprechend der Anzahl an Ereignissen in einem Segment können die segmentspezifischen Prozesskosten ermittelt und festgelegt werden. Dies ist für sämtliche Aktivitäten eines Kostenträger zu wiederholen, sodass sich hierüber die Prozesskosten der entsprechenden Frequenzen ergeben.

Anhand der beschriebenen Methode ergeben sich die varianteninduzierten Prozesskosten der berücksichtigten Kostenträger. In den folgenden Abschnitten 5.4.2.2 und 5.4.2.3 wird die Formalisierung und weitere Detaillierung der Prozesskostenermittlung erläutert.

5.4.2.2 Frequenzorientierte Aktivitätenklassifikation

In diesem Abschnitt wird die frequenzorientierte Aktivitätenklassifikation unter Anwendung statistischer und automatischer Algorithmen entwickelt. Dieser Schritt stellt die erste Anwendung von Process Data Mining dar. Bestehende prozessorientierte Kostenrechnungsverfahren ermitteln einmalige und laufende Aktivitäten sowie die jeweiligen Frequenzen Top-down anhand von Interviews.[529] Entgegen dieser Herangehensweise erfolgt die Ermittlung der Aktivitätenfrequenzen in diesem Schritt Bottom-up anhand der Regelmäßigkeit und der Häufigkeit, mit der eine Aktivität für einen Kostenträger durchgeführt wird. In Bezug auf die Häufigkeit führen einmal durchgeführte Aktivitäten zu einmaligen Prozesskosten. Wird eine Aktivität mehrmals durchgeführt, richtet sich die Klassifikation nach der Regelmäßigkeit. Die Regelmäßigkeit bewertet, ob eine mehrmals durchgeführte Aktivität in gleichen Abständen zueinander durchgeführt wurde. Unregelmäßig durchgeführte Aktivitäten führen zu einmaligen, regelmäßig durchgeführte Aktivitäten zu laufenden Aktivitäten (siehe Abbildung 5-14).

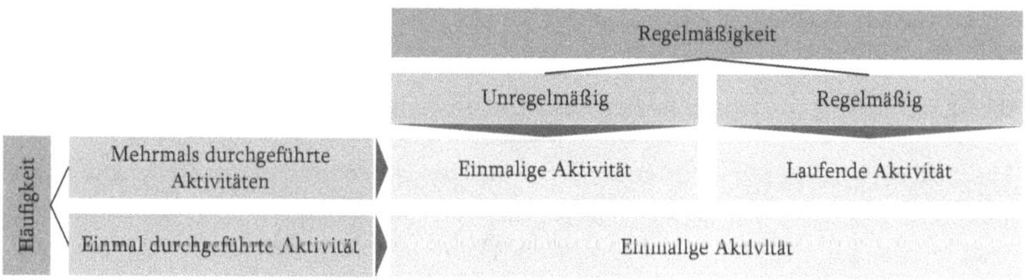

Abbildung 5-14: Prozesskosten in Abhängigkeit der Häufigkeit und Regelmäßigkeit

Neben der Bewertung, ob eine Aktivität einmalig oder laufend durchgeführt wird, ist weiterhin die Frequenz der Aktivitätendurchführung relevant. So sind bspw. wöchentlich durchgeführte Aktivitäten bzw. damit einhergehende Prozesskosten anders zu bewerten als einmal jährlich auftretende Kosten. Die Klassifikation der Aktivitäten

529 Vgl. Bayer (2010) - Integriertes Variantenmanagement, S. 135; Schuh und Riesener (2017) - Produktkomplexität managen, S. 151f.

erfolgt anhand eines Algorithmus, der gleichzeitig die Einmaligkeit bzw. Regelmäßigkeit sowie die Frequenz der Aktivitätendurchführung ermittelt. Der Algorithmus ist in Abbildung 5-15 dargestellt und wird im Folgenden detailliert erläutert.

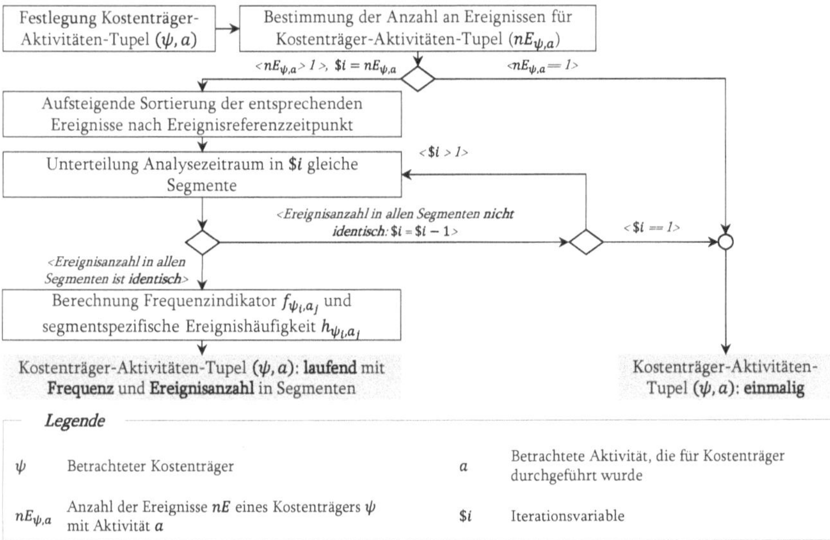

Abbildung 5-15: Algorithmus zur frequenzorientierten Aktivitätenklassifikation

Zunächst wird ein zu betrachtender Kostenträger $\psi \in \Psi$ festgelegt. Zur frequenzorientierten Bewertung hierfür durchgeführten Aktivitäten sei die Menge der für den betrachteten Kostenträger ψ durchgeführten Aktivitäten definiert zu

$$\boldsymbol{A}_{\psi} = \{a \in A \mid a \text{ ist Aktivität für Kostenträger } \psi\}.$$

Weithin sei die Menge der Ereignisse, in denen der Kostenträger ψ referenziert ist und die Aktivität $a \in A_{\psi}$ durchgeführt wird definiert zu

$$\boldsymbol{\Phi}_{\psi,a} = \{\varphi \in \Phi \mid \varphi \text{ ist Ereignis des Kostenträgers } \psi \text{ und der Aktivität } a\}.$$

Entsprechend der Differenzierung nach Häufigkeit und Regelmäßigkeit erfolgt zunächst die Prüfung der Häufigkeit einer Aktivität für einen Kostenträger. Hierzu wird die Mächtigkeit[530] der entsprechenden Ereignismenge ($|\Phi_{\psi,a}|$) ermittelt, welche die

[530] Die Mächtigkeit einer Menge ist die Anzahl der enthaltenen Elemente.

Anzahl der Ereignisse $nE_{\psi,a}$ ergibt. Existiert für ein Kostenträger-Aktivitäten-Tupel nur ein Ereignis ($nE_{\psi,a}$== 1), so ist die Aktivität für den entsprechenden Kostenträger als einmalig zu klassifizieren. Existieren für das Tupel mehrere Ereignisse ($nE_{\psi,a} > 1$), so sind diese auf Regelmäßigkeit zu prüfen, um hieraus eine Differenzierung zwischen einmaligen und laufenden Aktivitäten zu ermitteln. Hierzu werden die Ereignisse $\varphi \in \Phi_{\psi,a}$ zunächst aufsteigend entsprechend des jeweiligen Ereignisreferenzzeitpunktes sortiert. Für die Analyse hinsichtlich der Regelmäßigkeit wird der Frequenzanalysezeitraum Δt_p definiert, welcher der initial definierten Periode entspricht. Die definierte Periode variiert je nach Fokussierung der Kostenrechnung. Im Rahmen der Finanzbuchführung wird die Periode typischerweise zu einem Jahr definiert.[531] Für eine entscheidungsorientierte Kosten- und Erlösrechnung sowie die Erfolgsrechnung werden kürzere Zeiträume, wie z. B. ein Monat, gewählt.[532]

Basierend hierauf kann im Folgenden die Regelmäßigkeit der Aktivitätendurchführung zur weiteren Differenzierung zwischen einmaligen und laufenden Aktivitäten geprüft werden. Hierfür wird der Frequenzanalysezeitraum in gleich lange Segmente unterteilt und hinsichtlich des Regelmäßigkeitskriteriums geprüft. Das Regelmäßigkeitskriterium ist erfüllt, wenn die Anzahl der Ereignisse in jedem Segment identisch ist. Um das Regelmäßigkeitskriterium iterativ für unterschiedliche Segmentanzahlen zu prüfen, wird eine Iterationsvariable ($\$i$) eingeführt. Zur Prüfung des Regelmäßigkeitskriteriums wird der Frequenzanalysezeitraum zunächst in so viele gleich lange Segmente unterteilt, wie Ereignisse für das betrachtete Kostenträger-Aktivitäten-Tupel existieren ($\$i = nE_{\psi,a}$). Hierauf basierend wird geprüft, ob die Ereignisanzahl in allen Segmenten identisch ist. Ist das der Fall (Regelmäßigkeitskriterium erfüllt), so wird die Aktivität für den Kostenträger regelmäßig durchgeführt und die Kombination aus Kostenträger und Aktivität wird als laufend klassifiziert. Ist die Anzahl der Ereignisse in jedem Segment im ersten Schritt nicht identisch (Regelmäßigkeitskriterium nicht erfüllt), wird die Anzahl der Segmente um eins reduziert ($\$i = \$i - 1$), der Analysezeitraum erneut gleichmäßig unterteilt und auf Gleichverteilung der Ereignisse in den sich ergebenden Segmenten geprüft.

Wird im Rahmen des iterativen Vorgehens das Regelmäßigkeitskriterium erfüllt, so wird die betrachtete Aktivität a für den Kostenträger ψ regelmäßig durchgeführt und

[531] Vgl. Horsch (2020) - Kostenrechnung, S. 23.

[532] Vgl. Coenenberg et al. (2016) - Kostenrechnung und Kostenanalyse, S. 110; Horsch (2020) - Kostenrechnung, S. 23.

damit als laufend klassifiziert. Hierbei sei für den fokussierten Kostenträger $\psi \in \Psi$ die Menge der als laufend klassifizierten Aktivitäten definiert zu

$$A_\psi^f = \{a^f \mid a^f \in A_\psi \text{ und als laufend klassifiziert}\}.$$

Basierend hierauf sowie unter Berücksichtigung der sich für das erfüllte Regelmäßigkeitskriterium ergebenden Anzahl an Segmenten $\$i$ erfolgt anschließend die Berechnung der Frequenz. Diese gibt an, in welcher Regelmäßigkeit für den betrachteten Kostenträger ψ die als laufend identifizierten Aktivitäten $a \in A_\psi^f$ durchgeführt werden. Zur Steigerung der Interpretationsfähigkeit wird die Frequenz auf ein Kalenderjahr bezogen und kann anhand von Gleichung (5.10) berechnet werden.

$$f_{\psi,a} = \frac{\Delta t_p}{\$i \cdot \Delta t_{cy}} \tag{5.10}$$

mit

$f_{\psi,a}$	Frequenz für Tupel $(\psi, a), \psi \in \Psi, a \in A_\psi^f$ [-]
Δt_p	Frequenzanalysezeitraum, entspricht initial definierter Periode [sec]
$\$i$	Anzahl der Segmente, für die Regelmäßigkeitskriterium erfüllt ist [-]
Δt_{cy}	Länge eines Kalenderjahres (=31.536.000 sec) [sec]

Die Frequenz wird im Datenmodell in der Klasse „Prozesskosten (run, iso)" als Attribut „cost_frequency_iso" repräsentiert und diesem zugewiesen. Anhand der Frequenz kann die Regelmäßigkeit der Aktivitätendurchführung exakt quantifiziert werden (siehe beispielhaft Abbildung 5-16).

Frequenzen in Bezug auf ein Kalenderjahr

Regelmäßigkeit	Frequenz
Täglich	0,00274
Alle 2 Tage	0,00548
Alle 3 Tage	0,00822
Alle 4 Tage	0,01096
Alle 5 Tage	0,01370

Regelmäßigkeit	Frequenz
Wöchentlich	0,01918
Alle 2 Wochen	0,03836
Alle 3 Wochen	0,05753
Monatlich	0,08333
Alle 2 Monate	0,16667

Regelmäßigkeit	Frequenz
Alle 3 Monate	0,25
Alle 4 Monate	0,33333
Alle 5 Monate	0,41667
Alle 6 Monate	0,5
Alle 9 Monate	0,75
Jährlich	1

Abbildung 5-16: Frequenzen ausgewählter Regelmäßigkeiten in Bezug auf ein Kalenderjahr

Neben der Frequenz ist für die Prozesskostenermittlung die Anzahl der Ereignisse in den sich für den betrachteten Kostenträger ψ und die hierfür durchgeführte Aktivität $a \in A_{\psi}$ ergebenden Segmenten anhand von Gleichung (5.11) zu ermitteln.

$$h_{\psi,a} = \frac{nE_{\psi,a}}{\$i} \tag{5.11}$$

mit

$h_{\psi,a}$ Anzahl Ereignisse pro Segment für Tupel $(\psi, a), \psi \in \Psi, a \in A_{\psi}^{f}$ [-]

$nE_{\psi,a}$ $=|\Phi_{\psi,a}|$, Anzahl aller Ereignisse von Tupel $(\psi, a), \psi \in \Psi, a \in A_{\psi}^{f}$ [-]

Das iterative Vorgehen wird so lange fortgeführt, bis nur noch ein Segment erstellt werden könnte. Wird das Regelmäßigkeitskriterium nicht erfüllt, so die Kostenträger-Aktivitäten-Kombination als einmalig klassifiziert (siehe Abbildung 5-17).

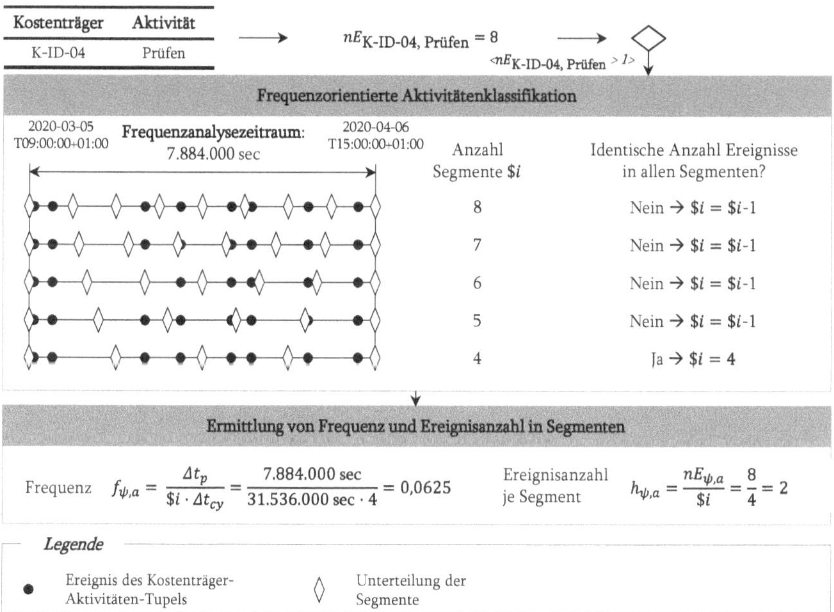

Abbildung 5-17: Beispielhafte frequenzorientierte Aktivitätenklassifikation

Das Ergebnis dieses Abschnittes ist eine frequenzorientierte Klassifikation einer für einen betrachteten Kostenträger durchgeführten Aktivität. Eine separate Dokumentation oder Erfassung der Ergebnisse im Datenmodell ist nicht erforderlich.

Basierend auf den Ergebnissen der frequenzorientierten Aktivitätenklassifikation lassen sich im nächsten Schritt die einmaligen und laufenden varianteninduzierten Prozesskosten ermitteln. Im folgenden Kapitel wird Methodik zur Ermittlung der varianteninduzierten Prozesskosten mittels Process Data Mining beschrieben.

5.4.2.3 Ermittlung einmaliger und laufender varianteninduzierter Prozesskosten

In diesem Abschnitt erfolgt die Formulierung der in Kapitel 5.4.2.1 qualitativ beschriebenen Ermittlung varianteninduzierter Prozesskosten. Anhand des Datenmodells der Prozessdaten und der hierin enthaltenen Informationen lassen sich Prozesskosten unmittelbar mittels Process Data Mining ermitteln. Basierend auf den Erkenntnissen von Kapitel 5.4.2.2 bzgl. der kostenträgerspezifischen einmaligen bzw. laufenden Aktivitäten lassen sich die entsprechenden einmaligen und laufenden Prozesskosten berechnen. Hierzu sei zu jedem Kostenträger ψ und einer hierfür durchgeführten Aktivität $a \in A_\psi$ die Klassifikation in einmalig oder laufend sowie für den Fall der laufenden Aktivitäten die Frequenz ($f_{\psi,a}$) und die Anzahl der Ereignisse pro Segment ($h_{\psi,a}$) bekannt. Im Folgenden wird zunächst die Ermittlung der einmaligen und anschließend die Ermittlung der laufenden Prozesskosten mittels Process Data Mining erläutert.

Ermittlung der einmaligen Prozesskosten

Die einmaligen Prozesskosten des Frequenzanalysezeitraums eines Kostenträgers ergeben sich aus den als einmalig identifizierten Aktivitäten bzw. den hierzu gehörenden Ereignissen. Die einmaligen Prozesskosten sind im Datenmodell in der Klasse „Kostenträger“ dem Attribut „cost_prcs_init_iso“ zugeordnet. Für die Ermittlung der einmaligen Prozesskosten sei die Menge der für einen betrachteten Kostenträger ψ als einmalig klassifizierten Aktivitäten definiert zu

$$\boldsymbol{A}_\psi^e = \{a^e \mid a^e \in A_\psi \text{ und als einmalig klassifiziert}\}.$$

Darüber hinaus sei die Menge der Ereignisse des betrachteten Kostenträgers ψ und der als einmalig klassifizierten Aktivität $a^e \in A_\psi^e$ definiert zu

$$\boldsymbol{\Phi}_{\psi,a}^e = \{\varphi^e \mid \varphi^e \text{ ist Ereignis des Kostenträgers } \psi \text{ und der einmaligen Aktivität } a^e\}.$$

Weithin sei die Menge der Kostenträger, die in Ereignis $\varphi \in \Phi_{\psi,a}$ referenziert werden definiert zu

$\boldsymbol{\Psi}(\boldsymbol{\varphi}) = \{\psi(\varphi) \mid \psi(\varphi) \text{ ist Kostenträger in Ereignis } \varphi\}$

In Bezug auf die Unternehmensressourcen sei die Menge der in Ereignis $\varphi \in \Phi_{\psi,a}$ referenzierten und auf die abgesetzten Stückzahlen (Absatzmenge, AM) bezogenen Ressourcen definiert zu

$\boldsymbol{\Omega}_{sd}(\varphi) = \{\omega_{sd}(\varphi) \mid \omega_{sd}(\varphi) \text{ ist Ressource in Ereignis } \varphi \text{ mit Mengenbezug "AM"}\}.$

Äquivalent hierzu sei die Menge der in Ereignis $\varphi \in \Phi_{\psi,a}$ referenzierten und auf die produzierten Stückzahlen (Produktionsmenge, PM) bezogenen Ressourcen definiert zu

$\boldsymbol{\Omega}_{pd}(\varphi) = \{\omega_{pd}(\varphi) \mid \omega_{pd}(\varphi) \text{ ist Ressource in Ereignis } \varphi \text{ mit Mengenbezug "PM"}\}.$

Somit lassen sich die einmaligen Prozesskosten des Kostenträgers ψ anhand Gleichung (5.12) bestimmen.

$$pc_0^s(\psi) = \sum_{a \in A_\psi^e} \sum_{\varphi \in \Phi_{\psi,a}} \left(\frac{\Delta t(\varphi)}{nK(\varphi)} \cdot \left(\frac{\sum_{\Omega_{sd(\varphi)}} k_\omega}{s_{sd,\psi}} + \frac{\sum_{\Omega_{pd(\varphi)}} k_\omega}{s_{pd,\psi}} \right) \right) \tag{5.12}$$

mit

$pc_0^s(\psi)$	Einmalige Prozesskosten des Kostenträgers $\psi \in \Psi$ [EUR/Stück]
A_ψ^e	Menge der als einmalig klassifizierten Aktivitäten des Kostenträgers ψ
$\Phi_{\psi,a}$	Menge der Ereignisse des Kostenträgers ψ und der Aktivität a
$\Delta t(\varphi)$	Ereignisdauer des Ereignisses $\varphi \in \Phi_{\psi,a}^e$ [sec]
$nK(\varphi)$	$=\lvert\Psi(\varphi)\rvert$, Anzahl in Ereignis $\varphi \in \Phi_{\psi,a}^e$ referenzierter Kostenträger [-]
k_ω	Kostensatz der Ressource $\omega \in \Omega$ [EUR/sec]
$s_{sd}(\psi)$	Abgesetzte Stückzahl des Kostenträgers $\psi \in \Psi$ [Stück]
$s_{pd}(\psi)$	Produzierte Stückzahl des Kostenträgers $\psi \in \Psi$ [Stück]

Neben den einmaligen sind insbesondere die laufenden Prozesskosten eines Kostenträgers relevant. Die Berechnung wird im folgenden Abschnitt beschrieben.

Ermittlung der laufenden Prozesskosten

Die laufenden Prozesskosten eines Kostenträgers ergeben sich aus den als laufend identifizierten Aktivitäten bzw. den hierzu gehörenden Ereignissen eines Kostenträgers innerhalb des Ereignislogs. Die laufenden Prozesskosten sind im Datenmodell in der Klasse „Prozesskosten (run, iso)" dem Attribut „cost_prcs_run_iso" zugeordnet.

Entgegen der einmaligen Prozesskosten können die laufenden Prozesskosten für spezifische Frequenzen aufgrund eventuell stark schwankender Ereignisstückkosten nicht über deren Summation berechnet werden. Daher werden die laufenden Prozesskosten eines Kostenträgers unter Berücksichtigung der Frequenz der für den Kostenträger durchgeführten und als laufend klassifizierten Aktivität a berechnet. Der Kostenwert bestimmt sich aufgrund des Ist-Kostenbezugs aus dem arithmetischen Mittel aller Ereignisstückkosten und wird anschließend anhand der entsprechenden Frequenz auf den Kostenträger bezogen. Hierfür sei die Menge der Ereignisse des betrachteten Kostenträgers ψ und der als laufend klassifizierten Aktivität $a \in A_{\psi}^{f}$ definiert zu

$$\boldsymbol{\Phi}_{\psi,a}^{f} = \{\varphi^{f} \mid \varphi^{f} \text{ ist Ereignis des Kostenträgers } \psi \text{ und der laufenden Aktivität } a\}.$$

Hiermit ergibt sich der arithmetische Mittelwert der Kosten aller für den Kostenträger ψ mit der Frequenz $f_{\psi,a}$ durchgeführten Ereignisse mittels Gleichung (5.13).

$$\bar{\mu}_{\psi,a} = \frac{1}{nE_{\psi,a}} \sum_{\varphi \in \Phi_{\psi,a}^{f}} \left(\frac{\Delta t(\varphi)}{nK(\varphi)} \cdot \left(\frac{\sum_{\Omega_{sd(\varphi)}} k_{\omega}}{s_{sd}(\psi)} + \frac{\sum_{\Omega_{pd(\varphi)}} k_{\omega}}{s_{pd}(\psi)} \right) \right) \tag{5.13}$$

mit

$\bar{\mu}_{\psi,a}$	Mittelwert der Ereignisstückkosten von Kostenträger $\psi \in \Psi$ und Aktivität $a \in A_{\psi}^{f}$ [EUR/(Stück·Ereignis)]
$nE_{\psi,a}$	$=\lvert\Phi_{\psi,a}\rvert$, Anzahl aller Ereignisse von Kostenträger $\psi \in \Psi$ und Aktivität $a \in A_{\psi}^{f}$ [-]
$\Delta t(\varphi)$	Ereignisdauer des Ereignisses $\varphi \in \Phi_{\psi,a}^{f}$ [sec]
$nK(\varphi)$	$=\lvert\Psi(\varphi)\rvert$, Anzahl in Ereignis $\varphi \in \Phi_{\psi,a}^{f}$ referenzierter Kostenträger [-]
k_{ω}	Kostensatz der Ressource $\omega \in \Omega$ [EUR/sec]
$s_{sd}(\psi)$	Abgesetzte Stückzahl des Kostenträgers $\psi \in \Psi$ [Stück]
$s_{pd}(\psi)$	Produzierte Stückzahl des Kostenträgers $\psi \in \Psi$ [Stück]

Die laufenden, kostenträgerspezifischen Prozesskosten mit der entsprechenden Frequenz $f_{\psi,a}$ ergeben sich aus der Multiplikation der ereignisbezogenen Stückkosten mit der Anzahl der Ereignisse eines Segments. Die Berechnung erfolgt anhand von Gleichung (5.14). Diese Berechnung ist für jede der als laufend klassifizierten Aktivitäten $a \in A_{\psi}^{f}$ des Kostenträgers $\psi \in \Psi$ durchzuführen, sodass die für einen spezifischen Kostenträger laufenden Prozesskosten unter Berücksichtigung der jeweiligen Frequenz ermittelt und als Objekte der Klasse „Prozesskosten (run, iso)“ gespeichert werden können.

$$pc_f^s(\psi, a) = \bar{\mu}_{\psi,a} \cdot h_{\psi,a} \tag{5.14}$$

mit

$pc_f^s(\psi, a)$	Laufende, kostenträgerspezifische Prozesskosten von Kostenträger $\psi \in \Psi$ und Aktivität $a \in A_\psi^f$ [EUR/Stück]
$\bar{\mu}_{\psi,a}$	Mittelwert der laufenden Ereignisstückkosten von Kostenträger $\psi \in \Psi$ und Aktivität $a \in A_\psi^f$ [EUR/(Stück·Ereignis)]
$h_{\psi,a}$	Anzahl Ereignisse pro Segment für Kostenträger $\psi \in \Psi$ und Aktivität $a \in A_\psi^f$ [Ereignis]

Die Objekte sind mit dem jeweiligen Kostenträger zu verknüpfen, sodass eine eindeutige Zuordnung und Evaluierung der ermittelten varianteninduzierten Prozesskosten ermöglicht wird.

Insgesamt wurden in diesem Kapitel zunächst die Zusammenhänge der Domänen Produkt, Prozess und Ressource erklärt. Basierend auf den im Rahmen der Beschreibungsmodelle dokumentierten Informationen wurde gezeigt, wie die einmaligen und laufenden varianteninduzierten Prozesskosten mittels Process Data Mining ermittelt werden können. Die Ergebnisse sind jeweils zur Ausprägung der referenzierten Klassen und Attribute zu verwenden, sodass das Datenmodell anhand der hier erläuterten Methodik vervollständigt wird. Im folgenden Kapitel 5.5 werden die varianteninduzierten Prozesskosten zur Bewertung von Produktvarianten verwendet.

5.5 Bewertung von Produktvarianten

Das Ziel dieses Kapitels ist die Bewertung von Produktvarianten über die verursachungsgerechte Zuordnung der varianteninduzierten Prozesskosten zur Unterstützung von Entscheidungen im Kontext der Unternehmensführung. Mit der Entwicklung einer entsprechenden Methodik wird die folgende Forschungsfrage beantwortet:

Wie lassen sich die varianteninduzierten Prozesskosten zur Bewertung von Produktvarianten verursachungsgerecht zuordnen?

Hierfür erfolgt zunächst die verursachungsgerechte Zuordnung der in Kapitel 5.4 ermittelten varianteninduzierten Prozesskosten zu den Produktvarianten (siehe Kapitel 5.5.1). Anhand der Kostenzuordnung werden die Produktvarianten im nächsten Schritt hinsichtlich der jeweiligen Profitabilität bewertet. Darüber hinaus erfolgt zur Unterstützung von Entscheidungen in der Unternehmensführung sowie im Komplexitätsmanagement eine Bewertung der Profitabilität der Ausprägungen sowie der Produktstrukturelemente (siehe Kapitel 5.5.2).

5.5.1 Verursachungsgerechte Kostenzuordnung

In diesem Abschnitt erfolgt die verursachungsgerechte Zuordnung der mittels Process Data Mining ermittelten varianteninduzierten Prozesskosten für die Bewertung von Produktvarianten. Die Zuordnung erfolgt hierbei unter Berücksichtigung der jeweils ermittelten Frequenzen laufender Prozesskosten, sodass eine differenzierte Bewertung der Produktvarianten ermöglicht wird. Hierfür sei die Menge aller Frequenzen aller Kostenträger, die im Rahmen der frequenzorientierten Aktivitätenklassifikation (siehe Kapitel 5.4.2.2) ermittelt und den Objekten der Klasse „Prozesskosten (run,iso)" zugeordnet wurden, definiert zu

$\boldsymbol{F} = \{f \mid f \text{ ist Frequenz laufender Prozesskosten}\}.$

Die Methode zur verursachungsgerechten Zuordnung der varianteninduzierten Prozesskosten entspricht im Datenmodell (siehe Kapitel 5.4.1) der Methode „calc_cost_prcs_agg()" der Klasse „Kostenträger" und erfolgt anhand der Direktbedarfsmatrix (siehe Kapitel 2.2.3 und 5.1.3). Weiterhin werden anhand der Methode gleichermaßen die einmaligen als auch die frequenzorientiert klassifizierten laufenden Prozesskosten zugeordnet. Zunächst sind die einmaligen und laufenden Prozesskosten vektorbasiert zu beschreiben. Hierfür wird einerseits der Vektor der einmaligen Prozesskosten $\overrightarrow{pc}_0^s \in \mathbb{R}^P$ gebildet. Weiterhin wird ausgehend von der Frequenz $f \in F$ der Vektor der entsprechenden laufenden, kostenträgerspezifischen Prozesskosten $\overrightarrow{pc}_f^s \in \mathbb{R}^P$ gebildet. Existiert für einen spezifischen Kostenträger für eine bestimmte Frequenz f kein Prozesskostenwert, so wird in dem entsprechenden Vektor der Wert Null eingetragen. Bei der Bildung der Vektoren ist zwingend auf die Reihenfolge der Kostenträger zu achten. So sind die in den Vektoren repräsentierten Kostenträger in der jeweils gleichen Reihenfolge wie in der Direktbedarfsmatrix der Kostenträger aufzulisten. Die Ermittlung der aggregierten Prozesskosten erfolgt hierbei für die einmaligen (Kostenkategorie 0) und laufenden (Kostenkategorie $f \in F$) Prozesskosten äquivalent, sodass sich diese in Abhängigkeit der jeweiligen Kostenkategorie $cc = \{0 \cap F\}$ entsprechend Gleichung (5.15) berechnen lassen.

$$\overrightarrow{pc}^a(cc) = (I - DBM^T)^{-1} \cdot \overrightarrow{pc}^s(cc) \tag{5.15}$$

mit

$\overrightarrow{pc}^a(cc)$	Vektor der aggregierten Prozessstückkosten der Kostenkategorie $cc = \{0 \cap F\}$
I	Einheitsmatrix
DBM	Direktbedarfsmatrix der Kostenträger
$\overrightarrow{pc}^s(cc)$	Vektor der Prozesskosten pro Stück der Kostenkategorie $cc = \{0 \cap F\}$

Anhand der jeweils aggregierten Stückkostenvektoren lassen sich die jeweiligen aggregierten einmaligen und laufenden Prozessstückkosten $pc^a(\psi, cc)$ des Kostenträgers $\psi \in \Psi$ der jeweiligen Kostenkategorie $cc = \{0 \cap F\}$ ermitteln. Die so ermittelten aggregierten Stückkosten eines jeden Kostenträgers sind anschließend als Objekte der Klasse „Prozesskosten (run,agg)" unter Verwendung des sich jeweils ergebenden Kostenwerts sowie der entsprechenden Frequenz auszuprägen und mit dem entsprechenden Kostenträger zu assoziieren. Das Ergebnis lässt sich anhand eines dreidimensionalen Gozintographen (siehe Kapitel 2.2.3) veranschaulichen (siehe Abbildung 5-18).

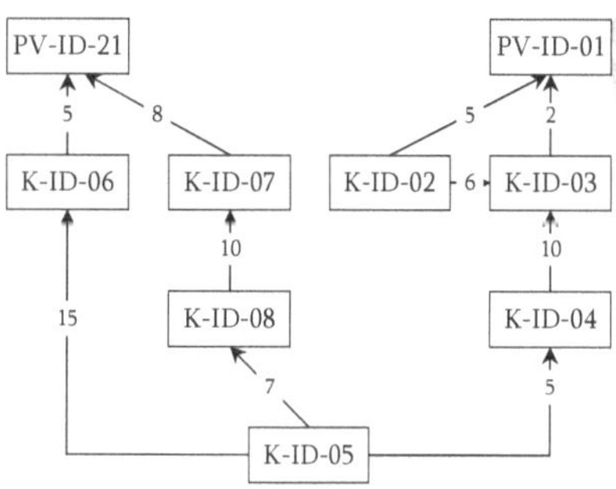

Prozesskosten einmalig, isoliert	322,00 EUR
Prozesskosten laufend, isoliert	
$f = 0,5$ *(halbjährlich)*	50,50 EUR
$f = 0,08333$ *(monatlich)*	95,60 EUR

Prozesskosten einmalig, aggregiert	5.600,00 EUR
Prozesskosten laufend, aggregiert	
$f = 0,5$ *(halbjährlich)*	508,00 EUR
$f = 0,08333$ *(monatlich)*	265,75 EUR
$f = 0,01918$ *(wöchentlich)*	32,60 EUR
$f = 0,00274$ *(täglich)*	5,50 EUR

Abbildung 5-18: Erweiterter Gozintograph für die Prozesskostenzuordnung

Die isolierten Prozesskosten stellen diejenigen Prozesskosten dar, die unmittelbar für den entsprechenden Kostenträger angefallen sind. Die einmaligen bzw. laufenden isolierten Prozesskosten ergeben sich entsprechend nach Gleichung (5.12) bzw. Gleichung (5.13). Laufende Prozesskosten sind weiterhin durch die Frequenz charakterisiert, die angibt, mit welcher Regelmäßigkeit die entsprechenden Prozesskosten anfallen. Im dargestellten Beispiel fallen für den isoliert betrachteten Kostenträger „PV-ID-01" in der initial definierten Periode 322 Euro einmalig an. Weiterhin wurde identifiziert, dass 50,50 Euro halbjährlich und 95,60 Euro monatlich anfallen.

Während die isolierten Prozesskosten die Ergebnisse für einen einzelnen Kostenträger darstellen, bilden die aggregierten Prozesskosten diejenigen Prozesskosten dar, die für alle in einem übergeordneten Kostenträger enthaltenen Kostenträger ermittelt wurden. Diese Prozesskosten werden über alle Ebenen der Produktstruktur unter Berücksichtigung der jeweiligen Mengen summiert und dem übergeordneten Kostenträger zugeordnet. Die Aggregation der laufenden Prozesskosten erfolgt dabei weiterhin unter Berücksichtigung der jeweiligen Frequenzen. Die aggregierten Prozesskosten ergeben sich für eine jeweilige Kostenkategorie nach Gleichung (5.15). Im dargestellten Beispiel belaufen sich die aggregierten Prozesskosten des Kostenträgers „PV-ID-01" auf 5.600 Euro. Aufgrund der frequenzspezifischen Aggregation ergeben sich laufende Prozesskosten von 508 Euro pro Halbjahr, 265,75 pro Monat, 32,60 Euro pro Woche und 5,5 Euro pro Tag. Die monatlichen und täglichen Prozesskosten ergeben sich dabei ausschließlich aus den untergeordneten Kostenträgern, da diese Frequenzen bei der isolierten Betrachtung nicht vorhanden sind.

Durch die Anwendung von Process Data Mining lässt sich somit eine erheblich genauere, zuverlässigere, aktuellere und effizientere Zuordnung der Kosten indirekter Leistungsbereiche erzielen. Die Analyse der Prozessdaten zur Ermittlung von Kosten ermöglicht differenzierte Entscheidungen in der Unternehmensführung und dem Komplexitätsmanagement. Zur Bewertung der Produktvarianten gilt es die verursachungsgerecht zugeordneten Prozesskosten für die Berechnung des jeweiligen Stückgewinns bzw. der jeweiligen Profitabilität zu verwenden. Die Interpretation und Evaluierung der Ergebnisse erfolgt im nachfolgenden Kapitel.

5.5.2 Entscheidungsorientierte Bewertung von Produktvarianten und Ableitung von Handlungsempfehlungen

In den vorangegangenen Kapiteln erfolgte die Ermittlung varianteninduzierter Prozesskosten mittels Process Data Mining sowie deren verursachungsgerechte Zuordnung zu den entsprechenden Produktvarianten. Das Ziel dieses Kapitels ist die Entwicklung einer Entscheidungsunterstützung basierend auf der Bewertung von Produktvarianten zur Planung, Steuerung und Kontrolle der externen und internen Produktvielfalt. Die Bewertung der Produktvarianten erfolgt in Anlehnung an DIERKES[533] im System der Teilkostenrechnung und wird unterstützt durch eine mehrstufige Deckungsbeitragsrechnung.[534] Für die Ableitung hierauf basierender Entscheidungen zur Planung, Steuerung und Kontrolle der externen und internen Vielfalt werden in diesem Kapitel zunächst die relevanten Entscheidungsdimensionen hergeleitet. Anschließend wird für jede Dimension erläutert, wie anhand einer entscheidungsorientierten, mehrstufigen Deckungsbeitragsrechnung die Bewertung der Produktvarianten erfolgt und welche weiteren Analysen für die Unterstützung der entsprechenden Entscheidungen erforderlich sind. Abschließend werden in jeder Entscheidungsdimension Handlungsempfehlungen zur Steigerung der Gesamtprofitabilität hergeleitet, die in der Unternehmensführung unterstützen sollen.

5.5.2.1 Herleitung der Entscheidungsunterstützung

Die Herleitung der Dimensionen zur Unterstützung strategischer und operativer Entscheidungen erfolgt basierend auf den Zieldimensionen des Komplexitätsmanagements nach KAISER. Zentrales Ziel ist hiernach die Optimierung der Komplexität in Bezug auf die zu erzeugenden Produktvarianten durch einen Abgleich zwischen externer und interner Vielfalt.[535] Das zentrale Element wird hierbei durch die Produktvarianten gebildet. Diese werden am Markt anhand der externen Vielfalt und im Unternehmen anhand der internen Vielfalt repräsentiert. Um die beschriebene Zielsetzung zu erreichen, werden von HEINA vier Grundrichtungen strategischer und operativer Entscheidungen beschrieben: Entscheidungen bzgl. der Vermeidung, der Beherrschung, der Reduzierung und der Generierung.[536] In Anlehnung an diese Entscheidungsdimensionen erfolgt im Kontext der Bewertung von Produktvarianten dieser Arbeit eine Konsolidierung der Generierung und Vermeidung zur Dimension der Gestaltung. Somit ergeben sich mit der Gestaltung, der Reduzierung und der Beherrschung die strategischen und operativen Entscheidungsdimensionen zur Umsetzung der Zieldimensionen des Komplexitätsmanagements. Zur Ableitung zielgerichteter Entscheidungen in den jeweiligen Entscheidungsdimensionen sind entsprechende Entscheidungsunterstützungen zu entwickeln.

533 Vgl. Dierkes (1998) - Planung und Kontrolle von Prozeßkosten, S. 95ff.

534 Siehe hierzu u.a. Coenenberg et al. (2016) - Kostenrechnung und Kostenanalyse, S. 207ff.; Horsch (2020) - Kostenrechnung, S. 193ff.

535 Vgl. Kaiser (1995) - Integriertes Variantenmanagement, S. 101.

536 Vgl. Heina (1999) - Variantenmanagement, S. 42.

Zunächst gilt es zur Reduzierung von Produktvarianten die jeweilige Profitabilität zu ermitteln und anhand dessen die Produktvarianten zu bewerten. Zur Beherrschung der internen Vielfalt soll weiterhin eine Bewertung der Profitabilität eines Produktstrukturelements erfolgen. Schließlich soll zur Gestaltung der externen Vielfalt die Profitabilität der Ausprägungen bewertet werden (siehe Abbildung 5-19).

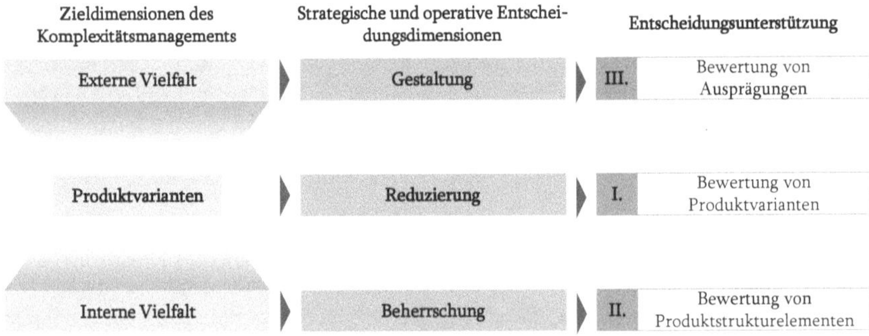

Abbildung 5-19: Dimensionen der Entscheidungsunterstützung[537]

Zur Steigerung der Interpretationsfähigkeit der Bewertungen sollen die jeweils monetär bewerteten Elemente (Produktvarianten, Produktstrukturelemente und Ausprägungen) um einen Bewertungskontext erweitert werden. Hierdurch wird sichergestellt, dass die erlangten Erkenntnisse um jeweils relevantes Kontextwissen erweitert werden und Entscheidungen in Bezug auf die Gestaltung, die Reduzierung und die Beherrschung bestmöglich unterstützt werden.

Für die Anreichung der Ergebnisse erfolgt die Entwicklung der Entscheidungsunterstützungen anhand von Portfolioanalysen. Diese dienen dazu, strategische Geschäftseinheiten als Produkt-Markt-Kombination in einer aus zwei Dimensionen bestehenden Matrix abzubilden. Basierend auf der Portfolioanalyse Matrix können strategische Zielrichtungen bzgl. der Geschäftseinheiten abgeleitet werden.[538] Beispiele für Methoden der Portfolioanalyse sind das Boston Consulting Group-Portfolio, das McKinsey-Portfolio[539] und das Umsatzanteil-Deckungsbeitrag-Portfolio nach DRUCKER[540]. Im

537 In Anlehnung an Kaiser (1995) - Integriertes Variantenmanagement, S. 101; Heina (1999) - Variantenmanagement, S. 42.

538 Vgl. Schawel und Billing (2012) - Top 100 Management Tools, S. 195ff.

539 Vgl. Grünig und Kühn (2018) - Portfolio Analysis, S. 111ff.

540 Vgl. Schawel und Billing (2012) - Top 100 Management Tools, S. 196.

Kontext der Ableitung von Entscheidungen in Bezug auf Merkmalsausprägungen entwickelt HEINA eine Portfolioanalyse, in welcher der relative Nutzen den relativen Kosten der jeweiligen Ausprägungen gegenübergestellt wird. Die sich so ergebende Matrix wird in sechs Felder, für welche jeweils Handlungsanweisungen beschrieben werden.[541] Für die Unterstützung von Entscheidungen in Bezug auf die Reduzierung, die Beherrschung und die Gestaltung werden im Folgenden basierend auf der Bewertung der Produktvarianten Portfolioanalysen entwickelt und Handlungsanweisungen für die sich ergebenden Felder abgeleitet.

5.5.2.2 Bewertung von Produktvarianten

In diesem Abschnitt erfolgt die Bewertung von Produktvarianten anhand der Profitabilität zur Unterstützung von Entscheidungen hinsichtlich der Reduzierung. Die Bewertung erfolgt hierbei unter Berücksichtigung der mittels Process Data Mining ermittelten und verursachungsgerecht zugeordneten varianteninduzierten Prozesskosten (siehe Kapitel 5.4 und 5.5).

Im Rahmen der Bewertung sind nach SCHUH UND RIESENER die vielfaltsinduzierten Kosten den entsprechenden Umsätzen konsequent gegenüberzustellen, um hieraus begründete Entscheidungen in Bezug auf die Optimale Ausrichtung der Vielfalt ableiten zu können.[542] Diesem Ansatz folgend wird die Profitabilität der Produktvarianten anhand einer Deckungsbeitragsrechnung unter Berücksichtigung der ermittelten varianteninduzierten Prozesskosten anhand des Stückdeckungsbeitrags bewertet. Der Stückdeckungsbeitrag ergibt sich aus der Differenz des Stückerlöses, d. h. des Erlöses bzw. des Preises je Mengeneinheit (siehe Kapitel 5.1.1), einer Produktvariante und den entsprechenden variablen Stückkosten, d. h. den variablen Kosten je Mengeneinheit.[543] Auf die allgemeine Ermittlung der variablen Kosten im Kontext der Teilkosten- bzw. Deckungsbeitragsrechnung wird an dieser Stelle verzichtet und es wird auf einschlägige Literatur[544] verwiesen. In der Entscheidungsdimension „Reduzierung“ ist nach HEINA ausschließlich „[...] der kontinuierliche Aufwand zu bewerten. Die [...] getätigten Einmalaufwendungen sind ‚sunk costs‘ und nicht mehr entscheidungsrelevant“[545]. Für die Ermittlung der Profitabilität werden daher ausschließlich die laufen-

[541] Vgl. Heina (1999) - Variantenmanagement, S. 166f.

[542] Vgl. Schuh und Riesener (2017) - Produktkomplexität managen, S. 152.

[543] Vgl. Horsch (2020) - Kostenrechnung, S. 197.

[544] Vgl. u.a. Kilger et al. (2012) - Flexible Plankostenrechnung, S. 606ff.; Coenenberg et al. (2016) - Kostenrechnung und Kostenanalyse, S. 246ff.; Horsch (2020) - Kostenrechnung, S. 197ff.

[545] Vgl. Heina (1999) - Variantenmanagement, S. 139.

den Prozesskosten berücksichtigt. Da diese nach der verursachungsgerechten Zuordnung für die Produktvarianten nach den jeweiligen Frequenzen differenziert vorliegen, müssen die jeweiligen Kostenwerte auf die fokussierte Periode bezogen werden. Hierfür sei die Menge der sich im Rahmen der verursachungsgerechten Prozesskostenzuordnung ergebenden Frequenzen einer betrachteten Produktvariante $pv \in PV$ definiert zu

$F_{pv} = \{f_{pv} \mid f_{pv} \text{ ist Frequenz von Produktvariante } pv\}.$

Insgesamt berechnet sich die Profitabilität einer Produktvariante pv im Kontext der Reduzierung von Produktvarianten anhand folgender Gleichung:

$$db_r(pv) = pr(pv) - vc(pv) - \frac{\Delta t_{cy}}{\Delta t_p} \sum_{f \in F_{pv}} \frac{pc^a(pv, f)}{f} \qquad (5.16)$$

mit

$db_r(pv)$	Deckungsbeitrag im Kontext der Reduzierung
$pr(pv)$	Stückerlös (Preis)
$vc(pv)$	Variable Kosten
Δt_{cy}	Länge eines Kalenderjahres (31.536.000 sec) [sec]
Δt_p	Frequenzanalysezeitraum, entspricht initial definierter Periode [sec]
F_{pv}	Menge der entsprechenden Frequenzen
$pc^a(pv, f)$	Laufende, aggregierte Prozessstückkosten

Für die Entwicklung der Entscheidungsunterstützung im Kontext der Reduzierung von Produktvarianten wird die zweite Dimension der Portfolioanalyse über die jeweilige Absatzmenge innerhalb der betrachteten Periode gebildet. Die hierfür relevanten Absatzmengen wurden im Rahmen der Dokumentation der produktvarianten aus externer Perspektive entsprechend erfasst und in das Datenmodell integriert (siehe Kapitel 5.1). Für die Ableitung von Handlungsempfehlungen ist die sich ergebende Matrix in einzelne Felder zu unterteilen. Die Definition der Grenzen der Profitabilitätsfelder erfolgt in Anlehnung an HVAM ET AL.[546] anhand von ABC-Analysen[547]. Hierfür wird

[546] Vgl. Hvam et al. (2020) - Reduction of complexity based on complexity costs, S. 359.

[547] ABC-Analysen unterteilen eine betrachtete Menge von Objekten nach abnehmender Relevanz in die Klassen A, B und C. Die Bewertung der Relevanz ist dabei abhängig vom Betrachtungsbereich und dem Analyseergebnis.

einerseits eine ABC-Analyse für die Deckungsbeiträge und andererseits für die Absatzmengen aller Produktvarianten durchgeführt.

In Bezug auf die Deckungsbeiträge erfolgt zunächst eine Separation in Produktvarianten mit negativem und solche mit positivem Deckungsbeitrag. Die Produktvarianten mit negativem Deckungsbeitrag ($db_r < 0$) bilden hierbei die Deckungsbeitragsklasse C. Die Ermittlung der Klassen A und B erfolgt basierend auf dem allgemeinen Vorgehen von ABC-Analysen.[548] Hierfür werden die Produktvarianten zunächst nach absteigendem Deckungsbeitrag sortiert und die Deckungsbeiträge werden anschließend kumuliert. Die Deckungsbeitragsklasse A wird von denjenigen Produktvarianten gebildet, deren kumulierte Deckungsbeiträge 80% der Gesamtsumme aller Deckungsbeiträge ausmachen ($\sum db_r \leq 80\%$). Die Deckungsbeitragsklasse B wird von den restlichen Produktvarianten mit positivem Deckungsbeitrag ($\sum db_r \geq 80\%$) gebildet. Analog hierzu erfolgt die Klassifikation der Produktvarianten in Bezug auf die abgesetzte Stückzahl. Hierfür werden die Produktvarianten zunächst nach absteigender Absatzmenge sortiert und die jeweils abgesetzten Stückzahlen kumuliert. Die Absatzmengenklasse A bilden diejenigen Produktvarianten, deren Absatzmenge kumuliert 80% der Gesamtabsatzmenge aller Produktvarianten ($\sum s_{sd} \leq 80\%$) beträgt. Die Absatzmengenklasse B wird durch die Produktvarianten mit einem kumulierten Anteil an der Gesamtabsatzmenge von 80% bis 95% gebildet ($80\% < \sum s_{sd} \leq 95\%$). Schließlich sind alle übrigen Produktvarianten, deren kumulierte Absatzmenge 95% bis 100% beträgt ($\sum s_{sd} > 95\%$), der Absatzmengenklasse C zuzuordnen.

Für die Analyse und gezielte Ableitung von Handlungsempfehlungen werden der Deckungsbeitrag sowie Absatzmenge in einem gemeinsamen Diagramm dargestellt. Hiermit ergeben sich für die Portfolioanalyse neun Felder. Für die Interpretation der Ergebnisse werden die Produktvarianten entsprechend des jeweiligen Deckungsbeitrags und der abgesetzten Stückzahl in das Portfolio eingeordnet. Ausgehend von der Positionierung einer Produktvariante in dem Portfolio lassen sich spezifische Handlungsempfehlungen ableiten (siehe Abbildung 5-20). Die sich ergebenden Handlungsempfehlungen werden zur Unterstützung von Entscheidungen bzgl. der Reduktion von Produktvarianten im Folgenden ausgehend von den Deckungsbeitragsklassen kurz erläutert.

548 Vgl. Schawel und Billing (2012) - Top 100 Management Tools, S. 14.

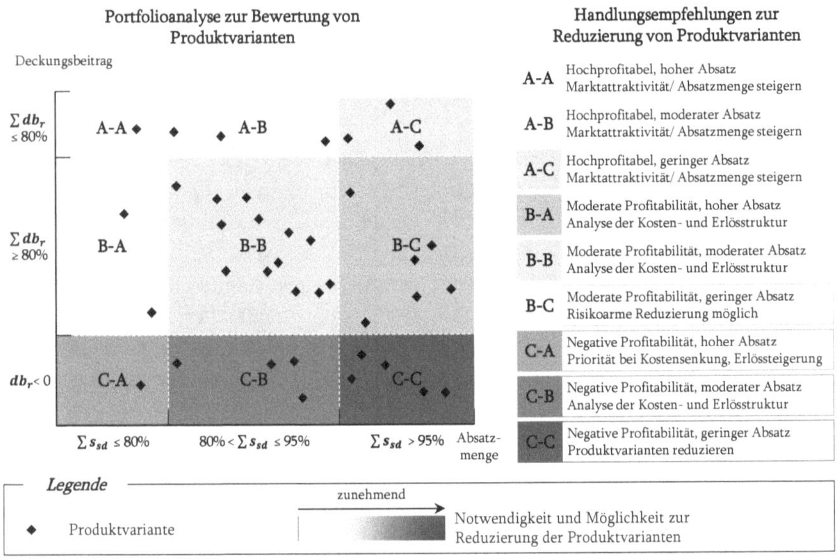

Abbildung 5-20: Portfolioanalyse zur Bewertung von Produktvarianten

Deckungsbeitragsklasse A

Absatzmengenklasse A: Die im Profitabilitätsfeld A-A eingeordneten Produktvarianten stellen das Fundament des Geschäftsergebnisses dar. Die Kombination aus hohen Profitbeiträgen und hohen Absatzmengen führt zu einem hohen Gesamtprofit des Profitabilitätsfeldes. Dementsprechend sind die Produktvarianten weiterhin im Produktportfolio zu belassen und im Falle von Ressourcenknappheit priorisiert zu erzeugen.

Absatzmengen-Klasse B: Produktvarianten im Profitabilitätsfeld A-B sind über einen außerordentlich hohen Profitbeitrag gekennzeichnet. Zudem werden diese in vergleichsweise moderaten Mengen am Markt abgesetzt, woraus die marktseitige Relevanz der Produktvarianten geschlossen werden kann. Im Allgemeinen wird daher empfohlen, die Produktvarianten im Produktprogramm zu belassen und diese bevorzugt in Projekte zur Steigerung der Absatzmengen einzubeziehen. Hinsichtlich der varianteninduzierten Prozesskosten sind im Speziellen keine Handlungen erforderlich, da die Kosten über die Erlöse umfassend abgedeckt werden.

Absatzmengenklasse C: Produktvarianten des Profitabilitätsfeldes A-C sind über einen außerordentlich hohen Profitbeitrag und gleichzeitig eine geringe Absatzmenge gekennzeichnet. Ausgehend von der variantenspezifischen Profitabilität sollten für Varianten innerhalb dieses Feldes absatzsteigernde Maßnahmen ergriffen werden, da über die hohen Profitbeiträge eine wesentliche Steigerung des Gesamtprofits des Unternehmens ermöglicht wird.

Deckungsbeitragsklasse B

Absatzmengenklasse A: Die Produktvarianten in Profitabilitätsfeld B-A besitzen aufgrund der hohen Absatzzahlen eine hohe marktseitige Relevanz. Aufgrund der hohen Absatzzahlen ist von einem variantenbedingten Wettbewerbsvorteil auszugehen, sodass die entsprechenden Produktvarianten am Markt anzubieten sind. Weiterhin kann eine Steigerung des Gesamtprofits durch eine Steigerung der jeweiligen Deckungsbeiträge erreicht werden. Dies kann entweder durch eine Erhöhung der Preise oder eine Kostenreduktion erzielt werden. Während einerseits eine Erhöhung der Stückerlöse ohne Folgen für die Wettbewerbsfähigkeit geprüft werden sollte, sind die entsprechenden Produktvarianten bevorzugt in Kostensenkungsprojekten zu berücksichtigen.

Absatzmengenklasse B: Ausgehend von den moderaten Absatzmengen bei gleichzeitig geringen Deckungsbeiträgen der Produktvarianten in Profitabilitätsfeld B-B sind diese einer detaillierteren Analyse hinsichtlich der Kosten- und Erlösaspekte zu unterziehen. Aufgrund der mittelmäßigen Marktrelevanz bieten diese Produktvarianten bspw. Potenzial zur Standardisierung, um somit den Deckungsbeitrag und weiterhin die Gesamtprofitabilität zu steigern. Im Rahmen der Variantenreduzierung sind diese Produktvarianten nicht zu berücksichtigen.

Absatzmengenklasse C: Die Produktvarianten des Profitabilitätsfeldes B-C sind durch geringe Absatzmengen mit zwar positivem, allerdings moderaten Profiten charakterisiert. Äquivalent zu den Produktvarianten des Profitabilitätsfelds B-B können hierfür Analysen der Kosten- und Erlösaspekte durchgeführt werden, die Aufwände hierfür sollten allerdings aufgrund der geringen Marktattraktivität geringgehalten werden. Insgesamt könnte sowohl über eine Steigerung der Absatzmenge, des Stückerlöses oder der Reduktion der Kosten eine Steigerung des Betriebsergebnisses erzielt werden. Aufgrund des geringen Einflusses auf die Gesamtprofitabilität könnte eine Reduzierung der Produktvarianten bspw. zugunsten neuer Produktvarianten mit Eigenschaften der Produktvarianten der Deckungsbeitragsklasse A erwogen werden.

Deckungsbeitragsklasse C
Absatzmengenklasse A: Die Produktvarianten des Profitabilitätsfelds C-A weisen negative Deckungsbeiträge bei gleichzeitig sehr hohen Absatzmenge auf. Daher sind die negativen, profitreduzierenden Auswirkungen auf die Gesamtprofitabilität des Unternehmens außerordentlich hoch. Dennoch besteht aufgrund der hohen Absätze eine klare marktseitige Relevanz der Produktvarianten, sodass eine Eliminierung der Produktvarianten aus dem Produktportfolio nicht zu empfehlen ist. Vielmehr sind die entsprechenden Produktvarianten mit höchster Priorität bei Projekten zur Reduktion der allgemeinen variablen sowie der laufenden Prozesskosten zu berücksichtigen.

Absatzmengenklasse B: Die im Profitabilitätsfeld C-B eingeordneten Produktvarianten besitzen negative Deckungsbeiträge bei moderatem Absatzmengenanteil. In Bezug auf die Produktvarianten des Profitabilitätsfelds CA sind die entsprechenden Produktvarianten durch eine höhere marktseitige Relevanz charakterisiert und sollten ohne eine umfassende Kosten- und Marktanalyse nicht aus dem Produktprogramm reduziert werden. Folglich sind Kosten- und Preisstruktur im Rahmen betrieblicher Verbesserungsprojekten zur Steigerung des Profitbeitrags durchzuführen.

Absatzmengenklasse C: Die Produktvarianten im Profitabilitätsfeld C-C sind über einen defizitären Profitbeitrag in Kombination mit geringen Absatzmengen gekennzeichnet. Neben der damit einhergehenden Reduzierung des Gesamtprofits weisen die geringen Absatzzahlen auf eine geringe marktseitige Relevanz hin. Die entsprechenden Produktvariante sollten reduziert werden.

Insgesamt werden anhand der in diesem Abschnitt abgeleiteten Handlungsempfehlungen Entscheidungen in Bezug auf die Reduzierung von Produktvarianten unterstützt. Da die Analyse der Profitabilität der Produktvarianten in Bezug auf die Beherrschung der internen Vielfalt sowie die Gestaltung der externen Vielfalt nur eingeschränkt entsprechende Entscheidungen ermöglicht, werden weiterführende, profitabilitätsorientierte Bewertungen der Ausprägungen sowie der Produktstrukturelemente entwickelt. Im folgenden Abschnitt erfolgt zunächst die Entwicklung einer Entscheidungsgrundlage zur Beherrschung der internen Vielfalt.

5.5.2.3 Bewertung von Produktstrukturelementen

In diesem Abschnitt wird ein Verfahren zur Bewertung von Produktstrukturelementen zur Beherrschung der internen Vielfalt entwickelt. Produktstrukturelemente werden nicht direkt abgesetzt und den jeweiligen Kosten können somit nicht unmittelbar

Preise gegenübergestellt werden. Daher soll zur Bewertung der Produktstrukturelemente ermittelt werden, welchen Einfluss die Verwendung des jeweiligen Produktstrukturelements auf die Profitabilität der enthaltenden Produktvariante aufweist. Das bedeutet, es wird ermittelt, wie hoch der Beitrag eines bestimmten Produktstrukturelements zu der Profitabilität der Produktvarianten ist, in denen dieses enthalten ist. Hieraus sollen Erkenntnisse abgeleitet werden, welche Produktstrukturelemente keine besonderen Auswirkungen auf die Profitabilität der Produktvarianten aufweisen, sich also neutralveralten verhalten und welche Produktstrukturelemente zu einer Steigerung der Profitabilität und welche zu einer Reduktion der Profitabilität führen.

Die Ermittlung des Einflusses eines Produktstrukturelements auf die Profitabilität der Produktvarianten erfolgt anhand von multiplen, linearen Regressionsanalysen.[549] Diese lassen sich anhand von Methoden des Data Mining durchführen (siehe Kapitel 2.4.2).[550] So lassen sich Ergebnisse für nicht geschlossen lösbare Gleichungssysteme[551] annähern und somit zuverlässige Aussagen generieren. Für die Regressionsanalyse wird die Korrelation zwischen der Verwendung von Produktstrukturelementen (unabhängige Variablen) auf die Profitabilität der Produktvarianten (abhängige Variable) ermittelt. Allgemein werden multiple, lineare Regressionen nach Gleichung (5.17) beschrieben.[552]

$$\vec{y} = X \cdot \vec{b} + \vec{e} \tag{5.17}$$

mit

$\vec{y}$	Vektor der abhängigen Variablen (Regressand)
X	Matrix der unabhängigen Variablen (Regressoren)
$\vec{b}$	Vektor der Regressionskoeffizienten
$\vec{e}$	Vektor der Residuen der Regression

Ziel der Regressionsanalyse ist die Ermittlung der Regressionskoeffizienten, sodass die Residuen der Regression minimiert werden. Für die Lösung des Gleichungssystems können standardisierte Algorithmen[553] verwendet werden.

[549] Vgl. Puhani (2020) - Statistik, S. 53ff.
[550] Vgl. Runkler (2015) - Data Mining, S. 59ff.
[551] Vgl. Puhani (2020) - Statistik, S. 54.
[552] Vgl. Puhani (2020) - Statistik, S. 54.
[553] Siehe z.B. MathWorks® MATLAB: https://de.mathworks.com/help/stats/regress.html

Der Vektor der abhängigen Variablen wird im Kontext der Beherrschung der internen Vielfalt ebenfalls über die Bewertung anhand der mehrstufigen Deckungsbeitragsrechnung (siehe Gleichung (5.16)) gebildet. Demnach beinhaltet der Regressanden-Vektor die jeweiligen Deckungsbeiträge der Produktvarianten. Die Matrix der unabhängigen Variablen stellt dar, in welcher Stückzahl ein spezifisches Produktstrukturelement in einer Endproduktvariante enthalten ist. Diese Matrix muss zunächst aus der Direktbedarfsmatrix der Kostenträger (siehe Kapitel 5.1.3) gebildet werden. Hierfür wird die Gesamtbedarfsmatrix mittels Gleichung (5.18) ermittelt.

$$GBM = (I - DBM)^{-1} \tag{5.18}$$

mit

GBM	Gesamtbedarfsmatrix
I	Einheitsmatrix
DBM	Direktbedarfsmatrix

Während die Direktbedarfsmatrix für jeweils eine Strukturstufe angibt, welche Menge an Kostenträgern in dem jeweils übergeordneten Kostenträger enthalten ist, repräsentiert die Gesamtbedarfsmatrix über mehrere Strukturstufen hinweg die Gesamtmengen der enthaltenen Kostenträger. Hieraus lässt sich die jeweilige Produktbedarfsmatrix für eine Produktvariante ableiten. Die Produktbedarfsmatrix ergibt sich aus der Gesamtbedarfsmatrix, indem die Zeilen der Produktstrukturelemente für jede Spalte, die eine Produktvariante repräsentiert, extrahiert werden. Weiterhin kann aus der Produktbedarfsmatrix die binäre Produktbedarfsmatrix abgeleitet werden. Hierfür werden alle Werte der Produktbedarfsmatrix, die ungleich Null sind, in eine eins transformiert. Die binäre Produktbedarfsmatrix bildet somit ab, ob ein Produktstrukturelement für die Erzeugung einer Produktvariante verwendet wird (Wert 1) oder nicht (Wert 0) (siehe Abbildung 5-21).

Gesamtbedarfsmatrix

	PV-ID-01	PV-ID-21	K-ID-02	K-ID-03	K-ID-04	K-ID-05	K-ID-06	K-ID-07	K-ID-08
PV-ID-01	1	0	0	0	0	0	0	0	0
PV-ID-21	0	1	0	0	0	0	0	0	0
K-ID-02	17	0	1	6	0	0	0	0	0
K-ID-03	2	0	0	1	0	0	0	0	0
K-ID-04	20	0	0	10	1	0	0	0	0
K-ID-05	100	635	0	50	5	1	15	70	7
K-ID-06	0	5	0	0	0	0	1	0	0
K-ID-07	0	8	0	0	0	0	0	1	0
K-ID-08	0	80	0	0	0	0	0	10	1

Produktbedarfsmatrix (transponiert)

	PV-ID-01	PV-ID-21
K-ID-02	17	0
K-ID-03	2	0
K-ID-04	20	0
K-ID-05	100	635
K-ID-06	0	5
K-ID-07	0	8
K-ID-08	0	80

Binäre Produktbedarfsmatrix (transponiert)

	PV-ID-01	PV-ID-21
K-ID-02	1	0
K-ID-03	1	0
K-ID-04	1	0
K-ID-05	1	1
K-ID-06	0	1
K-ID-07	0	1
K-ID-08	0	1

Abbildung 5-21: Ableitung der Produktbedarfsmatrix aus der Gesamtbedarfsmatrix

Die Produktbedarfsmatrix und die binäre Produktbedarfsmatrix ergeben sich formal als Transponierte zu den im Beispiel dargestellten Matrizen. Anhand dieser lässt sich das spezielle Gleichungssystem für die Ermittlung des Profitabilitätseinflusses der Produktstrukturelemente entsprechend Gleichung (5.19) formulieren und die Regressionskoeffizienten anhand einer Regressionsanalyse ermitteln.

$$\overrightarrow{db_b} = P \cdot \vec{b}_s + \vec{e} \tag{5.19}$$

mit

$\overrightarrow{db_b}$	Profitabilität der Produktvarianten, $db_b(pv) = db_r(pv)$
P	Produktbedarfsmatrix
$\vec{b}_s$	Profitabilitätseinflüsse der Produktstrukturelemente
$\vec{e}$	Vektor der Residuen der Regression

Der Einfluss eines Produktstrukturelements auf die Profitabilität der Produktvarianten allein ist für die Beherrschung der internen Vielfalt nicht aussagekräftig. So ergibt sich hieraus allein bspw. nicht, wie schwerwiegend die Verwendung eines Produktstrukturelements mit negativem Einfluss auf die Profitabilität der Produktvarianten ist. Wird ein Produktstrukturelement bspw. in jeder Produktvariante verwendet und erzeugt hierbei jeweils einen negativen Profitabilitätseinfluss, so sind die Folgen schwerwiegender als wenn das Produktstrukturelement in einem von ein Hundert Produktvarianten verwendet wird. Daher wird zur Bewertung der Produktstrukturelemente der Profitabilitätseinfluss dem relativen Verwendungsgrad gegenübergestellt. Der relative Verwendungsgrad eines Produktstrukturelements hat einen Wert zwischen Null und eins und gibt an, in welchem Anteil der Produktvarianten ein Produktstrukturelement verwendet wird. Ist der relative Verwendungsgrad gleich Null, so wird das entsprechende Produktstrukturelement in keiner Produktvariante verwendet. Beträgt der Wert eins, so wird das Produktstrukturelement in jeder Produktvariante verwendet. Der relative Verwendungsgrad eines Produktstrukturelements ps lässt sich mit Gleichung (5.20) berechnen.

$$g_c(ps) = \frac{\sum_j bP_{i(ps),j}}{|PV|} \tag{5.20}$$

mit

$g_c(ps)$	Relativer Verwendungsgrad
$bP_{i(ps),j}$	Eintrag in binärer Produktbedarfsmatrix in Zeile i des betrachteten Produktstrukturelements und Spalte j
$\|PV\|$	Anzahl der Produktvarianten bzw. Mächtigkeit der Menge PV

Anhand der Profitabilitätseinflüsse und der relativen Verwendungsgrade der einzelnen Produktstrukturelemente lässt sich eine Portfolioanalyse zur Unterstützung von Entscheidungen entwickeln. Hierfür ist es zunächst erforderlich, die Grenzen der Portfolioanalyse zu definieren, anhand derer die entsprechenden Produktstrukturelemente voneinander abgegrenzt werden können. Die Herleitung der jeweiligen Grenzen wird im Folgenden kurz beschrieben.

Die Bewertungsgrenzen in Bezug auf den Profitabilitätseinfluss sind jeweils für den positiven (gekennzeichnet mit „+") und negativen (gekennzeichnet mit „-") Bereich zu definieren. Zunächst werden die Produktstrukturelemente mit jeweils positivem Profitabilitätseinfluss, d. h. größer oder gleich Null, nach abnehmendem Profitabilitätseinfluss sortiert und die Werte kumuliert. Die Produktstrukturelemente, deren positiven Profitabilitätseinflüsse kumuliert 80% der Gesamtsumme aller positiven Profitabilitätseinflüsse ergeben ($\sum b_s^+ \leq 80\%$), werden der Profitabilitätseinflussklasse A zugeordnet. Die restlichen Produktstrukturelemente mit positivem Profitabilitätseinfluss ($\sum b_s^+ > 80\%$) werden der Profitabilitätseinflussklasse B zugeordnet. Äquivalent wird für die Produktstrukturelemente mit negativen Profitabilitätseinflüssen verfahren. Diese werden zunächst nach aufsteigenden Profitabilitätseinflüssen sortiert und die Beträge der Werte kumuliert. Die Produktstrukturelemente, deren negativen Profitabilitätseinflüsse betragsmäßig kumuliert 80% der betragsmäßigen Gesamtsumme aller negativen Profitabilitätseinflüsse ergeben ($\sum b_s^- \leq 80\%$), werden der Profitabilitätseinflussklasse C zugeordnet. Die restlichen Produktstrukturelemente mit negativen Profitabilitätseinflüssen ($\sum b_s^- > 80\%$) werden der Profitabilitätseinflussklasse B zugeordnet. Die Bewertungsgrenzen der relativen Verwendungsgrade ergeben sich nach der Einordnung in drei Klassen. Die Produktstrukturelemente, deren jeweiliger relativer Verwendungsgrad größer 80% ($g_c \geq 80\%$) ist, werden der Kommunalitätsklasse A zugeordnet. Die Produktstrukturelemente, deren jeweiliger relativer Verwendungsgrad zwischen 50% und 80% liegt ($80\% > g_c \geq 50\%$), werden der Kommunalitätsklasse B zugeordnet. Die restlichen Produktstrukturelemente, deren jeweiliger relativer Verwendungsgrad weniger als 50% beträgt ($g_c < 50\%$), werden der Kommunalitätsklasse C zugeordnet. Für die Analyse und gezielte Ableitung von Handlungsempfehlungen werden der Profitabilitätseinfluss sowie der relative Verwendungsgrad in einem gemeinsamen Diagramm dargestellt (siehe Abbildung 5-22).

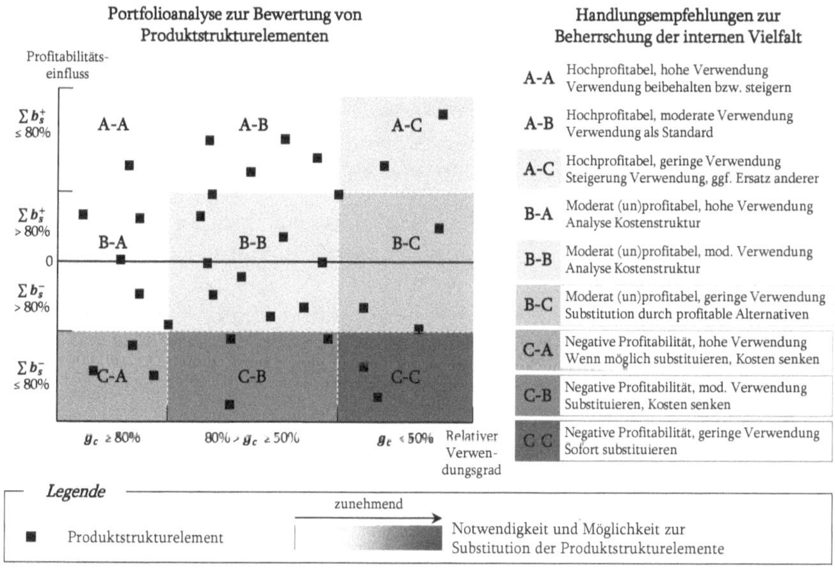

Abbildung 5-22: Portfolioanalyse zur Bewertung von Produktstrukturelementen

Hiermit ergeben sich für die Portfolioanalyse neun Felder. Für die Interpretation der Ergebnisse werden die Produktstrukturelemente entsprechend des jeweiligen Profitabilitätseinflusses und dem relativen Verwendungsgrad in das Portfolio eingeordnet.

Ausgehend von der Positionierung eines Produktstrukturelements in dem Portfolio lassen sich spezifische Handlungsempfehlungen ableiten.

Die sich ergebenden Handlungsempfehlungen werden zur Unterstützung von Entscheidungen bzgl. der Beherrschung der internen Vielfalt im Folgenden ausgehend von den Profitabilitätsbeiträgen kurz erläutert.

Profitabilitätseinflussklasse A

Kommunalitätsklasse A: Die Produktstrukturelemente innerhalb des sich ergebenden Produktstrukturfeldes A-A sind durch einen hohen Kommunalitätsgrad bei gleichzeitig äußerst hohem positiven Einfluss auf die Profitabilität der Produktvarianten charakterisiert. Die Elemente sind weiterhin bevorzugt in den Produktvarianten zu verbauen und sollten variantenübergreifend standardisiert werden. Darüber hinaus sollten die Elemente dieses Feldes für die Substitution von weniger profitablen Produktstrukturelementen herangezogen werden.

Kommunalitätsklasse B: Das Produktstrukturfeld A-B ist durch einen hohen positiven Einfluss bei einem moderaten Verwendungsgrad gekennzeichnet. Die Strukturelemente dieses Feldes bilden folglich gute Ausgangspunkte für Modularisierungsprojekte, da die Elemente gut als Quelle für die Substitution anderer Produktstrukturelemente mit geringerem Profitabilitätseinfluss verwendet werden können.

Kommunalitätsklasse C: Die Produktstrukturelemente innerhalb des Produktstrukturfeldes A-C weisen einen hohen positiven Einfluss auf die Profitabilität der Produktvarianten bei gleichzeitig geringer relativer Wiederverwendungsrate auf. Die Elemente innerhalb dieses Feldes sind aufgrund des hohen positiven Einflusses weiterhin zu verbauen und bevorzugt als Möglichkeiten zur Substitution weniger profitabler Produktstrukturelemente zu verwenden. Darüber hinaus sollte eine Steigerung der Verwendung durch die Berücksichtigung in weiteren Produktvarianten evaluiert werden. Bei diesen Komponenten könnte es sich um für die Kunden besonders wertstiftende, bisher allerdings weniger verwendete Produktstrukturelemente handeln.

Profitabilitätseinflussklasse B

Kommunalitätsklasse A: Aufgrund der hohen Verwendung der Produktstrukturelemente des Produktstrukturfeldes B-A lassen sich diese bei einer gezielten, elementspezifischen Kostenanalyse und -reduzierung große variantenübergreifende Vorteile hinsichtlich der Gesamtprofitabilität realisieren. Daher sind die Elemente dieses Feldes gezielt in Kostenoptimierungsprojekte zu priorisieren.

Kommunalitätsklasse B: Das Produktstrukturfeld B-B ist durch moderate Wiederverwendungsraten bei geringen positiven bzw. negativen Profiteinflüssen gekennzeichnet. Im Allgemeinen sollte daher eine Reduktion der Kosten oder, wenn möglich, eine Substitution durch Produktstrukturelemente mit hohem Profitabilitätseinfluss betrachtet werden. Kurzfristig besteht jedoch keine Priorität gezielter Maßnahmen.

Kommunalitätsklasse C: Die im Produktstrukturfeld B-C eingeordneten Produktstrukturelemente sind durch einen geringen positiven bzw. negativen Einfluss auf die Profitabilität der Varianten sowie eine geringe Wiederverwendung in den Produktvarianten gekennzeichnet. Zur Reduzierung der internen Teilevielfalt sollten die Produktstrukturelemente dieses Feldes substituiert werden. Dies kann insbesondere gut möglich sein, da die Teile nicht häufig verbaut werden und mit der Substitution daher geringe Aufwände einhergehen sollten. Werden stattdessen Produktstrukturelemente mit stark positivem Profitabilitätseinfluss verwendet, könnten ggf. bisher unprofitable Produktvarianten profitabel werden und somit die Gesamtprofitabilität des Unternehmens gesteigert werden.

Profitabilitätseinflussklasse C

Kommunalitätsklasse A: Das Produktstrukturfeld C-A ist über einen hohen negativen Einfluss auf die Profitabilität der Produktvarianten bei gleichzeitig hohen Verwendungsraten gekennzeichnet. Daher ist zu empfehlen, die Kostenstruktur der Elemente zu analysieren und langfristig durch kostenreduzierende Maßnahmen einen positiven Einfluss auf die Profitabilität zu generieren. Die Analyse der Kostenstruktur sollte dabei stets vor dem Hintergrund der beinhaltenden Kostenfaktoren erfolgen.

Kommunalitätsklasse B: Für die Produktstrukturelemente innerhalb des Produktstrukturfeld C-B wird ein differenziertes Vorgehen empfohlen. Aufgrund der moderaten Wiederverwendungsraten ist einerseits zu untersuchen, ob die Produktstrukturelemente durch bestehende Elemente substituiert werden können. Anderseits ist die Kostenstruktur bzgl. Maßnahmen zur Kostensenkung für eine Steigerung des Profitabilitätseinflusses zu analysieren.

Kommunalitätsklasse C: Die sich im Produktstrukturfeld C-C befindlichen Produktstrukturelemente besitzen einen hohen negativen Einfluss auf die Profitabilität der enthaltenden Produktvarianten bei gleichzeitig geringer Wiederverwendungsrate. Aufgrund der niedrigen Verwendung sollten die entsprechenden Produktstrukturelemente substituiert oder radikale Kostensenkungsmaßnahmen eingeleitet werden.

Anhand der in diesem Abschnitt beschriebenen Bewertungsmethode sowie der hieraus abgeleiteten Handlungsempfehlungen können Maßnahmen zur Steigerung der Profitabilität durch die Beherrschung der internen Vielfalt abgeleitet werden. Da die interne Vielfalt maßgeblich von der externen, am Markt anzubietenden Vielfalt abhängt, wird weiterhin der Einfluss spezifischer Ausprägungen auf die Profitabilität und Marktattraktivität untersucht.

5.5.2.4 Bewertung von Ausprägungen

Nachdem die Bewertung der Produktvarianten sowie die Bewertung der Produktstrukturelemente entwickelt wurden, erfolgt in diesem Abschnitt die Entwicklung der Bewertung der Merkmalsausprägungen zur Unterstützung von Entscheidungen hinsichtlich der Gestaltung der externen Vielfalt. Die Bewertung von Ausprägungen erfolgt hierbei über die jeweilige Profitabilität sowie die angesetzte Menge. Im Folgenden wird die Ermittlung dieser Größen kurz beschrieben und erläutert, wie sich durch eine entsprechende Einordnung der Ausprägungen Entscheidungen unterstützen lassen.

Prinzipiell könnte die Profitabilität einer Ausprägung über den Vergleich des jeweiligen Marktpreises mit den damit einhergehenden Kosten erfolgen, um hieraus Entscheidungen abzuleiten.[554] Dadurch lässt sich zwar eine singuläre Aussage über die voraussichtliche Profitabilität einer Ausprägung ableiten, der Einfluss einer Ausprägung auf die Profitabilität der Produktvarianten kann hieraus allerdings nicht abgeleitet werden. Weiterhin lassen sich in der Praxis häufig keine Marktpreise für spezifische Ausprägungen ermitteln.[555] Daher wird im Kontext dieser Arbeit die Profitabilität von Ausprägungen anhand des Einflusses bestimmt, den diese auf die Gesamtprofitabilität der Produktvarianten haben. Diese Analyse erfolgt anhand einer Korrelations- bzw. Regressionsanalyse, wie diese bereits in Kapitel 5.5.2.3 durchgeführt wurde.

Im Gegensatz zu der Bewertung im Kontext der Reduzierung von Produktvarianten und der Beherrschung der internen Vielfalt sind im Rahmen der Gestaltung auch die einmaligen varianteninduzierten Prozesskosten zu berücksichtigen, da hierüber auch bewertet wird, welche Kosten mit der Einführung einer zusätzlichen Ausprägung einhergegangen sind.[556] Die einmaligen Prozesskosten sind insbesondere relevant, wenn Entscheidungen zur Generierung oder Vermeidung von Produktvarianten getroffen werden müssen. Daher ergibt sich die Profitabilität einer Produktvariante nach der

[554] Vgl. Heina (1999) - Variantenmanagement, S. 139.

[555] Vgl. Lackes (1989) - EDV-orientiertes Kosteninformationssystem, S. 316; Heina (1999) - Variantenmanagement, S. 140.

[556] Vgl. Bayer (2010) - Integriertes Variantenmanagement, S. 4.

mehrstufigen Deckungsbeitragsrechnung unter Berücksichtigung der einmaligen Prozesskosten entsprechend Gleichung (5.21).

$$db_g(pv) = pr(pv) - vc(pv) - pc^a(pv,0) - \frac{\Delta t_{cy}}{\Delta t_p} \sum_{f \in F_{pv}} \frac{pc^a(pv,f)}{f} \tag{5.21}$$

mit

$db_g(pv)$	Deckungsbeitrag der Produktvariante $pv \in PV$ i. S. d. Gestaltung
$pr(pv)$	Stückerlös (Preis) der Produktvariante $pv \in PV$
$vc(pv)$	Variable Kosten der Produktvariante $pv \in PV$
$pc^a(pv,0)$	Einmalige (Kostenkategorie 0) Prozessstückkosten der Produktvariante $pv \in PV$
Δt_{cy}	Länge eines Kalenderjahres [sec] (=365*24*60*60=31.536.000 sec)
Δt_p	Frequenzanalysezeitraum, entspricht initial definierter Periode [sec]
$pc^a(pv,f)$	Laufende, aggregierte Prozessstückkosten der Produktvariante $pv \in PV$ mit Kostenkategorie $f \in F_{pv}$
f	Frequenz der laufenden Prozesskosten der Produktvariante $pv \in PV$

Weiterhin ist für jede Produktvariante die binäre Ausprägungskombinationsmatrix bA abzubilden. Diese gibt an, ob eine spezifische Produktvariante durch eine spezifische Ausprägung klassifiziert ist. Hierfür werden spaltenweise die Ausprägungen und zeilenweise die Produktvarianten gegenübergestellt. Für die Elemente der binären Ausprägungskombinationsmatrix gilt die in Gleichung (5.22) formulierte Konvention.

Die Prüfung kann unmittelbar aus den Assoziationen zwischen den Klassen „Produktvariante", „Merkmal" und „Ausprägung" im Datenmodell oder aus der Dokumentation der externen Vielfalt (siehe Kapitel 5.1.1.2) ermittelt und hieraus die binäre Ausprägungskombinationsmatrix erstellt werden.

$$bA_{i,j} = \begin{cases} 1, \text{wenn Ausprägung } j \text{ Produkvariante } i \text{ klassifiziert} \\ 0, \text{wenn Ausprägung } j \text{ Produkvariante } i \text{ nicht klassifiziert} \end{cases} \tag{5.22}$$

mit

$bA_{i,j}$	Element der binären Ausprägungskombinationsmatrix für Produktvariante $i \in PV$ und Ausprägung $j \in AS$

Somit lässt sich das Gleichungssystem zur Ermittlung der Profitabilitätseinflüsse der Ausprägungen entsprechend Gleichung (5.19) formulieren und die Regressionskoeffizienten anhand einer Regressionsanalyse ermitteln.

$$\overrightarrow{db}_g = bA \cdot \vec{b}_a + \vec{e} \tag{5.23}$$

mit

$\overrightarrow{db}_g$	Profitabilität der Produktvarianten im Kontext der Gestaltung
bA	Binäre Ausprägungskombinationsmatrix
$\vec{b}_a$	Profitabilitätseinflüsse der Ausprägungen
$\vec{e}$	Vektor der Residuen der Regression

Der Profitabilitätseinfluss der Ausprägungen bildet die eine Dimension der Portfolioanalyse. Die zweite Dimension wird zur Unterstützung strategischer und operativer Entscheidungen aus der marktseitigen Relevanz gebildet. Die marktseitige Relevanz ergibt sich aus der Absatzmenge einer spezifischen Ausprägung. Diese ergibt sich anhand der binären Ausprägungskombinationsmatrix sowie des Primärbedarfsvektors $\vec{s}_{pr} \in \mathbb{R}^N$, welcher die abgesetzten Stückzahlen der Produktvarianten darstellt (siehe Kapitel 5.1.3) entsprechen nach Gleichung (5.24).

$$\vec{s}_a = bA^T \cdot \vec{s}_{pr} \tag{5.24}$$

mit

$\vec{s}_a$	Vektor der Absatzmengen der Ausprägungen
bA	Binäre Ausprägungskombinationsmatrix
$\vec{s}_{pr}$	Primärbedarfsvektor der Produktvarianten

Insgesamt sind hierüber für jede Ausprägung der Einfluss auf die Profitabilität der Produktvarianten sowie die Menge, in der die Ausprägung abgesetzt wird, bekannt. Äquivalent zu der Portfolioanalyse der Produktvarianten erfolgt die Segmentierung des Profitabilitätsbeitrags und der Absatzmenge in jeweils drei Klassen nach der ABC-Analyse, um hieraus die entscheidungsrelevanten Profitabilitätsfelder zu ermitteln.

Die Bewertungsgrenzen in Bezug auf den Profitabilitätseinfluss sind jeweils für den positiven (gekennzeichnet mit „+") und negativen (gekennzeichnet mit „-") Bereich zu ermitteln. Zunächst werden die Ausprägungen mit jeweils positivem Profitabilitätseinfluss, d. h. größer oder gleich Null, nach abnehmendem Profitabilitätseinfluss sortiert und die Werte kumuliert. Die Ausprägungen, deren positiven Profitabilitätseinflüsse kumuliert 80% der Gesamtsumme aller positiven Profitabilitätseinflüsse ergeben ($\sum b_a^+ \leq 80\%$), werden der Profitabilitätseinflussklasse A zugeordnet. Die restlichen Ausprägungen mit positiven Profitabilitätseinflüssen ($\sum b_a^+ > 80\%$) werden der Profitabilitätseinflussklasse B zugeordnet. Äquivalent wird für die Ausprägungen mit negativen Profitabilitätseinflüssen verfahren. Diese werden zunächst nach aufsteigenden Profitabilitätseinflüssen sortiert und die Beträge der Werte kumuliert. Die Ausprägungen, deren negativen Profitabilitätseinflüsse betragsmäßig kumuliert 80% der betragsmäßigen Gesamtsumme aller negativen Profitabilitätseinflüsse ergeben ($\sum b_a^- \leq 80\%$), werden der Profitabilitätseinflussklasse C zugeordnet. Die restlichen Ausprägungen mit negativen Profitabilitätseinflüssen ($\sum b_a^- > 80\%$) werden ebenfalls der Profitabilitätseinflussklasse B zugeordnet. Die Bewertungsgrenzen in Bezug auf die Absatzmengen ergeben sich mit einer ABC-Analyse. Hierfür werden die Ausprägungen zunächst nach absteigender Absatzmenge sortiert und die Werte kumuliert. Die Ausprägungen, deren Absatzmengen kumuliert 80% der Gesamtsumme aller Ausprägungsabsatzmengen ergeben ($\sum s_a \leq 80\%$), werden der Marktrelevanzklasse A zugeordnet. Die Ausprägungen, deren Absatzmengen kumuliert zwischen 80% und 95% der Gesamtsumme aller Ausprägungsabsatzmengen ergeben ($80\% < \sum s_a \leq 95\%$), werden der Marktrelevanzklasse B zugeordnet. Die restlichen Ausprägungen, deren kumulierter Absatzmengenanteil größer 95% ergibt ($\sum s_a > 95\%$), sind der Marktrelevanzklasse C zugeordnet.

Der Profitabilitätsbeitrag wird für die Portfolioanalyse den Ausprägungsabsatzmengen gegenübergestellt. Mit den jeweils drei Bewertungsklassen ergeben sich insgesamt neun Profitabilitätsfelder, anhand derer die Herleitung spezifischer Handlungsempfehlungen in Bezug auf die Gestaltung der externen Vielfalt ermöglicht wird (siehe Abbildung 5-23). Die sich ergebenden Handlungsempfehlungen werden zur Unterstützung von Entscheidungen bzgl. der Gestaltung der externen Vielfalt im Folgenden ausgehend von den Profitabilitätsbeiträgen kurz erläutert.

Profitabilitätseinflussklasse A

Marktrelevanzklasse A: Die Ausprägungen innerhalb von Ausprägungsfeld A-A besitzen hohe Marktrelevanz und beeinflussen den Profit sehr positiv. Aufgrund der hohen Marktattraktivität sollten die Ausprägungen in der Gestaltung der externen Vielfalt weiterhin berücksichtigt werden. Allerdings ist gleichermaßen der Markt zu beobachten und eventuelle Trends zu berücksichtigen, um wichtige Innovationen durch die Fokussierung auf die aktuell marktrelevanten Ausprägungen nicht zu verpassen.

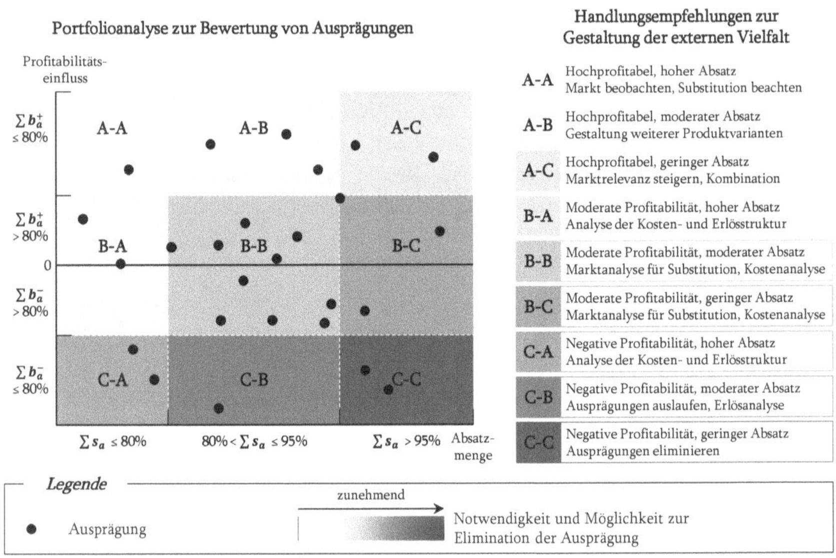

Abbildung 5-23: Portfolioanalyse zur Bewertung von Ausprägungen

Marktrelevanzklasse B: Das Ausprägungsfeld A-B hat einen hohen positiven Einfluss auf die Profitabilität der Produktvarianten, wird allerdings nicht sehr häufig abgesetzt. Die entsprechenden Ausprägungen sollten bei der Gestaltung neuer Produktvarianten bevorzugt behandelt und im Vertrieb offensiver angeboten werden, um hierüber eine Steigerung der Gesamtprofitabilität zu erzielen. Darüber hinaus könnten sich die jeweiligen Ausprägungen gut für die Konfiguration mit weniger profitablen Ausprägungen eignen, um die Einzelprofitabilität der Produktvarianten zu steigern.

Marktrelevanzklasse C: Die Ausprägungen des Ausprägungsfeldes A-C weisen zwar einen hohen Profitabilitätseinfluss, allerdings eine geringe marktseitige Relevanz bzw. Nachfrage auf. Dies kann entweder an einer geringen Attraktivität oder an der Neuheit der Ausprägungen liegen. Aufgrund des hohen positiven Einflusses sollten die Hintergründe des geringen Absatzes genau geprüft werden. Insgesamt können die Ausprägungen bei der Gestaltung der externen Vielfalt weiterhin berücksichtigt und der Absatz der entsprechenden Produktvarianten gesteigert werden. Ggf. handelt es sich bei den entsprechenden Ausprägungen um hochprofitable Nischenprodukte, die unbedingt im Portfolio behalten und die Absatzmenge der jeweiligen Produktvarianten gesteigert werden sollte.

Profitabilitätseinflussklasse B

Marktrelevanzklasse A: Aufgrund der hohen marktseitigen Relevanz der Ausprägungen Ausprägungsfeld B-A sind die Ausprägungen weiterhin in die Gestaltung der externen Vielfalt einzubeziehen. Dabei ist jedoch zu überprüfen, ob der Deckungsbeitrag der entsprechenden Produktvarianten Ausprägungen über eine Kostenreduzierung oder eine Preisersteigerung langfristig erhöht werden können.

Marktrelevanzklasse B: Merkmalsausprägungen im Ausprägungsfeld B-B weisen keinen signifikanten Einfluss auf den Profitabilitätsbeitrag auf und sind durch moderate Absatzhäufigkeiten gekennzeichnet. Die Ausprägungen können demnach zur Diversifizierung des Produktprogramms weiter betrachtet werden. Eine Steigerung der Einzelproduktivität der entsprechend klassifizierten Produktvarianten könnte über die Kombination mit Ausprägungen, die einen hohen Profitabilitätseinfluss aufweisen, erreicht werden.

Marktrelevanzklasse C: Merkmalsausprägungen des Ausprägungsfeldes B-C weisen keinen signifikanten Einfluss auf den Profitabilitätsbeitrag auf und sind aufgrund der geringen Absatzhäufigkeiten marktseitig kaum relevant. Vor dem Hintergrund der Vermeidung von Varianten im Rahmen der Variantengestaltung sollten diese Ausprägungen nicht weiter betrachtet werden. Eine eventuelle Steigerung der Absatzmenge könnte über eine offensivere Vertriebsstrategie erfolgen.

Profitabilitätseinflussklasse C

Marktrelevanzklasse A: Ausprägungen des Ausprägungsfeldes C-A weisen einerseits einen hohen negativen Einfluss auf die Profitabilität der Produktvarianten sowie anderseits eine hohe marktseitige Relevanz auf. Daher sollten die Ausprägungen im Rahmen der Gestaltung der externen Vielfalt nicht durch andere, ggf. weniger nachgefragte Ausprägungen substituiert werden. Vielmehr sollte die zu der Ausprägung gehörende interne Vielfalt kostenorientiert analysiert werden.

Marktrelevanzklasse B: Die Ausprägungen des Ausprägungsfeldes C-B sind aufgrund des außerordentlich hohen, negativen Einflusses auf die Profitabilität der Produktvarianten im Rahmen der Gestaltung, wenn möglich, durch Ausprägungen desselben Merkmales mit positivem Profitabilitätseinfluss zu substituieren. Darüber hinaus sollte eine Analyse der Preisstruktur durchgeführt werden, um die relativ nicht wenig nachgefragten Ausprägungen ggf. höher zu bepreisen und hierüber die Profitabilität zu steigern. Außerdem sollte untersucht werden, ob der negative Profitabilitätseinfluss ggf. aufgrund hoher einmaliger Prozesskosten resultiert. Diese lassen sich durch eine Steigerung der Absatzmenge reduzieren, sodass die entsprechenden Ausprägungen im Rahmen der Gestaltung weiterhin berücksichtigt werden könnten.

Marktrelevanzklasse C: Das Ausprägungsfeld C-C besitzt eine sehr geringe Marktrelevanz und weist einen überaus negativen Einfluss auf die Profitabilität auf. Die entsprechenden Ausprägungen sollten bei der Gestaltung nicht weiter berücksichtigt und ggf. eliminiert werden.

In diesem Kapitel erfolgte insgesamt eine verursachungsgerechte Zuordnung der einmaligen und laufenden varianteninduzierten Prozesskosten zu den Produktvarianten. Aus der Kostenzuordnung erfolgte die Bewertung der Produktvarianten anhand einer mehrstufigen Deckungsbeitragsrechnung. Die Bewertung der Produktvarianten wurde weiterhin verwendet, um strategische und operative Entscheidungen im Kontext der Variantenreduzierung, der Variantenbeherrschung und der Variantengestaltung zu unterstützten. Hierfür wurde jeweils eine Entscheidungsunterstützung entwickelt und Handlungsempfehlungen abgeleitet.

5.6 Zwischenfazit: Methodik zur Bewertung von Produktvarianten mittels Process Data Mining

Das übergeordnete Ziel dieses Kapitels war die Ermittlung und verursachungsgerechte Zuordnung der varianteninduzierten Prozesskosten mittels Process Data Mining zur Bewertung von Produktvarianten.

Als Grundlage der Bewertung erfolgte in Kapitel 5.1 zunächst eine herleitende Beschreibung der Produktvarianten aus markt- und unternehmensseitiger Perspektive. Hierbei wurde jeweils eine Dokumentationsvorlage für die Anwendung erarbeitet. Anschließend erfolgte die Entwicklung eines Datenmodells, welches die Beschreibung der Produktvarianten zur Anwendung von Process Data Mining ermöglicht.

In Kapitel 5.2 wurden relevante Unternehmensressourcen hergeleitet und Berechnungsvorschriften zu der Ermittlung der jeweiligen Kostensätze entwickelt. Für die Dokumentation relevanten Informationen wurden Dokumentationsvorlagen erarbeitet ein Datenmodell zur Befähigung von Process Data Mining entwickelt.

Für die Ermittlung der Prozesskosten anhand von in Process Aware Information Systems erfassten Daten wurden in Kapitel 5.3 zunächst die für die Prozesskostenermittlung relevanten Informationen sowie die hierfür erforderlichen, in Process Aware Information Systems erfassbaren Prozessdaten hergeleitet. Für die Prozessdaten wurde ebenfalls ein Datenmodell zur Befähigung von Process Data Mining entwickelt und die für die Prozesskostenermittlung relevanten Daten integriert.

Aufbauend auf der Datengrundlage erfolgte in Kapitel 5.4 die Beschreibung der Methodik zur Ermittlung varianteninduzierter Prozesskosten mittels Process Data Mining. Hierfür wurde eine Detaillierung der Kostenermittlung erarbeitet und diese formalisiert, sodass anhand der im Datenmodell zur Verfügung gestellten Daten die Ermittlung der Prozesskosten erfolgen kann.

Abschließend wurden die varianteninduzierten Prozesskosten in Kapitel 5.5 verursachungsgerecht zugeordnet und die Bewertung von Produktvarianten unter Berücksichtigung der einmaligen und laufenden Prozesskosten durchgeführt. Hieraus wurden Portfolioanalysen zur Unterstützung von Entscheidungen bzgl. der Reduzierung von Produktvarianten, der Beherrschung der internen Vielfalt und der Gestaltung der externen Vielfalt entwickelt und Handlungsempfehlungen zur Steigerung der Gesamtprofitabilität abgeleitet.

Im folgenden Kapitel erfolgt die Validierung und kritische Reflexion der Methodik durch die Umsetzung bei der Uhrenhersteller GmbH.

6 Validierung und kritische Reflexion

Im vorangehenden Kapitel wurde eine allgemeingültige Methodik zur Ermittlung und verursachungsgerechten Zuordnung varianteninduzierter Prozesskosten mittels Process Data Mining erarbeitet und anhand beispielhafter Daten erläutert. Ziel dieses Kapitels ist die kritische Reflexion der Anwendungserfahrung bei der Armbanduhren GmbH. Die Methodik wurde bei der Armbanduhren GmbH im Rahmen des Forschungsprozesses ganzheitlich umgesetzt. Für die kritische Reflexion der Anwendungserfahrung wird zunächst die Ausgangssituation der Armbanduhren GmbH erläutert (siehe Kapitel 6.1). Hierauf basierend wird die Erprobung und Validierung der Methodik in anonymisierter Form beschrieben, indem die einzelnen Arbeitsschritte durchlaufen und die Ergebnisse aus der Anwendung dargelegt werden (siehe Kapitel 6.2). Abschließend erfolgt die kritische Reflexion der Anwendungserfahrung zur Ermittlung der Limitationen und des weiteren Forschungsbedarfs (siehe Kapitel 6.3).

6.1 Ausgangssituation der Armbanduhren GmbH

Die Armbanduhren GmbH ist ein etabliertes Unternehmen, das Armbanduhren im Luxussegment entwickelt und produziert. Das Produktportfolio erstreckt sich von in sehr hohen Stückzahlen produzierten und abgesetzten Armbanduhren bis zu Sondereditionen, welche in limitierter Auflage hergestellt werden.

Aufgrund eines zunehmenden Wettbewerbs, welcher durch neue Marktteilnehmer aus dem Hochtechnologiesektor befeuert wird, strebt das Unternehmen eine Überarbeitung des Produktportfolios hinsichtlich der am Markt anzubietenden Produktvarianten an. Aufgrund der Heterogenität des Produktportfolios erfolgt die Kalkulation bei der Armbanduhren GmbH nach einer klassischen, mehrstufigen Deckungsbeitragsrechnung. Die Kosten von Entwicklung und Konstruktion sowie des Einkaufs werden hierbei allerdings als Gemeinkosten proportional zu den jeweiligen Einzelkosten zugeordnet. Die Unternehmensführung möchte die sich hieraus ergebenden Unsicherheiten in Bezug auf die Bewertung der jeweiligen Produktvarianten reduzieren, indem die Aufwände in den jeweiligen Abteilungen anhand einer Prozesskostenrechnung quantifiziert werden. Ziel der Armbanduhren GmbH ist es, die Prozesskostenrechnung für die Entwicklung und Konstruktion sowie den Einkauf als permanente Methode einzuführen, um Entscheidungen basierend auf einer verlässlichen Kalkulation treffen zu können. Für die kontinuierliche Ermittlung der varianteninduzierten Prozesskosten bei geringem Aufwand und dennoch hoher Genauigkeit, Zuverlässigkeit und Aktualität, sollen Prozessdaten aus dem PLM-System und dem ERP-System verwendet werden. Die im Rahmen dieser Dissertation entwickelte Methodik bietet das Potenzial, die Bewertung der Produktvarianten durch die zielgerichtete Analyse von Prozessdaten zu verbessern.

Für die Validierung der Methodik zur Bewertung von Produktvarianten mittels Process Data Mining wurden die hierfür relevanten Rahmenbedingungen bei der Armbanduhren GmbH geschaffen und Prozessdaten über einen Zeitraum von 40 Tagen zur Verfügung gestellt. Es ist offensichtlich, dass anhand dieser Datengrundlage keine Entscheidungen zur langfristigen Planung und Steuerung des Produktportfolios getroffen werden. Hierfür wären Daten über mehrere Jahre erforderlich, um die Quantifizierung der einmaligen und laufenden Prozesskosten zu validieren und Entscheidungen fundiert treffen zu können. Deshalb fokussiert die Validierung der Methodik im Kontext dieser Arbeit die Machbarkeit und Umsetzbarkeit, insbesondere in Bezug auf die zu erfassenden Daten in der Praxis.

6.2 Anwendung der Methodik zur Bewertung von Produktvarianten mittels Process Data Mining

In diesem Kapitel soll die Anwendung der Methodik zur Bewertung von Produktvarianten mittels Process Data Mining bei der Armbanduhren GmbH nachvollzogen werden. Hierfür werden die einzelnen Schritte der Methodik durchlaufen und die jeweiligen Ergebnisse erläutert. Die Daten werden im Rahmen der Erarbeitung in ein gesamtheitliches Datenmodell integriert. Zur Steigerung der Nachvollziehbarkeit werden die wesentliche Daten anhand simplifizierter Beschreibungselemente (z. B. Tabellen, Matrizen o. ä.) dargelegt.

6.2.1 Beschreibung von Produktvarianten

Im ersten Schritt der Methodik wurden die Produktvarianten aus externer und interner Perspektive sowie zur Anwendung von Process Data Mining beschrieben. Hier wurden im ersten Schritt die relevanten Merkmale und deren Ausprägungen zur Beschreibung der Produktvarianten hergeleitet und die Produktvarianten anschließend entsprechend charakterisiert. Weiterhin wurden die Produktvarianten aus interner Perspektive sowie zur Anwendung von Process Data Mining beschrieben.

Anhand der in Kapitel 5.1.1.1 entwickelten Leitfragen wurden vier Merkmale mit den entsprechenden Ausprägungen hergeleitet (siehe Tabelle 6-1).

Tabelle 6-1: Merkmale und Ausprägungen der Armbanduhren GmbH

Merkmal	Ausprägung 1	Ausprägung 2	Ausprägung 3	Ausprägung 4
Gehäuse	Titan	Edelstahl	Gold	Silber
Armband	Leder braun	Leder Schwarz	Stahlarmband	
Durchmesser	40 mm	43 mm		
Ziffernblatt	Weiß	Schwarz	Blau	Grün

Anhand dieser Ausprägungen wurden die betrachteten Produktvarianten klassifiziert, deren Preise wurden dokumentiert und die im Betrachtungszeitraum abgesetzten Stückzahlen wurden ermittelt (siehe Tabelle 6-2). Die vollständige Dokumentation ist in Anhang A.1 dargestellt.

Tabelle 6-2: Auszug der Dokumentation der Produktvarianten der Armbanduhren GmbH

ID	Gehäuse	Armband	Durchmesser	Ziffernblatt	Stückzahl abgesetzt	Preis [EUR]
PV-ID 1	Titan	Leder braun	40 mm	Weiß	8	6550
PV-ID 2	Edelstahl	Leder braun	40 mm	Weiß	23	6350
PV-ID 3	Gold	Leder braun	40 mm	Weiß	6	8250
PV-ID 4	Silber	Leder braun	40 mm	Weiß	2	7500
PV-ID 5	Titan	Leder Schwarz	40 mm	Weiß	3	6600
PV-ID 6	Edelstahl	Leder Schwarz	40 mm	Weiß	10	6400
PV-ID 7	Gold	Leder Schwarz	40 mm	Weiß	2	8300
PV-ID 8	Silber	Leder Schwarz	40 mm	Weiß	1	7550
PV-ID 10	Edelstahl	Stahlarmband	40 mm	Weiß	6	6100
PV-ID 13	Titan	Leder braun	43 mm	Weiß	31	7050
PV-ID 14	Titan	Leder Schwarz	[illegible]	[illegible]	[illegible]	[illegible]

Nachdem die Produktvarianten aus externer Sicht beschrieben wurden, folgte die Beschreibung aus interner Perspektive (siehe Tabelle 6-3).

Tabelle 6-3: Auszug aus der Dokumentation der Kostenträger der Armbanduhren GmbH

ID	Strukturstufe	Stückzahl
PV-ID 1	0	1
1000001	1	1
1000002	2	1
1000010	2	2
1000011	2	1
1000012	2	1
1000014	2	1
1000015	3	3
1000019	3	1
1000027	2	1

ID	Stückzahl produziert	Einzelkosten [EUR]
PV-ID 1	8	2131
PV-ID 2	27	2204
PV-ID 3	12	2203
PV-ID 4	9	2293
E174294	36	449
E174295	63	623
E174296	31	541
E174297	58	704
E174298	97	529
E174299	255	733

Hierfür wurden die Strukturstücklisten der jeweiligen Produktvarianten ermittelt und dokumentiert. Die vollständigen Strukturstücklisten für die betrachteten Produktvarianten ist in Anhang A.2.1 dargestellt. Für die Elemente der Strukturstückliste wurden die jeweils produzierten Stückzahlen sowie die Einzelkosten ermittelt und dokumentiert. Diese Informationen sind in Anhang A.2.2 aufgeführt.

Ausgehend von den erfassten und strukturiert dokumentierten Informationen wurde das Datenmodell der Produktvarianten definiert, indem für jeden Kostenträger ein Objekt erzeugt und die entsprechenden Attribute sowie Assoziationen definiert wurden. Darüber hinaus wurde ein Algorithmus entwickelt, anhand dessen aus der Strukturstückliste automatisiert eine Direktbedarfsmatrix ermittelt wurde. So ergab sich eine Direktbedarfsmatrix mit 188 Zeilen und Spalten, aus der sich die Zusammensetzung eines jeden Kostenträgers ergibt. Aus den abgesetzten und produzierten Primärbedarfen der Produktvarianten sowie den Zusammenhängen der Direktbedarfsmatrix konnte der abgesetzte bzw. produzierte Bruttobedarf aller Kostenträger ermittelt werden. Insgesamt wurden somit die Produktvarianten zur Anwendung von Process Data Mining beschrieben sowie für die Prozesskostenermittlung und verursachungsgerechte -zuordnung vorbereitet. Im nächsten Schritt wird auf die Unternehmensressourcen der Armbanduhren GmbH eingegangen und die Ermittlung der jeweiligen Kostensätze erläutert.

6.2.2 Beschreibung von Unternehmensressourcen

Nachdem im ersten Schritt die Produktvarianten beschrieben wurden, erfolgte im zweiten Schritt die Beschreibung der Unternehmensressourcen zur Ermittlung der ressourcenspezifischen Kostensätze. Hierfür wurden zunächst alle Personalressourcen, IT-Ressourcen und Gebäuderessourcen der Unternehmensbereiche Entwicklung, Konstruktion und Einkauf ermittelt und die einzelnen Ressourcen hinsichtlich der Durchführung von Aktivitäten sowie der Mittelbarkeit an der Kostenträgererstellung bewertet. Darüber hinaus wurde die gegenseitige Beanspruchung der Ressourcen ermittelt und in Form einer Ressourcenbedarfsmatrix dokumentiert (siehe Abbildung 6-1). Die vollständige Ressourcenbedarfsmatrix ist in Anhang A.3 dargestellt.

	Gebäude-ressourcen		IT-Ressourcen						Personalressourcen										
	R1022254	R1022255	R1022256	R1022257	R1022258	R1022259	R1022260	R1022261	R1022262	R1022263	R1022264	R1022265	R1022266	R1022267	R1022268	R1022269	R1022270	R1022271	R10222[illegible]
R1022254	0	0	0	0	0	0	0	0	0	0	0	0	0	0	800	800	0	0	0
R1022255	0	0	0	0	0	0	0	0	0	0	0	0	0	0	800	800	0	0	0
R1022256	10	0	0	0	0	0	0	0	0	0	0	0	0	0	0	0	0	0	0
R1022257	0	10	0	0	0	0	0	0	0	0	0	0	0	0	0	0	0	0	0
R1022258	0,25	0	1760	0	0	0	0	0	[illegible]	[illegible]	[illegible]	[illegible]	[illegible]	[illegible]	[illegible]	[illegible]	[illegible]	[illegible]	[illegible]

Abbildung 6-1: Auszug der Ressourcenbedarfsmatrix bei der Armbanduhren GmbH

Anhand der in Kapitel 5.2.2.2 entwickelten faktorbasierten Ermittlung der jeweiligen jährlichen Initialkosten sowie der jährlichen praktischen Kapazität konnten für die jeweiligen Unternehmensressourcen die entsprechenden Werte ermittelt und anhand von in den Systemen hinterlegten Informationen berechnet werden. Weiterhin wurden die Ressourcen hinsichtlich Aktivität und Mittelbarkeit klassifiziert, sodass eine vollständige Verrechnung sämtlicher Kosten auf aktivitätendurchführende und unmittelbar an der Kostenträgererstellung beteiligte Ressourcen sichergestellt wird. Die Initialkosten und praktischen Kapazitäten wurden in Vektoren überführt, sodass mittels Gleichung (5.2) die jeweiligen Ressourcenkostensätze berechnet werden konnten. Die so ermittelten Informationen wurden entsprechend zur Anwendung von Process Data Mining dokumentiert (siehe Tabelle 6-4). Die vollständige Dokumentation der Unternehmensressourcen ist in Anhang A.4 dargestellt.

Tabelle 6-4: Auszug der Dokumentation der Ressourcen der Armbanduhren GmbH

R-ID	Aktivität	Mittelbarkeit	Mengenbezug	Initialkosten[EUR/a]	Praktische Kapazität	Kostensatz [EUR/sec]
R1022254	nein	nein	-	30000	243,5	0,06274241
R1022255	nein	nein	-	25000	98,5	0,14100395
R1022256	nein	nein	-	1500	31536000	0,00011919
R1022257	nein	nein	-	2500	31536000	0,00024024
R1022258	ja	ja	-	250	6336000	0,00016756
R1022259	ja	ja	-	250	[illegible]	[illegible]

Basierend auf den erarbeiteten Informationen wurde das Datenmodell der Unternehmensressourcen durch die Erstellung jeweiliger Objekte und das Setzen der jeweiligen Attribute ausgeprägt. Somit konnten die Unternehmensressourcen sowie deren Kostensätze für die Anwendung von Process Data Mining beschrieben werden. Für die Ermittlung der varianteninduzierten Prozesskosten gilt es die durch einen Kostenträger verursachte Ressourcenbeanspruchung zu quantifizieren. Hierfür werden im nächsten Schritt die Prozessdaten beschrieben.

6.2.3 Beschreibung von Prozessdaten

Die gezielte Extraktion und strukturierte Beschreibung der Prozessdaten stellen einen zentralen Schritt im Rahmen der Methodik dar. Für die Validierung dieses Schrittes wurden zunächst Prozessdaten aus den PLM- und ERP-System der Armbanduhren GmbH mittels Export in eine tabellarische Struktur überführt. Im Rahmen der Vorverarbeitung wurde festgestellt, dass die unmittelbar aus den Systemen extrahierten Informationen nicht der Struktur entsprach, wie diese für die in dieser Dissertation entwickelte Methodik erforderlich ist. Ein Ausschnitt der unmittelbar extrahierfähigen Daten ist in Tabelle 6-5 dargestellt.[557]

Tabelle 6-5: Auszug der extrahierten Prozessdaten bei der Armbanduhren GmbH

Event ID	Kostenträger ID	Zeitpunkt	Event-Label	Ressource ID
2835199040	E174293	2021-03-12 21:56:35 CET	Einchecken	R1022280
2835198712	E253973	2021-03-12 21:56:35 CET	Einchecken	R1022279
2833046869	E174293	2021-03-12 21:50:01 CET	Auschecken	R1022280
2833047018	E253973	2021-03-12 21:26:48 CET	Auschecken	R1022279
...	...	...	...	...

[557] Eine vollständige Darstellung der Prozessdaten, auch in anonymisierter Form, ist aufgrund des Datenschutzes der Armbanduhren GmbH nicht möglich.

Der zentrale Unterschied ist die Erfassung der Zeitpunkte, zu denen ein bestimmtes Ereignis, z. B. das Ein- oder Auschecken eines Bauteils zur Bearbeitung, stattgefunden hat. Die entsprechende Aktivität, die zwischen den Ereignissen durchgeführt wurde, kann zwar definiert werden, die Dauer dieser ergibt sich allerdings aus der Differenz zwischen zwei diskreten, aufeinander folgenden Ereignissen. Für die Überführung der extrahierten Daten in die für die erarbeitete Methodik erforderliche Struktur wurde daher ein Zwischenschritt eingeführt. Für die Ermittlung von Start- und Endzeitpunkt einer Aktivität wurden hierbei für die Kostenträger-Identifkationsnummer die Zeitpunkte aufsteigend sortiert. So liegen nacheinander auftretende Ereignisse in zeitlich geordneter Reihenfolge vor. Anschließend wurden die zu einer Aktivität gehörenden Ereignisse definiert und die entsprechenden Zeitpunkte als Start- und Endzeitpunkt der jeweiligen Aktivität zugeordnet. Somit konnten die originären Daten in die erforderliche Struktur der Prozessdaten überführt werden (siehe Tabelle 6-6).

Tabelle 6-6: Auszug der vorverarbeiteten Prozessdaten der Armbanduhren GmbH

Event ID	Kostenträger ID	Startzeitpunkt	Endzeitpunkt	Aktivität	Ressource ID
2833046869	E174293	2021-03-12 21:50:01 CET	2021-03-12 21:56:35 CET	Konstruieren	R1022280
2833047018	E253973	2021-03-12 21:26:48 CET	2021-03-12 21:56:35 CET	Konstruieren	R1022279
...	...	...		...	...

Die so strukturiert dokumentierten Prozessdaten wurden verwendet, um das Datenmodell der Prozessdaten zu definieren.

Somit konnten sämtliche für die Bewertung der Produktvarianten erforderlichen Informationen bei der Armbanduhren GmbH ermittelt und für die Anwendung von Process Data Mining strukturiert werden. Im nächsten Schritt erfolgt die Ermittlung der varianteninduzierten Prozesskosten.

6.2.4 Ermittlung varianteninduzierter Prozesskosten

Der vierte Schritt stellt mit der Anwendung von Process Data Mining den Kern der Methodik dar, indem basierend auf den vorher strukturiert beschriebenen Informationen die Prozesskosten der Kostenträger bestimmt werden. Für die Validierung der Methodik wurden die varianteninduzierten Prozesskosten der Kostenträger über die Quantifizierung der jeweils beanspruchten Unternehmensressourcen anhand der Prozessdaten mittels Process Data Mining ermittelt. Darüber hinaus konnten die Frequenzen der Aktivitäten bestimmt werden. Für die Steigerung der Nachvollziehbarkeit der

Ergebnisse wird das Vorgehen im Folgenden anhand eines Kostenträgers demonstriert und die insgesamt ermittelten Ergebnisse anschließend dargelegt.

Zunächst wurden aus den Prozessdaten und den Ressourcendaten die für die Prozesskostenermittlung erforderlichen Informationen, d. h. die Ereignisdauern und die Ereignisreferenzzeitpunkte, ermittelt. Darüber hinaus wurden die jeweiligen Ressourcenkostensätze der beanspruchten Unternehmensressourcen aus dem Ressourcenmodell extrahiert und die Prozessdaten wurden entsprechend erweitert. Basierend hierauf erfolgte zunächst die frequenzorientierte Aktivitätenklassifikation zur Differenzierung zwischen einmaligen und laufenden Aktivitäten. Weiterhin wurden für die laufenden Aktivitäten die entsprechenden Frequenzen und die Ereignisanzahlen je Segment ermittelt. Hierauf basierend konnten die Ereignisstückkosten berechnet werden, indem die jeweiligen Ereigniskosten auf die jeweils relevanten Stückzahlen (abgesetzt oder produziert) bezogen wurden. Für den Fall des hier betrachteten Kostenträgers wurden Ressourcen aus der Entwicklung und Konstruktion sowie aus dem Einkauf beansprucht. Die Ressourcen der betrachteten Leistungsbereiche beziehen sich die Produktionsmenge.

Für die Aktivität „Lieferantendaten pflegen“ ergab sich eine Frequenz von 0,038, was in etwa einer Regelmäßigkeit von „alle 2 Wochen“ entspricht. Die Anzahl der Ereignisse alle zwei Wochen beträgt hierbei zwei. Für die Aktivität „Produktdaten pflegen“ ergab sich eine Frequenz von 0,019, was in etwa einer wöchentlichen Durchführung entspricht. In diesem Rhythmus wird die Aktivität 2 Mal pro Woche durchgeführt. Für die Aktivität „Konstruieren“ konnte in dem betrachteten Zeitraum keine Regelmäßigkeit festgestellt werden, sodass diese Aktivität und die damit einhergehenden Kosten als einmalig zu klassifizieren sind. Für die als laufend klassifizierten Aktivitäten „Lieferantendaten pflegen“ und „Produktdaten pflegen“ wurden entsprechend Gleichungen (5.13) und (5.14) die laufenden Prozesskosten für die entsprechende Regelmäßigkeit ermittelt. Für die als einmalig klassifizierte Aktivität „Konstruieren“ wurden die einmaligen Prozesskosten ermittelt. Das Ergebnisse sowie die Datengrundlage zur Ermittlung dieser sind in Abbildung 6-2 dargestellt.

Das Vorgehen wurde entsprechend für alle Kostenträger durchgeführt und hierüber wurden die kostenträgerspezifischen einmaligen und laufenden Prozesskosten mit den jeweiligen Frequenzen ermittelt.

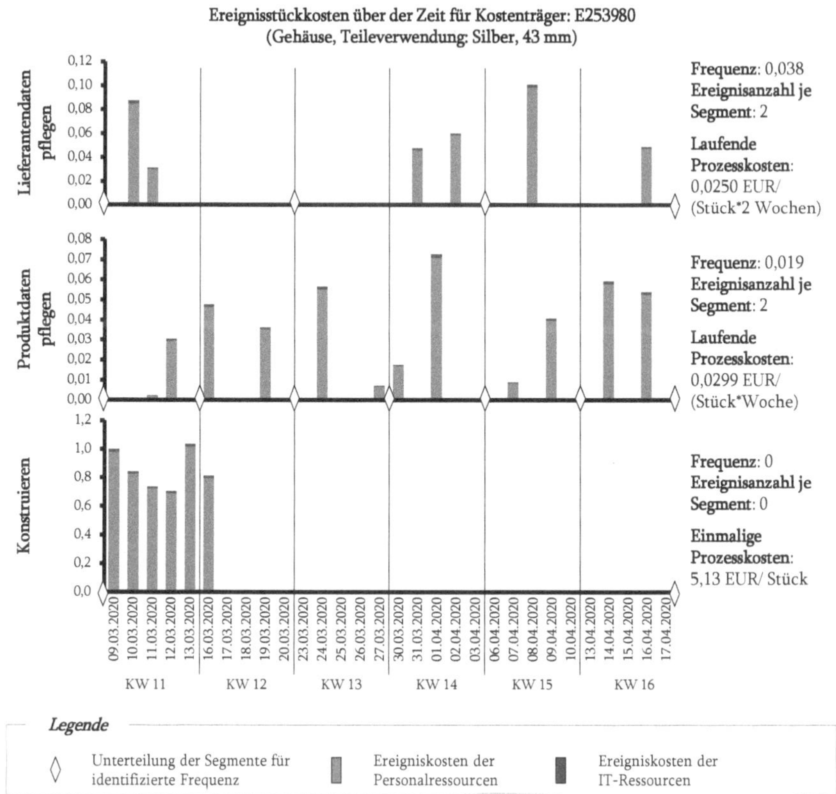

Abbildung 6-2: Ereignisstückkosten und Frequenzen eines ausgewählten Kostenträgers

Die gesamten Ergebnisse sind in Tabelle 6-7 dargestellt, wobei jedem Tupel aus Kostenträger und Aktivität die jeweils ermittelten Prozesskosten sowie deren Frequenz zugeordnet ist: Die Notation ist daher nach der Logik „Prozesskosten-Frequenz" aufgebaut.

Tabelle 6-7: Ergebnisse der Prozesskostenermittlung mittels Process Data Mining

Kostenträger ID	Mechanik entwickeln	Konstruieren	Produktdaten pflegen	Lieferantendaten pflegen
PV-ID 34	0-0	0-0	0,06-0	0-0
PV-ID 63	0-0	0-0	0,09-0,01096	0,056-0,05753
PV-ID 87	0-0	0-0	0-0	0-0
PV-ID 93	0-0	0-0	81,1-0	94,8-0
E174317	0,025-0	0,037-0	2,99-0	8,3-0
E190037	0,036-0	0,096-0	0-0	0,005-0
E190042	0,021-0	0,021-0	0,095-0	0,054-0
E192332	0,066-0	0,001-0,01096	0,05-0	0,023-0
E253976	0,022-0	0,061-0	0,078-0,05753	0,059-0
E253980	0-0	5,13-0	0,0299-0,019	0,025-0,038
E279479	0-0	0,025-0	0,048-0	0,01-0
E279480	0,018-0	0,064-0,05753	0,077-0,05753	0-0
E296925	0,056-0	0-0	0,056-0	0-0
E316591	0-0	0,018-0	0-0	0-0
E316593	0,009-0	0-0	0-0	0,016-0
E361115	0,087-0	0-0	0-0	0,04-0
E361116	0-0	0-0	0,048-0	0,086-0
E389601	0-0	0,017-0	0,039-0	0-0
E389605	0-0	0,096-0	0,074-0	0,021-0
E389607	0,047-0	0,092-0	0,1-0,01096	0,005-0

Die so ermittelten einmaligen und laufenden Prozesskosten wurden im nachfolgenden Schritt entsprechend des Stückzahlkonsums der Kostenträger für die jeweiligen Produktvarianten zugeordnet.

6.2.5 Bewertung von Produktvarianten

Nachdem die einmaligen und laufenden Prozesskosten sowie die jeweiligen Frequenzen für die Kostenträger ermittelt wurden, konnten diese im nachfolgenden Schritt entsprechend Gleichung (5.15) verursachungsgerecht den Produktvarianten zugeordnet werden. Dies erfolgte separat für jede der identifizierten Frequenzen, sodass eine differenzierte Bewertung der Kostenwirkung der jeweiligen Produktvarianten ermöglicht wird. Die jeweiligen isolierten und aggregierten Prozesskosten sind in Anhang A.5 dargestellt. Basierend auf den so ermittelten Prozesskosten, den jeweiligen Stückerlösen sowie den variablen Kosten ließen sich die Produktvarianten anhand des Deckungsbeitrags bewerten. Hierfür wurden einerseits die Deckungsbeiträge ohne Einfluss der einmaligen Prozesskosten und andererseits die Deckungsbeiträge mit Einfluss der einmaligen Prozesskosten ermittelt. Die Preise, variablen Kosten sowie die sich ergebenden Deckungsbeiträge der Produktvarianten sind in Anhang A.6 aufgeführt.

Basierend hierauf können die Produktvarianten entsprechend der in Kapitel 5.5.2.2 beschriebenen Berechnungen und Klassifikationen zur Erstellung der Portfolioanalyse durchgeführt werden. Somit konnte eine Portfolioanalyse zur Bewertung der Produktvarianten erstellt werden (siehe Abbildung 6-3).

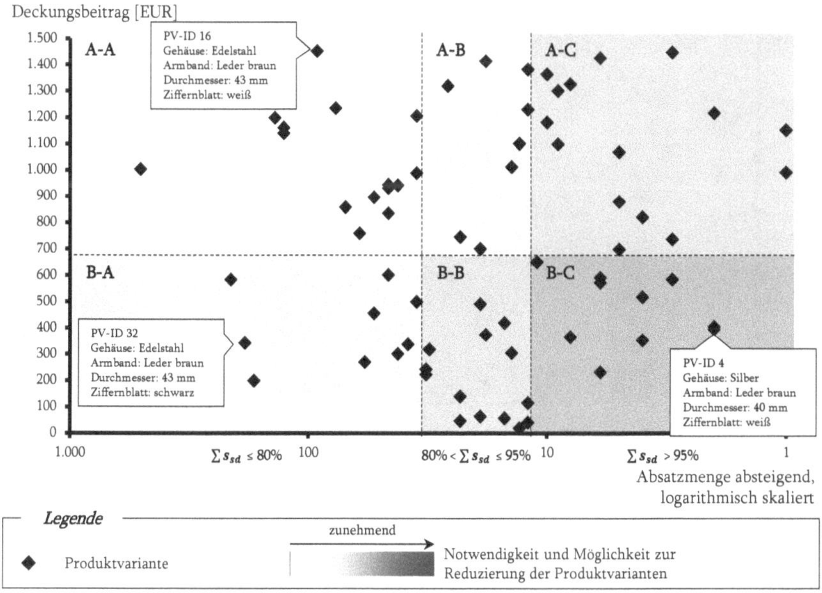

Abbildung 6-3: Armbanduhren GmbH: Portfolioanalyse zur Bewertung der Produktvarianten

Anhand der Portfolioanalyse ergaben sich aufschlussreiche Erkenntnisse hinsichtlich der Attraktivität der Produktvarianten für die Armbanduhren GmbH. Obwohl basierend auf den erläuterten Berechnungen keine Produktvarianten mit negativem Deckungsbeitrag existierten, ergaben die in den Profitabilitätsfeldern B-B und B-C sortierten Produktvarianten Diskussionen hinsichtlich einer Reduktion bzw. Substitution der entsprechenden Produktvarianten. Für die Beherrschung der internen Vielfalt wurden anschließend die Profitabilitätseinflüsse der Produktstrukturelemente anhand einer multiplen, linearen Regressionsanalyse ermittelt und in der entsprechenden Portfolioanalyse visualisiert. Die Ergebnisse sind in Abbildung 6-4 dargestellt. Für die detaillierte Analyse wurde die Visualisierung um relevante Informationen, wie Materialnummer und Bezeichnung ergänzt. Somit konnten wertvolle Rückschlüsse zur Beherrschung der internen Vielfalt gezogen werden und Entscheidungen zur Substitution der jeweiligen Kostenträger abgeleitet werden.

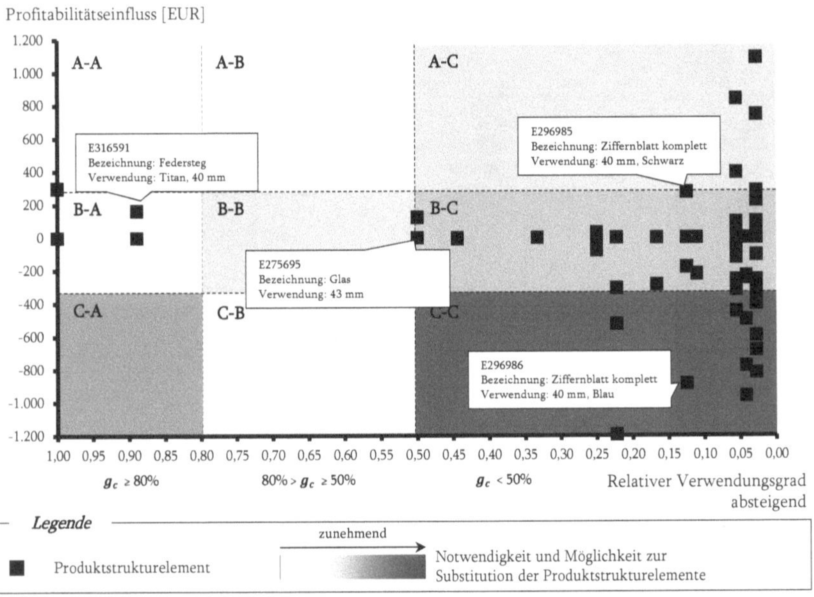

Abbildung 6-4: Armbanduhren GmbH: Portfolioanalyse zur Bewertung der Produktelemente

So wurde anhand der Portfolioanalyse festgestellt, dass die Kostenträger „Armband komplett" den Deckungsbeitrag der jeweils enthaltenden Produktvarianten teilweise positiv und teilweise negativ beeinflussen. Hier würde sich eine Standardisierung der Armbänder über die Produktvarianten hinweg anbieten, um die Kostenträger mit negativen Profitabilitätseinfluss durch solche mit hohem Profitabilitätseinfluss zu substituieren.

Schließlich wurden zur Gestaltung der externen Vielfalt der Profitabilitätseinfluss sowie die jeweils abgesetzten Mengen der Ausprägungen ermittelt. Hierfür wurde für die Ermittlung des jeweiligen Profitabilitätsbeitrags ebenfalls eine Regressionsanalyse durchgeführt. Die abgesetzten Stückzahlen der Ausprägungen ergaben sich entsprechend Gleichung (5.24). die Ergebnisse wurden weiterhin für eine Verbesserung der

Interpretationsfähigkeit anhand einer Portfolioanalyse visualisiert, welche in Abbildung 6-5 dargestellt ist.

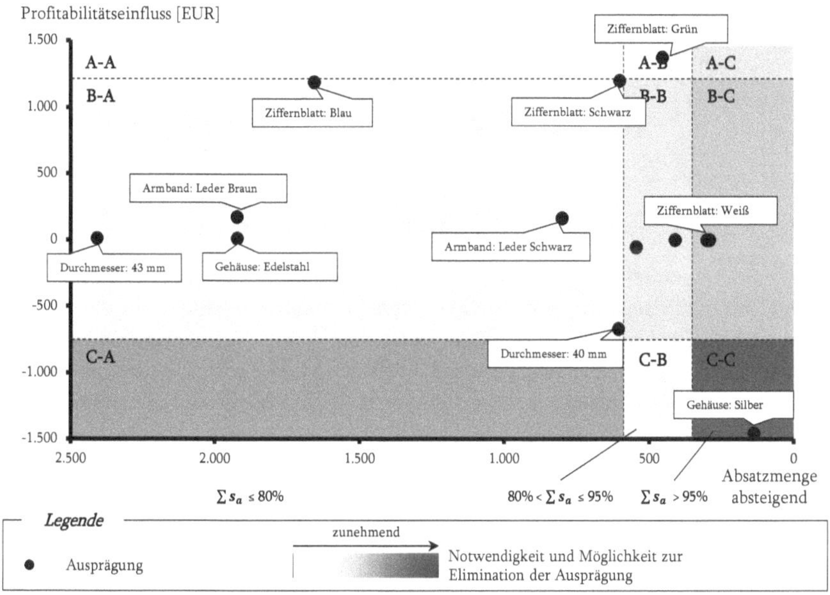

Abbildung 6-5: Armbanduhren GmbH: Portfolioanalyse zur Bewertung der Ausprägungen

Anhand der Analyse ergab sich beispielsweise, dass das silberne Gehäuse in dem Ausprägungsfeld C-C nur in geringen Stückzahlen abgesetzt wird und die Ausprägung für die betrachteten Produktvarianten einen negativen Einfluss auf den Deckungsbeitrag der Produktvarianten besitzt. Daher sollte die Ausprägung „Silber“ eliminiert werden bzw. zukünftig bei der Gestaltung von Produktvarianten keine Berücksichtigung finden. Demgegenüber ergibt eine Analyse der Ausprägungen des Merkmals „Ziffernblatt“, dass der Verkauf der Ausprägungen blau, grün und schwarz die Profitabilität außerordentlich positiv beeinflussen und in relativ hohen Stückzahlen abgesetzt werden. Die Ausprägung „weiß“ des Ziffernblatts bewirkt hingegen keine wesentliche Änderung der Profitabilität der Produktvarianten und wird nur selten verkauft. Äquivalent können die weiteren Merkmale und Ausprägungen analysiert und hierauf basierend Entscheidungen zur Elimination oder Kombination von Ausprägungen abgeleitet werden.

Zusammenfassend konnte durch die entwickelte Methodik die Bewertung der Produktvarianten bei der Armbanduhren GmbH verbessert werden. Die Erfassung und Auswertung von Prozessdaten über einen längeren Zeitraum könnte weitere Erkenntnisse liefern und ein vollständigeres Bild in Bezug auf die einmaligen und laufenden Prozesskosten ergeben. Die Validierung schließt somit mit den ermittelten Handlungsfeldern, welche anhand der Portfolioanalysen hergeleitet wurden. Im Folgenden wird die Anwendungserfahrung einer kritischen Reflexion unterzogen.

6.3 Kritische Reflexion der Anwendungserfahrung

Durch die Anwendung der im Rahmen dieser Dissertation erarbeiteten Methodik bei einem Unternehmen wurde festgestellt, dass die Methodik ein geeignetes und relevantes Werkzeug zur Unterstützung bei der Bewertung von Produktvarianten bietet. Daher werden im Folgenden die in Kapitel 4.2 definierten Anforderungen an die Methodik reflektiert. Anschließend werden die Schritte der Methodik aus Anwendungssicht kritisch beleuchtet.

Die in Kapitel 4.2.1 formulierten inhaltlichen Anforderungen werden einerseits durch die Methodik als auch durch die entwickelten Modelle vollständig erfüllt. Durch das erste Beschreibungsmodell wird eine systematische Beschreibung von Produktvarianten ermöglicht, wodurch eine modellbasierte Beschreibung der Domäne Produkt des Kostensystems realisiert wird. Hierdurch wird ein ganzheitliches Verständnis für die Produkte aus externer und interner Unternehmensperspektive geschaffen, sodass eine einheitliche Grundlage für die Bewertung von Produktvarianten geschaffen wird. Durch die im zweiten Beschreibungsmodell erarbeitete Berechnungsvorschriften für die strukturierte Ermittlung der Ressourcenkostensätze konnte die Beschreibung der Domäne Ressource des Kostensystems systematisiert werden. Somit kann die Genauigkeit und die Verursachungsgerechtheit der Kostenzuordnung gesteigert werden. Mit dem dritten Beschreibungsmodell wird eine Anleitung zur Nutzung automatisch erfasster Prozessdaten zur Verfügung gestellt, sodass Konfidenz in Bezug auf die in Process Aware Information Systems zu erfassenden Daten geschaffen wird und die Datenerfassung zielgerichtet erfolgen kann. Durch die Anwendung von Process Data Mining werden die Domänen des Kostensystems zur Ermittlung von Prozesskosten verknüpft, ohne dass weitere manuelle Aufwände erforderlich sind. Hierdurch werden die angestrebten Zielsetzungen der Arbeit vollständig umgesetzt. Die abschließende Bewertung der Produktvarianten durch die hergeleiteten Entscheidungsdimensionen führt zu einer Steigerung der Zuverlässigkeit und unterstützt Entscheidungen in Bezug auf die Planung, Steuerung und Kontrolle des Produktportfolios.

Gleichermaßen werden die im Kapitel 4.2.2 definierten formalen Anforderungen durch die Methodik und die Modelle als erfüllt angesehen. Die formale Richtigkeit der Modelle wird gewährleistet, indem die generierten Aussagen und Ergebnisse personenunabhängig reproduzierbar und nachvollziehbar gestaltet sind. Die Anforderung nach empirischer Richtigkeit kann durch die Erkenntnisse in der Anwendungserfahrung sowie die gute Übereinstimmung der Modelle mit der beobachtbaren Realität bestätigt werden. Weiterhin wurde durch die Anwendungserfahrung die intuitive Anwendbarkeit der Modelle sowie die einfache Verständlichkeit der Ergebnisse bestätigt, wodurch die Anforderung nach Nutzerfreundlichkeit als erfüllt angesehen werden kann. Für die Methodik als auch die Modelle ist die Zweckbezogenheit vorhanden und durch die Implementierung des durchgängigen Verfahrens in einer Softwareumgebung wird die durch die Methodik geschaffene Durchgängigkeit gewährleistet und der Aufwand zur Umsetzung in der Anwendung minimiert. Ferner wurde in der Anwendungserfahrung die wirtschaftliche Umsetzbarkeit hinsichtlich des Aufwands zur Umsetzung der Methodik und des damit einhergehenden Nutzens als gegeben angesehen, sodass die Anforderung nach optimaler Wirksamkeit als umgesetzt angesehen werden kann.

Durch die Anwendung der Methodik in der industriellen Praxis haben sich Anknüpfungspunkte zur weiteren Verbesserung und Erweiterung der Methodik ergeben. Die Datengrundlage für die Validierung wurde teilweise fragebogenbasiert und teilweise aus unterschiedlichen IT-Systemen extrahiert und aufbereitet. Die Einbindung der Methodik in die bestehenden IT-Systeme zur automatischen Extraktion der für die Methodik erforderlichen Daten in Bezug sowie deren automatische Überführung in eine für die Anwendung von Process Data Mining Struktur würde die Methodik zusätzlich vereinfachen und den Implementierungsaufwands weiter reduzieren. Für diese zusätzliche Beschleunigung der Datenerhebung muss eine durchgängige IT-Infrastruktur bestehen, anhand welcher Rohdaten in den Unternehmensbereichen generiert, strukturiert und mittels Process Data Mining ausgewertet werden. Dies kann durch bestehende Forschungsvorhaben unterstützt werden, die auf die Erarbeitung einer solchen durchgängigen Infrastruktur ausgerichtet sind. Beispielhaft kann das sogenannte „Internet of Production“ gelten, welches eine vernetzte IT-Infrastruktur entlang der gesamten Wertschöpfungskette für die kontextbezogene Datenauswertung anstrebt. Die somit im erzeugten Rohdaten können weiterhin zielgerichtet aggregiert und ausgewertet werden, um Entscheidungen durch einfache Visualisierungen zu unterstützen.[558] Die Auswertung kann im Kontext dieser Dissertation durch die beschriebene Methodik mit dem Ziel der Bewertung von Produktvarianten erfolgen und somit weitere Potenziale zur Reduktion des Aufwands sowie zur Steigerung der Verursachungsgerechtheit, Zuverlässigkeit, Genauigkeit und Aktualität realisiert werden. Neben der Verbesserung der Methodik wurden im Rahmen der Anwendung insbesondere rechtliche Rahmenbedingungen als wesentliche Faktoren für eine erfolgreiche Umsetzung der Methodik hervorgehoben. Die Erfassung der personenbezogenen Aktivitäten sowie die Zeitpunkte und Zeiträume, in denen die Aktivitäten durchgeführt werden, stellte sich als sensibles Thema in Bezug auf die Mitarbeiter heraus. Es muss daher darauf geachtet werden, dass die Daten anonymisiert ausgewertet werden und sich hieraus keine Rückschlüsse auf die Produktivität der Mitarbeiter ziehen lässt. Diese besonderen Umstände wurden im Kontext dieser Arbeit jedoch nicht explizit berücksichtigt.

[558] Vgl. Schuh et al. (2017) - Agile Produktentwicklung, S. 43ff.

7 Zusammenfassung und Ausblick

Produzierende Unternehmen stehen aufgrund eines volatilen und kundenorientierten Marktumfelds vor der Herausforderung, individuelle Produktvarianten in immer kürzeren Zeiten zu realisieren. Durch das so entstehende variantenreiche Produktportfolio steigen die nicht unmittelbar zuordenbaren Gemeinkosten. Moderne Kostenrechnungssysteme, wie die Prozesskostenrechnung oder das Time-driven Activity-based Costing, fokussieren zwar eine verursachungsgerechte Zuordnung der Gemeinkosten, sind allerdings sehr aufwändig umzusetzen. Darüber hinaus mangelt es den Methoden aufgrund der häufig manuellen Aufwandsermittlung und -abschätzung an Zuverlässigkeit, Genauigkeit und Aktualität.

Das übergeordnete Ziel dieser Arbeit bestand vor dem Hintergrund der dargestellten Ausgangssituation in der Verbesserung der Bewertung von Produktvarianten durch die Anwendung von Process Data Mining. Die Methodik fokussiert die gesamtheitliche Beschreibung des Kostensystems unter Berücksichtigung automatisch in Process Aware Information Systems (PAIS) erfassbaren Daten. Anhand dieser Daten werden die varianteninduzierten Prozesskosten ermittelt und verursachungsgerecht den Produktvarianten zugeordnet, um diese zu bewerten und Entscheidungen in Bezug auf das Produktportfolio zu unterstützen.

In Kapitel 1 dieser Arbeit wurde zunächst die Motivation für das Forschungsvorhaben dargelegt und hieraus die Zielsetzung abgeleitet. Für einen zielgerichteten Erkenntnisgewinn basiert diese Arbeit auf dem forschungsmethodischen Ansatz nach ULRICH ET AL., welcher nachfolgend erläutert wurde. Hieraus wurde der Aufbau der Dissertationsschrift entwickelt und beschrieben.

Im nachfolgenden Kapitel 2 wurden die im Kontext dieser Arbeit relevanten Grundlagen und Definitionen eingeführt. Diese orientieren sich an dem Objektbereich, dem Zielbereich sowie der Lösungshypothese dieser Arbeit. Dabei wurde zunächst auf die Unternehmensführung eingegangen und in diesem Kontext die Relevanz des Komplexitätsmanagements erläutert. Nachdem die Grundlagen des Komplexitätsmanagements mit dem Fokus auf die externe und interne Komplexität erläutert wurden, erfolgte eine

Einführung in die Kostenrechnung. Hierbei wurde die Bedeutung prozess- und ressourcenorientierter Kostenrechnungsverfahren sowie die damit einhergehenden positiven Effekte hervorgehoben. In Bezug auf die Lösungshypothese wurden nachfolgend Grundlagen zur Datenanalyse erläutert und aus den Disziplinen Data Mining und Process Mining das im Kontext dieser Arbeit relevante Process Data Mining definiert.

In Kapitel 3 erfolgte die Aufbereitung des Theorie- und des Praxisdefizits, um die praktische Relevanz sowie den Bedarf der Forschung im Kontext der Bewertung von produktvarianten mittels Process Data Mining darzulegen. Die Erarbeitung des Praxisdefizits erfolgte durch die Anwendungserfahrung des Verfassers sowie basierend auf zahlreichen Gesprächen mit Experten aus der Industrie. Als maßgebliche Herausforderungen wurden ein hoher Aufwand zur Umsetzung einer prozessorientierten Kostenrechnung sowie die damit einhergehende mangelnde Zuverlässigkeit, Genauigkeit und Aktualität herausgestellt. Für einen Abgleich der praktischen Defizite mit Lösungsmöglichkeiten aus der Theorie wurden weiterhin bestehende wissenschaftliche Ansätze analysiert und hinsichtlich des Objektbereichs, des Zielbereichs sowie der Lösungshypothese dieser Arbeit bewertet. Hierauf basierend wurden die maßgeblichen Forschungsdefizite abgeleitet. Es wurde festgestellt, dass das wesentliche Defizit in der Nutzung von Prozessdaten in prozessorientierten Kostenrechnungsverfahren mit dem Ziel der Bewertung von Produktvarianten besteht.

Die beschriebenen Praxis- und Theoriedefizite sowie die Zielsetzung und der Objektbereich der Arbeit wurden in Kapitel 4 für die Erarbeitung der Methodik als inhaltliche Anforderungen definiert. Darüber hinaus wurden formale Anforderungen an die Methodik und die zu erarbeitenden Modelle beschrieben. Weiterhin wurden zum Zweck der Darlegung des angestrebten Nutzens der Methodik für die Wissenschaft und die Industrie die mit der Methodik angestrebten Nutzenpotenziale dargelegt. Für eine zielgerichtete Erarbeitung der Methodik wurde weiterhin ein Zielbild sowie ein Grobkonzept entwickelt. Hierauf aufbauend wurden die Teilschritte der Methodik erläutert, anhand derer die Partialmodelle abgeleitet werden können.

Kapitel 5 bildet mit der Detaillierung der Methodik zur Bewertung von produktvarianten mittels Process Data Mining das zentrale Element der Arbeit. Entsprechend den definierten Teilschritten der Methodik wurde zunächst ein Beschreibungsmodell zur systematischen Ermittlung und strukturierten Dokumentation der für die Beschreibung von Produktvarianten erforderlichen Informationen. Das zweite Beschreibungsmodell widmete sich der Erarbeitung der für die Prozesskostenermittlung erforderlichen Unternehmensressourcen sowie der jeweiligen Kostensätze unter Berücksichtigung der gegenseitigen Ressourcenbeanspruchung sowie der Erfassbarkeit der Ressourcenbeanspruchung in PAIS. Im dritten Beschreibungsmodell wurden die für die Prozesskostenrechnung erforderlichen und aus PAIS zu extrahierenden Daten hergeleitet. In jedem Beschreibungsmodell erfolgte die Entwicklung eines Datenmodells, anhand dessen die jeweiligen Informationen für die Anwendung von Process Data Mining zugänglich gemacht wurden. Die Ermittlung und frequenzorientierte Differenzierung der Prozesskosten erfolgte im vierten Erklärungsmodell, in dem die Zusammenhänge zwischen der Domäne Produkt, Ressource und Prozess mittels Process Data Mining erklärt und quantifiziert wurden. Im abschließenden Entscheidungsmodell wurden die für die betrachteten Kostenträger jeweiligen Prozesskosten verursachungsgerecht den Produktvarianten zugeordnet. Basierend hierauf wurde anhand einer Deckungsbeitragsrechnung im System der Teilkostenrechnung die Profitabilität der jeweiligen Produktvarianten berechnet und entscheidungsunterstützende Portfolioanalysen erarbeitet.

Für die Sicherstellung der Anwendbarkeit wurde die Methodik zur Bewertung von Produktvarianten mittels Process Data Mining in Kapitel 6 bei einem produzierenden Unternehmen validiert. Hierfür wurden die Partialschritte der Methodik bei der Armbanduhren GmbH durchgeführt. Die hierbei erlangten Erkenntnisse wurden anschließend kritisch reflektiert und Limitationen sowie weiteres Potential zur Verbesserung der Methodik hergeleitet. Hierauf basierend wurde weiterer Bedarf zur Forschung auf dem betrachteten Themengebiet identifiziert.

Im Folgenden wird weiterer Bedarf der Forschung sowie weitere Anwendungsgebiete werden im Kontext dieser Arbeit dargelegt. Weiterer Forschungsbedarf ergibt sich insbesondere in der Anwendung der in dieser Dissertation erarbeiteten Ergebnisse für eine prospektive Bewertung neuer Produktvarianten. Hierdurch wird nicht nur eine Fokussierung auf das bestehende Produktportfolio, sondern vielmehr die Planung des zukünftigen Produktportfolios unterstützt. Darüber hinaus könnte eine solche Erweiterung der Methodik bei Entscheidungen zur Realisierung einer spezifischen neuen Produktvariante unterstützen. Darüber hinaus besteht weiterer Forschungsbedarf in der Berücksichtigung unvollständiger Informationen oder einer unzureichenden Datenqualität. Dies ist insbesondere erforderlich, wenn die vollständige Datengrundlage automatisiert aus Informationssystemen ermittelt wird. Ausreißer, fehlende oder fehlerhafte Daten sind dann entsprechend zu identifizieren, zu eliminieren und die Auswirkungen auf die Ergebnisqualität zu ermitteln. Hierfür bedarf es der Integration weiterer Methodenelemente, wie bspw. aus dem Bereich des Data Minings.

Literaturverzeichnis

Abeygunasekera, A.; Bandara, W.; Wynn, M.; Yigitbasioglu, O., Nexus between business process management (BPM) and accounting, In: Business Process Management Journal, Nr. 3, 2018, S. 745-770.

Adams, M.; Wynn, M.; Ouyang, C.; ter Hofstede, A., Realisation of Cost-Informed Process Support Within the YAWL Workflow Environment, 2015, S. 3-18.

Aghassi, S.; Bauhoff, F.; Brecher, C.; Fuchs, S.; Jeschke, S.; Jooß, C.; Kozielski, S.; Orilski, S.; Richert, A.; Roderburg, A.; Schiffer, M.; Schubert, J.; Schuh, G.; Stiller, S.; Welter, F.; Arnoscht, J.; Karmann, O.; Tönnissen, S., Integrative Produktionstechnik für Hochlohnländer, In: Brecher, C. (Hrsg.): Integrative Produktionstechnik für Hochlohnländer, Springer Verlag, 2011, S. 17-81.

Alpar, P.; Niedereichholz, J., Data Mining im praktischen Einsatz, Vieweg+Teubner Verlag, Wiesbaden, 2000.

Alter, W., Das Umfeld des Projektportfolio-Managements, In: Hirzel, M.; Alter, W.; Niklas, C. (Hrsg.): Projektportfolio-Management, Springer Fachmedien, 2019, S. 13-24.

Amdee, N.; Sonthipermpoon, K.; Arunchai, T.; Warawut, P., Optimal cost drivers in activity based costing based on an artificial neural network, 2014 IEEE International Conference on Industrial Engineering and Engineering Management (IEEM), IEEE, 2014, S. 719-723.

Anand, V.; Balakrishnan, R.; Labro, E., Obtaining Informationally Consistent Decisions When Computing Costs with Limited Information, In: Production and Operations Management, Nr. 2, 2017, S. 211-230.

Anand, V.; Balakrishnan, R.; Labro, E., A Framework for Conducting Numerical Experiments on Cost System Design, In: Journal of Management Accounting Research, Nr. 1, 2019, S. 41-61.

Arnoscht, J., Beherrschung von Komplexität bei der Gestaltung von Baukastensystemen, Apprimus Verlag, Aachen, 2011.

Baguley, P.; Schaefer, D.; Page, T., Costing Issues Regarding Product Variant Design, 2004.

Baltzer, B., Zum Stand des Time-driven Activity-based Costing, In: Ulrich, P.; Baltzer, B. (Hrsg.): Wertschöpfung in der Betriebswirtschaftslehre, Springer Fachmedien, 2019, S. 167-186.

Bayer, T., Integriertes Variantenmanagement, Hampp, München, 2010.

Becker, J.; Kugeler, M.; Rosemann, M., Prozessmanagement, Springer Verlag, Berlin, Heidelberg, 2012.

Berthold, M.; Hand, D. J., Intelligent Data Analysis, Springer Verlag, Berlin, Heidelberg, 2003.

Binder, V.; Kantowsky, J., Technologiepotentiale, Deutscher Universitätsverlag, Wiesbaden, 1996.

Bleicher, K., Das Konzept Integriertes Management, Campus Verlag, Frankfurt am Main, 2004.

Bohne, F., Komplexitätskostenmanagement in der Automobilindustrie, Deutscher Universitätsverlag, Wiesbaden, 1998.

Briskorn, D., Operations Research, Springer Verlag, Berlin, Heidelberg, 2020.

Chamoni, P., Ausgewählte Verfahren des Data Mining, In: Chamoni, P.; Gluchowski, P. (Hrsg.): Analytische Informationssysteme, Springer Verlag, 1999, S. 355-373.

Chansaad, A. P.; Rattanamanee, W.; S. Chaiprapat, A Fuzzy Time-Driven Activity-Based Costing Model in an Uncertain Manufacturing Environment, 2012.

Chompu-Inwai, R.; Thaiupathump, T., Optimal Cost Driver Selection in Activity-Based Costing Using Shuffled Frog Leaping Algorithm, Proceedings of the International Conference on Industrial Engineering and Operations Management, 2017, S. 973-980.

Coenenberg, A.; Fischer, T., Prozesskostenrechnung, In: Die Betriebswirtschaft, Nr. 51, 1991, S. 21-38.

Coenenberg, A. G.; Fischer, T. M.; Günther, T., Kostenrechnung und Kostenanalyse, Schäffer Poeschel, Stuttgart, 2016.

Coners, A.; Hardt, G. von der, Time-driven activity-based costing, In: Controlling und Management, Nr. 2, 2004, S. 108-118.

Cooper, R.; Kaplan, R., How cost accounting distorts product costs, In: Management Accounting, 1988, S. 20-27.

Cooper, R.; Kaplan, R., Measure Costs Right, In: Harvard Business Review, Nr. 5, 1988, S. 96-103.

Cramer, E.; Kamps, U., Grundlagen der Wahrscheinlichkeitsrechnung und Statistik, Springer Verlag, Berlin, Heidelberg, 2020.

Davenport, T.; Spanyi, A., What Process Mining Is, and Why Companies Should Do It, 2019, URL: https://hbr.org/2019/04/what-process-mining-is-and-why-companies-should-do-it, Zuletzt geprüft: 13.03.2021.

Deloitte, Komplexitätsmanagement in der Automobilindustrie, 01.04.2016.

Deutsches Institut für Normung, Begriffe im Zeichnung- und Stücklistenwesen, Beuth, 01.12.1977.

Deutsches Institut für Normung, Begriffe zu Kosteninformationen, Beuth, 01.12.1989.

Deutsches Institut für Normung, Projektmanagement, Beuth, 01.01.2009.

Deutsches Institut für Normung, Facility Management - Teil 6, Beuth, 01.12.2011.

Deutsches Institut für Normung, Begriffe und Benennungen, Beuth, Berlin, 01.07.2013.

Deutsches Institut für Normung, Kosten im Bauwesen, Beuth, 01.12.2018.

Deutsches Institut für Normung, Sachmerkmal-Listen - Teil 1, Beuth, 2019.

Deutsches Institut für Normung, Nutzungskosten im Hochbau, Beuth, 01.11.2020.

Dierkes, S., Planung und Kontrolle von Prozeßkosten, Deutscher Universitätsverlag, Wiesbaden, 1998.

Döhring, M.; Reijers, H.; Smirnov, S., Configuration vs. adaptation for business process variant maintenance: An empirical study, In: Information Systems, 2014, S. 108-133.

Dölle, C., Projektsteuerung in der Produktentwicklung mittels Predictive Analytics, Apprimus Verlag, 2017.

Domschke, W.; Scholl, A., Grundlagen der Betriebswirtschaftslehre, Springer Verlag, Dordrecht, 2005.

Dorn, J.; Seiringer, W., A Prototype for Service-Based Costing, In: Sprague, R. H. (Hrsg.): 2013 46th Hawaii International Conference on System Sciences (HICSS 2013), IEEE, 2013, S. 1300-1309.

Dyckhoff, H.; Spengler, T. S., Produktionswirtschaft, Springer Verlag, Berlin, 2010.

Ehrlenspiel, K.; Kiewert, A.; Lindemann, U.; Mörtl, M., Kostengünstig Entwickeln und Konstruieren, Springer Verlag, Berlin, Heidelberg, 2014.

Ehrlenspiel, K.; Meerkamm, H., Integrierte Produktentwicklung, Carl Hanser Verlag, München, 2013.

Ehrlenspiel, K.; Meerkamm, H., Integrierte Produktentwicklung, Carl Hanser Verlag, München, Wien, 2017.

Eilmus, S.; Gumpinger, T.; Kipp, T.; Sankowski, O.; Krause, D., Early Phase Estimation of Variety Induced Complexity Cost Effects: A Study on Industrial Cases in Germany, In: Kahlen, F.-J.; Flumerfelt, S.; Alves, A. (Hrsg.): Transdisciplinary Perspectives on Complex Systems, Springer International Publishing, 2017, S. 271-303.

Ester, M.; Sander, J., Knowledge Discovery in Databases, Springer Verlag, Berlin, Heidelberg, 2000.

Fayyad, U.; Piatetsky-Shapiro, G.; Smyth, P., From Data Mining to Knowledge Discovery in Databases, In: AI Magazine, Volume 17 Number 3, 1996, S. 37-54.

Feldhusen, J.; Grote, K.-H.; Göpfert, J.; Tretow, G., Technische Systeme, In: Feldhusen, J.; Grote, K.-H. (Hrsg.): Pahl/Beitz Konstruktionslehre, Springer Verlag, 2013, S. 237-279.

Feldhusen, J.; Grote, K.-H.; Kochan, D.; Beyer, C.; Vajna, S.; Lashin, G.; Kauf, F.; Gaub, H.; Schacht, M.; Erk, P., Die PEP-begleitenden Prozesse, In: Feldhusen, J.; Grote, K.-H. (Hrsg.): Pahl/Beitz Konstruktionslehre, Springer Verlag, 2013, S. 25-236.

Franke, H.-J., Variantenmanagement in der Einzel- und Kleinserienfertigung, Carl Hanser Verlag, München, 2002.

Gadatsch, A., Geschäftsprozesse analysieren und optimieren, Springer Fachmedien, Wiesbaden, 2015.

Gadatsch, A., Grundkurs Geschäftsprozess-Management, Springer Vieweg, Wiesbaden, 2017.

Gadatsch, A., Datenmodellierung, Springer Vieweg, Wiesbaden, 2019.

Gausemeier, J.; Lanza, G.; Lindemann, U., Produkte und Produktionssysteme integrativ konzipieren, Carl Hanser Verlag, München, 2012.

Gehring, H.; Gadatsch, A., Ein Rahmenkonzept für die Modellierung von Geschäftsprozessen und Workflows, Fachbereich Wirtschaftswissenschaften, 1999.

Gembrys, S.-N., Ein Modell zur Reduzierung der Variantenvielfalt in Produktionsunternehmen, IPK, Berlin, 1998.

Ghahfarokhi, A. F.; Park, G.; Berti, A.; van der Aalst, W., OCEL Standard, 08.01.2021.

Gleich, R., Komplexitätscontrolling, Haufe-Lexware GmbH & Co. KG, Freiburg, 2013.

Götze, U., Kostenrechnung und Kostenmanagement, Springer Verlag, Berlin, 2010.

Götzfried, M., Managing complexity induced by product variety in manufacturing companies, 2013.

Grünig, R.; Kühn, R., Portfolio Analysis, In: Grünig, R.; Kühn, R. (Hrsg.): The Strategy Planning Process, Springer Verlag, 2018, S. 111-136.

Gutenberg, E., Grundlagen der Betriebswirtschaftslehre, Springer Verlag, Berlin, Heidelberg, 1971.

Hastie, T.; Tibshirani, R.; Friedman, J. H., The elements of statistical learning, Springer Verlag, New York, 2017.

Heina, J., Variantenmanagement, Deutscher Universitätsverlag, Wiesbaden, 1999.

Herbert Vormbaum, Kalkulationsarten und Kalkulationsverfahren, Schäffer-Poeschel, 1977.

Hermann, U., Wertorientiertes Ressourcenmanagement, Deutscher Universitätsverlag, Wiesbaden, 1996.

Hilmer, C., Prozessmanagement in indirekten Bereichen, Springer Fachmedien, Wiesbaden, 2016.

Hong Tu, T.; Song, M., Analysis and Prediction Cost of Manufacturing Process Based on Process Mining, ICIMSA 2016, IEEE, 2016, S. 1-5.

Horsch, J., Kostenrechnung, Springer Gabler, Wiesbaden, 2018.

Horsch, J., Kostenrechnung, Springer Gabler, 2020.

Horváth, P.; Mayer, R., Prozesskostenrechnung, In: Controlling, 1989, S. 214-219.

Horváth, P.; Mayer, R., Konzeption und Entwicklungen der Prozeßkostenrechnung, In: Männel, W. (Hrsg.): Prozeßkostenrechnung, Gabler Verlag, 1995, S. 59-86.

Hsiao, B.; Shu, L.; Young, M.; Yang, H.-C., Using process mining to measure the expected costs of business processes, In: Pacific Asia Conference on Information Systems, PACIS 2016 - Proceedings, 2016, .

Huch, B., Einführung in die Kostenrechnung, Physica-Verlag HD, Heidelberg, 1984.

Hungenberg, H.; Wulf, T., Grundlagen der Unternehmensführung, Springer Verlag, Berlin, Heidelberg, 2015.

Hvam, L.; Hansen, C.; Forza, C.; Mortensen, N.; Haug, A., The reduction of product and process complexity based on the quantification of product complexity costs, In: International Journal of Production Research, Nr. 2, 2020, S. 350-366.

Kaiser, A., Integriertes Variantenmanagement mit Hilfe der Prozesskostenrechnung, Hallstadt: Rosch-Buch, 1995.

Kaiser, J. H., Technische Produktdokumentation, Springer Fachmedien, Wiesbaden, 2020.

Kantelberg, J., Gestaltung agiler Entwicklungsprozesse technischer Produkte, Apprimus Verlag, 2018.

Kaplan, R.; Anderson, S., Time-Driven Activity-Based Costing, In: SSRN Electronic Journal, 2003, .

Kaplan, R. S.; Anderson, S., Time-Driven Activity-Based Costing, 2007.

Keys, D.; van der Merwe, A., The case for RCA: Excess and idle capacity, In: Journal of cost management, Nr. 4, 2001, S. 21-32.

Kilger, W., Flexible Plankostenrechnung und Deckungsbeitragsrechnung, 1961.

Kilger, W., Flexible Plankostenrechnung und Deckungsbeitragsrechnung, In: Arbeitskreis Internes Rechnungswesen der Schmalenbach-Gesellschaft für Betriebswirtschaft (Hrsg.): Säulen der Kostenrechnung, Vahlen Verlag, 2017, S. 224-242.

Kilger, W.; Pampel, J. R.; Vikas, K., Flexible Plankostenrechnung und Deckungsbeitragsrechnung, Gabler Verlag, Wiesbaden, 2012.

Kim, K., Application of a hybrid genetic algorithm and neural network approach in activity-based costing, In: Expert Systems with Applications, Nr. 1, 2003, S. 73-77.

Kissel, M., Mustererkennung in komplexen Produktportfolios, München, 2014.

Kossiakoff, A., Systems engineering, Wiley Verlag, Hoboken, N.J, 2011.

Kostakis, H.; Sarigiannidis, C.; Boutsinas, B.; Kostakis, V.; Varvakis, K.; Tampakas, V., Integrating activity-based costing with simulation and data mining, In: International Journal of Accounting & Information Management, Nr. 1, 2008, S. 25-35.

Krause, D.; Gebhardt, N., Methodische Entwicklung modularer Produktfamilien, Springer Verlag, Berlin, Heidelberg, 2018.

Kubicek, H., Heuristische Bezugsrahmen und heuristisch angelegte Forschungsdesign als Elemente einer Konstruktionsstrategie empirischer Forschung, Freie Universität Berlin, Fachbereich Wirtschaftswissenschaft, 1976.

Kuhn, T. S., Die Struktur wissenschaftlicher Revolutionen, Suhrkamp, Frankfurt am Main, 2001.

Lackes, R., EDV-orientiertes Kosteninformationssystem, Gabler Verlag, Wiesbaden, 1989.

Laux, H.; Gillenkirch, R. M.; Schenk-Mathes, H. Y., Entscheidungstheorie, Springer Verlag, Berlin, Heidelberg, 2018.

Lelkes, A.-M., Simplifying activity-based costing, 2009.

Lelkes, A.-M., Duration-Based Costing, In: Management Accounting Quarterly, Nr. 4, 2017, S. 19-28.

Lelkes, A.-M.; Deis, D., Using the Production Cycle Time to Reduce the Complexity of Activity-Based Costing Systems, In: Journal of Theoretical Accounting Research, Nr. 1, 2013, S. 57-84.

Lelkes, A.-M.; Krueger, T., Considering production time in allocating costs and estimating profits at a Fortune 500 manufacturing corporation, In: Managerial Finance, Nr. 2, 2020, S. 283-298.

Lenders, M., Beschleunigung der Produktentwicklung durch Lösungsraum-Management, Apprimus Verlag, Aachen, 2009.

Lindemann, U.; Gahr, A., Kostenmanagement individualisierter Produkte, In: Lindemann, U.; Reichwald, R.; Zäh, M. F. (Hrsg.): Individualisierte Produkte - Komplexität beherrschen in Entwicklung und Produktion, Springer Verlag, 2006, S. 179-198.

Lingnau, V., Variantenmanagement, Schmidt, Berlin, 1994.

Malmqvist, J., A Classification of Matrix-based Methods for Product Modeling, In: Marjanović, D. (Hrsg.): Design 2002, Faculty of Mechanical Engineering and Naval Architecture, 2002, S. 203-210.

Männel, W., Prozeßkostenrechnung, Gabler Verlag, Wiesbaden, 1995.

Menges, A.; Dölle, C.; Riesener, M.; Schuh, G., Process Cost Calculation Using Process Data Mining, In: Behrens, B.-A.; Brosius, A.; Hintze, W.; Ihlenfeldt, S.; Wulfsberg, J. P. (Hrsg.): Production at the leading edge of technology, Springer Verlag, 2021, S. 581-590.

Mertens, K., Measure and manage your product costs right, 2020.

Mertens, P.; Bodendorf, F.; König, W.; Schumann, M.; Hess, T.; Buxmann, P., Grundzüge der Wirtschaftsinformatik, Springer Gabler, Berlin, 2017.

Meyer, M.; Meßerschmidt, U.; Mertens, K., How much does variety-induced complexity actually cost? Linking axiomatic design with cost modelling, In: Schröder, M.; Wegner, K. (Hrsg.): Logistik im Wandel der Zeit – Von der Produktionssteuerung zu vernetzten Supply Chains, Springer Fachmedien, 2019, S. 813-827.

Monroy, C.; Nasiri, A.; Peláez, M., Activity Based Costing, Time-Driven Activity Based Costing and Lean Accounting: Differences Among Three Accounting Systems' Approach to Manufacturing, In: Prado-Prado, J. C.; García-Arca, J. (Hrsg.): Annals of Industrial Engineering 2012, Springer London, 2014, S. 11-17.

Mortaji, S.; Bagherpour, M.; Mazdeh, M., Fuzzy Time-Driven Activity-Based Costing, In: Engineering Management Journal, Nr. 3, 2013, S. 63-73.

Mumm, M., Kosten- und Leistungsrechnung, Springer Verlag, Berlin, Heidelberg, 2019.

Mwaikambo, E.; Rajabifard, A.; Hagai, M., Modelling cost estimation for accessing spatial data using fuzzy logic and time-driven activity based costing in the context of an NSDI, In: Journal of Spatial Science, Nr. 1, 2015, S. 137-151.

Nadig, L., Prozesskostenrechnung in Theorie und Praxis, Schulthess, Zürich, 2000.

NASA, Cost Estimating Handbook, National Aeronautics and Space Administration, 2015.

Nußbaum, C., Modell zur Bewertung des Wirkungsgrades von Produktkomplexität, Apprimus Verlag, Aachen, 2011.

Nyamsi, E. A., IT-Lösungen auf Basis von SysML und UML, Springer Fachmedien, Wiesbaden, 2020.

Obara, S., Toyota by Toyota, CRC Press, Hoboken, 2012.

Object Management Group, Business Process Model and Notation, 01.01.2014.

Object Management Group, Unified Modeling Language, 05.12.2017.

Ostadi, B.; Mokhtarian Daloie, R.; Sepehri, M., A combined modelling of fuzzy logic and Time-Driven Activity-based Costing (TDABC) for hospital services costing under uncertainty, In: Journal of biomedical informatics, 2019, S. 11-28.

Paass, W. M., Produktbeschreibung als Teilaspekt eines Produktinformationssystems, Hanstein, 1974.

Patzak, G., Systemtechnik - Planung komplexer innovativer Systeme, Springer Verlag, Berlin, Heidelberg, 1982.

Peters, R.; Nauroth, M., Process-Mining, Springer Gabler, Wiesbaden, Germany, 2019.

Porter, M. E., Wettbewerbsvorteile, Campus Verlag, Frankfurt/Main, 2000.

Preißler, G.; Preißler, P. R., Entscheidungsorientierte Kosten- und Leistungsrechnung, De Gruyter Oldenbourg, Berlin, 2015.

Puhani, J., Statistik, Springer Fachmedien, Wiesbaden, 2020.

Pümpin, C., Das Dynamik-Prinzip, ECON-Taschenbuch-Verl., Düsseldorf, 1992.

Ramadan, S., Optimizing the Selection of Cost Drivers in Activity-Based Costing Using Quasi-Knapsack Structure, In: International Journal of Business and Management, Nr. 7, 2015, S. 74-84.

Rapp, T., Produktstrukturierung, Deutscher Universitätsverlag, Wiesbaden, 1999.

Rathnow, P. J., Integriertes Variantenmanagement, Vandenhoeck & Ruprecht, Göttingen, 1993.

Renner, I., Methodische Unterstützung funktionsorientierter Baukastenentwicklung am Beispiel Automobil, Hut, München, 2007.

Ridder, C.; Schmidt, D., Mehrdimensionale Kalkulation für eine verursachungsgerechte Kostenverteilung, In: Zeitschrift für Controlling und Management, Nr. 5, 2006, S. 311-320.

Riesener, M., Ähnlichkeitsbasierte Produktkonfiguration im Maschinenbau, Apprimus Verlag, Aachen, 2015.

Rostamy, A.; Bioki, T.; Takanlou, F.; Rostamy, A., Utilizing Data Mining and Factor Analysis for Identifying Activity Base Costing Cost Drivers in Iranian Bank, In: Universal Journal of Accounting and Finance, Nr. 1, 2013, S. 1-8.

Rudolf, S., Produktionsgerechte Baukastengestaltung, Apprimus Verlag, Aachen, 2013.

Rumpe, B., Agile modeling with UML, Springer Verlag, Cham, 2017.

Runkler, T. A., Data Mining, Springer Fachmedien, Wiesbaden, 2015.

Sauerwein, E., Das Kano-Modell der Kundenzufriedenheit, Deutscher Universitätsverlag, Wiesbaden, 2000.

Schanz, G., Wissenschaftsprogramme der Betriebswirtschaftslehre, 2009, S. 81-159.

Schawel, C.; Billing, F., Top 100 Management Tools, Gabler Verlag, Wiesbaden, 2012.

Schildbach, T.; Homburg, C., Kosten- und Leistungsrechnung, Lucius & Lucius, Stuttgart, 2009.

Schinzer, H. D.; Bange, C.; Mertens, H., Data warehouse und Data mining, Vahlen Verlag, München, 1999.

Schmidt, H.; Wenzel, H.-H., Maschinenstundensatzrechnung als Alternative zur herkömmlichen Zuschlagskostenrechnung, In: Kostenrechnungspraxis, 1989, S. 147-158.

Schoeneberg, K.-P., Komplexitätsmanagement in Unternehmen, Springer Gabler, Wiesbaden, 2014.

Schuh, G., Gestaltung und Bewertung von Produktvarianten, 1989.

Schuh, G., Business Engineering, Apprimus Verlag, Aachen, 2011.

Schuh, G., Innovationsmanagement, Springer Verlag, Berlin, Heidelberg, 2012.

Schuh, G.; Diels, F.; Ortlieb, C.; Riesener, M.; Schröder, S., Agile Produktentwicklung, In: Brecher, C.; Klocke, F.; Schmitt, R.; Schuh, G. (Hrsg.): Internet of Production für agile Unternehmen, Apprimus Verlag, 2017, S. 29-51.

Schuh, G.; Kaiser, A., Kostenmanagement in Entwicklung und Produktion mit der Ressourcenorientierten Prozeßkostenrechnung, In: Männel, W. (Hrsg.): Prozeßkostenrechnung, Gabler Verlag, 1995, S. 369-382.

Schuh, G.; Riesener, M., Produktkomplexität managen, Hanser, München, 2017.

Schuh, G.; Schmidt, C., Produktionsmanagement, Springer Verlag, Berlin, Heidelberg, 2014.

Schuster, T., Modellierung, Integration und Analyse von Ressourcen in Geschäftsprozessen, Karlsruhe, 2012.

Schweitzer, M.; Küpper, H.-U.; Friedl, G.; Hofmann, C.; Pedell, B., Systeme der Kosten- und Erlösrechnung, Vahlen Verlag, München, 2016.

Siegel, E., Predictive analytics, Wiley Verlag, Hoboken, NJ, 2013.

Sonnenberg, C.; vom Brocke, J., The missing link between BPM and accounting, In: Business Process Management Journal, Nr. 2, 2014, S. 213-246.

Spitta, T.; Bick, M., Informationswirtschaft, Springer Verlag, Berlin, Heidelberg, 2008.

Stachowiak, H., Allgemeine Modelltheorie, Springer Verlag, Wien, 1973.

Staud, J. L., Unternehmensmodellierung, Springer Gabler, Berlin, Heidelberg, 2019.

Stefanini, A.; Aloini, D.; Benevento, E.; Dulmin, R.; Mininno, V., A data-driven methodology for supporting resource planning of health services, In: Socio-Economic Planning Sciences, 2019, S. 1-14.

Sterrer, C., Das Geheimnis erfolgreicher Projekte, Springer Gabler, Wiesbaden, 2014.

Stončiuvienė, N.; Ūsaitė-Duonielienė, R.; Zinkevičienė, D., Integration of Activity-Based Costing Modifications and LEAN Accounting into Full Cost Calculation, In: Engineering Economics, Nr. 1, 2020, S. 50-60.

Suh, N. P., Axiomatic design, Oxford Univ. Press, New York, NY, 2001.

Szyszka, U., IT-gestützte Kostenrechnung, Springer Gabler, Wiesbaden, 2015.

Tan, P.-N.; Steinbach, M.; Kumar, V., Introduction to data mining, Pearson, Harlow, 2014.

Taylor, F. W., The principles of scientific management, Dover, Mineola, NY, 1998.

Teuteberg, F.; Tönnissen, S., Auswirkungen der Digitalisierung mit Process Mining und der Blockchain auf Time-driven Activity-based Costing, In: Betriebswirtschaftliche Forschung und Praxis, Nr. 1, 2020, S. 29-39.

The Boston Consulting Group, Mastering Complexity, 01.07.2010.

Ulrich, H.; Dyllick, T.; Probst, G. J. B., Management, Haupt, Bern & Stuttgart, 1984.

Ulrich, H.; Krieg, W., Das St. Galler Management-Modell, Haupt, Bern, 1972.

Ulrich, K. T.; Eppinger, S. D., Product design and development, McGraw-Hill, New York, NY, 2016.

Ulrich, P.; Hill, W., Wissenschaftstheoretische Grundfragen der Wirtschaftswissenschaften, Vahlen, München, 1979.

Unterstein, M.; Matthiessen, G., Anwendungsentwicklung mit Datenbanken, Springer Vieweg, Berlin, 2013.

van der Aalst, W., Extracting Event Data from Databases to Unleash Process Mining, In: vom Brocke, J.; Schmiedel, T. (Hrsg.): BPM - Driving Innovation in a Digital World, Springer International Publishing, 2015, S. 105-128.

van der Aalst, W., Process Mining, Springer Verlag, Berlin, Heidelberg, 2016.

van der Aalst, W.; Adriansyah, A.; Medeiros, A. de*; Arcieri, F.; Baier, T.; Blickle, T.; Bose, J.; van den Brand, P.; Brandtjen, R.; Buijs, J.; Burattin, A.; Carmona, J.; Castellanos, M.; Claes, J.; Cook, J.; Costantini, N.; Curbera, F.; Damiani, E.; Leoni, M.* de*; Delias, P.; van Dongen, B.; Dumas, M.; Dustdar, S.; Fahland, D.; Ferreira, D.; Gaaloul, W.; van Geffen, F.; Goel, S.; Günther, C.; Guzzo, A.; Harmon, P.; ter Hofstede, A.; Hoogland, J.; Ingvaldsen, J.; Kato, K.; Kuhn, R.; Kumar, A.; La Rosa, M.; Maggi, F.; Malerba, D.; Mans, R.; Manuel, A.; McCreesh, M.; Mello, P.; Mendling, J.; Montali, M.; Motahari-Nezhad, H.; zur Muehlen, M.; Munoz-Gama, J.; Pontieri, L.; Ribeiro, J.; Rozinat, A.; Seguel Pérez, H.; Seguel Pérez, R.; Sepúlveda, M.; Sinur, J.; Soffer, P.; Song, M.; Sperduti, A.; Stilo, G.; Stoel, C.; Swenson, K.; Talamo, M.; Tan, W.; Turner, C.; Vanthienen, J.; Varvaressos, G.; Verbeek, E.; Verdonk, M.; Vigo, R.; Wang, J.; Weber, B.; Weidlich, M.; Weijters, T.; Wen, L.; Westergaard, M.; Wynn, M.*, Process Mining Manifesto, In: Daniel, F.; Barkaoui, K.; Dustdar, S. (Hrsg.): Business process management workshops, Springer Verlag, 2012, S. 169-194.

van der Aalst, W.; Reijers, H.; Weijters, A.; van Dongen, B.; Alves de Medeiros, A.; Song, M.; Verbeek, H.M.W., Business process mining, In: Information Systems, Nr. 5, 2006, S. 713-732.

Verein Deutscher Ingenieure, Informationsverarbeitung in der Produktentwicklung, Beuth, 01.09.2016.

W3C, XML Essentials, 2021, URL: https://www.w3.org/standards/xml/core, Zuletzt geprüft: 27.03.2021.

W3schools, XML Syntax Rules, 2021, URL: https://www.w3schools.com/xml/xml_syntax.asp, Zuletzt geprüft: 27.03.2021.

W3schools, XPath Syntax, 2021, URL: https://www.w3schools.com/xml/xpath_syntax.asp, Zuletzt geprüft: 27.03.2021.

Walter, W. G.; Wünsche, I., Einführung in die moderne Kostenrechnung, Springer Fachmedien, Wiesbaden, 2013.

Webber, S.; Clinton, B., Resource Consumption Accounting Applied, In: Management Accounting Quarterly, Nr. 1, 2004, S. 1-14.

Wedekind, H.; Görz, G.; Kötter, R.; Inhetveen, R., Modellierung , Simulation, Visualisierung, In: Informatik-Spektrum, Nr. 5, 1998, S. 265-272.

Weijters, T.; van der Aalst, W., Process mining: discovering workflow models from event-based data, 2001.

Werkzeugmaschinenlabor WZL der RWTH Aachen, Globales Komplexitätsmanagement, 2017.

Weske, M., Business Process Management, Springer Verlag, Berlin, Heidelberg, 2019.

Wiendahl, H.-P., Betriebsorganisation für Ingenieure, Hanser, München, 2014.

Wildemann, H., Fertigungsstrategien, Transfer-Centrum-Verl., München, 1997.

Wnuk-Pel, T., Management accounting practices in support of lean management strategy in service organizations, In: Engineering Economics, Nr. 5, 2018, S. 559-570.

Wöltje, J., Schnelleinstieg Rechnungswesen, Haufe Verlag, München, 2008.

Wouters, M.; Stecher, J., Development of real-time product cost measurement: A case study in a medium-sized manufacturing company, In: International Journal of Production Economics, 2017, S. 235-244.

Wynn, M.; Low, W.; Nauta, W., A framework for cost-aware process management, Proceedings of the Ninth Asia-Pacific Conference on Conceptual Modelling-Volume 143, 2013, S. 79-88.

Wynn, M.; Low, W.; ter Hofstede, A.; Nauta, W., A Framework for Cost-Aware Process Management, In: Journal of Universal Computer Science, Nr. 03, 2014, S. 406-430.

Wynn, M.; Reijers, H.; Adams, M.; Ouyang, C.; ter Hofstede, A.; van der Aalst, W.; Rosemann, M.; Hoque, Z., Cost-Informed Operational Process Support, In: Ng, W.; Storey, V. C.; Trujillo, J. (Hrsg.): Conceptual Modeling - ER 2013, Springer Verlag, 2013, S. 174-181.

Zeitner, R.; Marchionini, M.; Neumann, G.; Irmscher, H., Flächenkosten, In: Zeitner, R.; Marchionini, M.; Neumann, G.; Irmscher, H. (Hrsg.): Flächenmanagement in der Immobilienwirtschaft, Springer Verlag, 2019, S. 203-214.

Zhuang, Z.-Y.; Chang, S.-C., Deciding product mix based on time-driven activity-based costing by mixed integer programming, In: Journal of Intelligent Manufacturing, Nr. 4, 2015, S. 959-974.

A Anhang

A.1 Daten zur Validierung der Methodik bei der Armbanduhren GmbH: Produktvarianten aus externer Perspektive

Tabelle A-1: Produktvarianten der Armbanduhren GmbH aus externer Perspektive

ID	Gehäuse	Armband	Durchmesser	Ziffernblatt	Stückzahl abgesetzt	Preis [EUR]
PV-ID 1	Titan	Leder braun	40 mm	Weiß	8	6550
PV-ID 2	Edelstahl	Leder braun	40 mm	Weiß	23	6350
PV-ID 3	Gold	Leder braun	40 mm	Weiß	6	8250
PV-ID 4	Silber	Leder braun	40 mm	Weiß	2	7500
PV-ID 5	Titan	Leder Schwarz	40 mm	Weiß	3	6600
PV-ID 6	Edelstahl	Leder Schwarz	40 mm	Weiß	10	6400
PV-ID 7	Gold	Leder Schwarz	40 mm	Weiß	2	8300
PV-ID 8	Silber	Leder Schwarz	40 mm	Weiß	1	7550
PV-ID 10	Edelstahl	Stahlarmband	40 mm	Weiß	6	6100
PV-ID 13	Titan	Leder braun	43 mm	Weiß	31	7050
PV-ID 14	Titan	Leder Schwarz	43 mm	Weiß	13	7100
PV-ID 16	Edelstahl	Leder braun	43 mm	Weiß	92	6850
PV-ID 17	Edelstahl	Leder Schwarz	43 mm	Weiß	38	6900
PV-ID 18	Edelstahl	Stahlarmband	43 mm	Weiß	23	6600
PV-ID 19	Gold	Leder braun	43 mm	Weiß	23	8750
PV-ID 20	Gold	Leder Schwarz	43 mm	Weiß	10	8800
PV-ID 22	Silber	Leder braun	43 mm	Weiß	8	8000
PV-ID 23	Silber	Leder Schwarz	43 mm	Weiß	3	8050
PV-ID 25	Titan	Leder braun	40 mm	Schwarz	15	5050
PV-ID 26	Titan	Leder braun	43 mm	Schwarz	61	5550
PV-ID 27	Titan	Leder Schwarz	40 mm	Schwarz	6	5100
PV-ID 28	Titan	Leder Schwarz	43 mm	Schwarz	26	5600
PV-ID 31	Edelstahl	Leder braun	40 mm	Schwarz	46	4850
PV-ID 32	Edelstahl	Leder braun	43 mm	Schwarz	184	5350
PV-ID 33	Edelstahl	Leder Schwarz	40 mm	Schwarz	19	4900
PV-ID 34	Edelstahl	Leder Schwarz	43 mm	Schwarz	77	5400
PV-ID 35	Edelstahl	Stahlarmband	40 mm	Schwarz	12	4600
PV-ID 36	Edelstahl	Stahlarmband	43 mm	Schwarz	46	5100
PV-ID 37	Gold	Leder braun	40 mm	Schwarz	12	6750
PV-ID 38	Gold	Leder braun	43 mm	Schwarz	46	7250
PV-ID 39	Gold	Leder Schwarz	40 mm	Schwarz	5	6800
PV-ID 40	Gold	Leder Schwarz	43 mm	Schwarz	19	7300
PV-ID 43	Silber	Leder braun	40 mm	Schwarz	4	6000

ID	Gehäuse	Armband	Durchmesser	Ziffernblatt	Stückzahl abgesetzt	Preis [EUR]
PV-ID 44	Silber	Leder braun	43 mm	Schwarz	15	6500
PV-ID 45	Silber	Leder Schwarz	40 mm	Schwarz	2	6050
PV-ID 46	Silber	Leder Schwarz	43 mm	Schwarz	6	6550
PV-ID 49	Titan	Leder braun	40 mm	Blau	42	6550
PV-ID 50	Titan	Leder braun	43 mm	Blau	169	7050
PV-ID 51	Titan	Leder Schwarz	40 mm	Blau	18	6600
PV-ID 52	Titan	Leder Schwarz	43 mm	Blau	70	7100
PV-ID 55	Edelstahl	Leder braun	40 mm	Blau	127	6350
PV-ID 56	Edelstahl	Leder braun	43 mm	Blau	507	6850
PV-ID 57	Edelstahl	Leder Schwarz	40 mm	Blau	53	6400
PV-ID 58	Edelstahl	Leder Schwarz	43 mm	Blau	211	6900
PV-ID 59	Edelstahl	Stahlarmband	40 mm	Blau	32	6100
PV-ID 60	Edelstahl	Stahlarmband	43 mm	Blau	127	6600
PV-ID 61	Gold	Leder braun	40 mm	Blau	32	8250
PV-ID 62	Gold	Leder braun	43 mm	Blau	127	8750
PV-ID 63	Gold	Leder Schwarz	40 mm	Blau	13	8300
PV-ID 64	Gold	Leder Schwarz	43 mm	Blau	53	8800
PV-ID 67	Silber	Leder braun	40 mm	Blau	11	7500
PV-ID 68	Silber	Leder braun	43 mm	Blau	42	8000
PV-ID 69	Silber	Leder Schwarz	40 mm	Blau	4	7550
PV-ID 70	Silber	Leder Schwarz	43 mm	Blau	18	8050
PV-ID 73	Titan	Leder braun	40 mm	Grün	12	8550
PV-ID 74	Titan	Leder braun	43 mm	Grün	46	9050
PV-ID 75	Titan	Leder Schwarz	40 mm	Grün	5	8600
PV-ID 76	Titan	Leder Schwarz	43 mm	Grün	19	9100
PV-ID 79	Edelstahl	Leder braun	40 mm	Grün	35	8350
PV-ID 80	Edelstahl	Leder braun	43 mm	Grün	138	8850
PV-ID 81	Edelstahl	Leder Schwarz	40 mm	Grün	14	8400
PV-ID 82	Edelstahl	Leder Schwarz	43 mm	Grün	58	8900
PV-ID 83	Edelstahl	Stahlarmband	40 mm	Grün	9	8100
PV-ID 84	Edelstahl	Stahlarmband	43 mm	Grün	35	8600
PV-ID 85	Gold	Leder braun	40 mm	Grün	9	10250
PV-ID 86	Gold	Leder braun	43 mm	Grün	35	10750
PV-ID 87	Gold	Leder Schwarz	40 mm	Grün	4	10300
PV-ID 88	Gold	Leder Schwarz	43 mm	Grün	14	10800
PV-ID 91	Silber	Leder braun	40 mm	Grün	3	9500
PV-ID 92	Silber	Leder braun	43 mm	Grün	12	10000
PV-ID 93	Silber	Leder Schwarz	40 mm	Grün	1	9550
PV-ID 94	Silber	Leder Schwarz	43 mm	Grün	5	10050

A.2 Daten zur Validierung der Methodik bei der Armbanduhren GmbH: Produktvarianten aus interner Perspektive

A.2.1 Produktvarianten aus interner Perspektive: Strukturstückliste

Tabelle A-2: Strukturstückliste der Armbanduhren GmbH

ID	Struktur-stufe	Stück-zahl
PV-ID 1	0	1
1000001	1	1
1000002	2	1
1000010	2	2
1000011	2	1
1000012	2	1
1000014	2	1
1000015	3	3
1000019	3	1
1000027	2	1
1000035	1	1
1000036	2	1
1000040	2	4
1000041	1	1
1000042	2	1
1000043	3	1
1000046	3	1
1000049	3	2
PV-ID 2	0	1
1000057	1	1
1000060	2	1
1000066	2	2
1000067	2	1
1000068	2	1
1000070	2	1
1000071	3	3
1000075	3	1
1000085	2	1
1000091	1	1
1000093	2	1
1000096	2	4
1000097	1	1
1000098	2	1
1000099	3	1
1000102	3	1
1000107	3	2
PV-ID 3	0	1
1000113	1	1
1000118	2	1
1000122	2	2
1000123	2	1
1000124	2	1
1000126	2	1
1000127	3	3
1000131	3	1
1000143	2	1
1000147	1	1
1000150	2	1
1000152	2	4
1000153	1	1
1000154	2	1
1000155	3	1
1000158	3	1
1000165	3	2
PV-ID 4	0	1
1000169	1	1
1000176	2	1
1000178	2	2
1000179	2	1
1000180	2	1
1000182	2	1
1000183	3	3
1000187	3	1
1000201	2	1
1000203	1	1
1000207	2	1
1000208	2	4
1000209	1	1
1000210	2	1
1000211	3	1
1000214	3	1
1000223	3	2
PV-ID 5	0	1
1000225	1	1
1000226	2	1
1000234	2	2
1000235	2	1
1000236	2	1
1000238	2	1
1000239	3	3
1000243	3	1
1000251	2	1
1000259	1	1
1000260	2	1
1000264	2	4
1000265	1	1
1000266	2	1
1000268	3	1
1000271	3	1
1000273	3	2
PV-ID 6	0	1
1000281	1	1
1000284	2	1
1000290	2	2
1000291	2	1
1000292	2	1
1000294	2	1
1000295	3	3
1000299	3	1
1000309	2	1
1000315	1	1
1000317	2	1
1000320	2	4
1000321	1	1
1000322	2	1
1000324	3	1
1000327	3	1

ID	Struktur-stufe	Stück-zahl
1000331	3	2
PV-ID 7	0	1
1000337	1	1
1000342	2	1
1000346	2	2
1000347	2	1
1000348	2	1
1000350	2	1
1000351	3	3
1000355	3	1
1000367	2	1
1000371	1	1
1000374	2	1
1000376	2	4
1000377	1	1
1000378	2	1
1000380	3	1
1000383	3	1
1000389	3	2
PV-ID 8	0	1
1000393	1	1
1000400	2	1
1000402	2	2
1000403	2	1
1000404	2	1
1000406	2	1
1000407	3	3
1000411	3	1
1000425	2	1
1000427	1	1
1000431	2	1
1000432	2	4
1000433	1	1
1000434	2	1
1000436	3	1
1000439	3	1
1000447	3	2
PV-ID 10	0	1
1000449	1	1
1000452	2	1
1000458	2	2
1000459	2	1
1000460	2	1
1000462	2	1
1000463	3	3
1000467	3	1

ID	Struktur-stufe	Stück-zahl
1000477	2	1
1000483	1	1
1000485	2	1
1000488	2	4
1000489	1	1
1000490	2	1
1000493	3	1
1000496	3	1
1000499	3	2
PV-ID 13	0	1
1000505	1	1
1000507	2	1
1000514	2	2
1000515	2	1
1000517	2	1
1000518	2	1
1000519	3	3
1000527	3	1
1000532	2	1
1000539	1	1
1000540	2	1
1000544	2	4
1000545	1	1
1000546	2	1
1000547	3	1
1000550	3	1
1000554	3	2
PV-ID 14	0	1
1000561	1	1
1000563	2	1
1000570	2	2
1000571	2	1
1000573	2	1
1000574	2	1
1000575	3	3
1000583	3	1
1000588	2	1
1000595	1	1
1000596	2	1
1000600	2	4
1000601	1	1
1000602	2	1
1000604	3	1
1000607	3	1
1000610	3	2
PV-ID 16	0	1

ID	Struktur-stufe	Stück-zahl
1000617	1	1
1000621	2	1
1000626	2	2
1000627	2	1
1000629	2	1
1000630	2	1
1000631	3	3
1000639	3	1
1000646	2	1
1000651	1	1
1000653	2	1
1000656	2	4
1000657	1	1
1000658	2	1
1000659	3	1
1000662	3	1
1000668	3	2
PV-ID 17	0	1
1000673	1	1
1000677	2	1
1000682	2	2
1000683	2	1
1000685	2	1
1000686	2	1
1000687	3	3
1000695	3	1
1000702	2	1
1000707	1	1
1000709	2	1
1000712	2	4
1000713	1	1
1000714	2	1
1000716	3	1
1000719	3	1
1000724	3	2
PV-ID 18	0	1
1000729	1	1
1000733	2	1
1000738	2	2
1000739	2	1
1000741	2	1
1000742	2	1
1000743	3	3
1000751	3	1
1000758	2	1
1000763	1	1

ID	Strukturstufe	Stückzahl
1000765	2	1
1000768	2	4
1000769	1	1
1000770	2	1
1000773	3	1
1000776	3	1
1000780	3	2
PV-ID 19	0	1
1000785	1	1
1000791	2	1
1000794	2	2
1000795	2	1
1000797	2	1
1000798	2	1
1000799	3	3
1000807	3	1
1000816	2	1
1000819	1	1
1000822	2	1
1000824	2	4
1000825	1	1
1000826	2	1
1000827	3	1
1000830	3	1
1000838	3	2
PV-ID 20	0	1
1000841	1	1
1000847	2	1
1000850	2	2
1000851	2	1
1000853	2	1
1000854	2	1
1000855	3	3
1000863	3	1
1000872	2	1
1000875	1	1
1000878	2	1
1000880	2	4
1000881	1	1
1000882	2	1
1000884	3	1
1000887	3	1
1000894	3	2
PV-ID 22	0	1
1000897	1	1
1000905	2	1

ID	Strukturstufe	Stückzahl
1000906	2	2
1000907	2	1
1000909	2	1
1000910	2	1
1000911	3	3
1000919	3	1
1000930	2	1
1000931	1	1
1000935	2	1
1000936	2	4
1000937	1	1
1000938	2	1
1000939	3	1
1000942	3	1
1000952	3	2
PV-ID 23	0	1
1000953	1	1
1000961	2	1
1000962	2	2
1000963	2	1
1000965	2	1
1000966	2	1
1000967	3	3
1000975	3	1
1000986	2	1
1000987	1	1
1000991	2	1
1000992	2	4
1000993	1	1
1000994	2	1
1000996	3	1
1000999	3	1
1001008	3	2
PV-ID 25	0	1
1001009	1	1
1001010	2	1
1001018	2	2
1001019	2	1
1001020	2	1
1001022	2	1
1001024	3	3
1001028	3	1
1001035	2	1
1001043	1	1
1001044	2	1
1001048	2	4

ID	Strukturstufe	Stückzahl
1001049	1	1
1001050	2	1
1001051	3	1
1001054	3	1
1001057	3	2
PV-ID 26	0	1
1001065	1	1
1001067	2	1
1001074	2	2
1001075	2	1
1001077	2	1
1001078	2	1
1001080	3	3
1001088	3	1
1001092	2	1
1001099	1	1
1001100	2	1
1001104	2	4
1001105	1	1
1001106	2	1
1001107	3	1
1001110	3	1
1001114	3	2
PV-ID 27	0	1
1001121	1	1
1001122	2	1
1001130	2	2
1001131	2	1
1001132	2	1
1001134	2	1
1001136	3	3
1001140	3	1
1001147	2	1
1001155	1	1
1001156	2	1
1001160	2	4
1001161	1	1
1001162	2	1
1001164	3	1
1001167	3	1
1001169	3	2
PV-ID 28	0	1
1001177	1	1
1001179	2	1
1001186	2	2
1001187	2	1

ID	Strukturstufe	Stückzahl
1001189	2	1
1001190	2	1
1001192	3	3
1001200	3	1
1001204	2	1
1001211	1	1
1001212	2	1
1001216	2	4
1001217	1	1
1001218	2	1
1001220	3	1
1001223	3	1
1001226	3	2
PV-ID 31	0	1
1001233	1	1
1001236	2	1
1001242	2	2
1001243	2	1
1001244	2	1
1001246	2	1
1001248	3	3
1001252	3	1
1001261	2	1
1001267	1	1
1001269	2	1
1001272	2	4
1001273	1	1
1001274	2	1
1001275	3	1
1001278	3	1
1001283	3	2
PV-ID 32	0	1
1001289	1	1
1001293	2	1
1001298	2	2
1001299	2	1
1001301	2	1
1001302	2	1
1001304	3	3
1001312	3	1
1001318	2	1
1001323	1	1
1001325	2	1
1001328	2	4
1001329	1	1
1001330	2	1
1001331	3	1
1001334	3	1
1001340	3	2
PV-ID 33	0	1
1001345	1	1
1001348	2	1
1001354	2	2
1001355	2	1
1001356	2	1
1001358	2	1
1001360	3	3
1001364	3	1
1001373	2	1
1001379	1	1
1001381	2	1
1001384	2	4
1001385	1	1
1001386	2	1
1001388	3	1
1001391	3	1
1001395	3	2
PV-ID 34	0	1
1001401	1	1
1001405	2	1
1001410	2	2
1001411	2	1
1001413	2	1
1001414	2	1
1001416	3	3
1001424	3	1
1001430	2	1
1001435	1	1
1001437	2	1
1001440	2	4
1001441	1	1
1001442	2	1
1001444	3	1
1001447	3	1
1001452	3	2
PV-ID 35	0	1
1001457	1	1
1001460	2	1
1001466	2	2
1001467	2	1
1001468	2	1
1001470	2	1
1001472	3	3
1001476	3	1
1001485	2	1
1001491	1	1
1001493	2	1
1001496	2	4
1001497	1	1
1001498	2	1
1001501	3	1
1001504	3	1
1001507	3	2
PV-ID 36	0	1
1001513	1	1
1001517	2	1
1001522	2	2
1001523	2	1
1001525	2	1
1001526	2	1
1001528	3	3
1001536	3	1
1001542	2	1
1001547	1	1
1001549	2	1
1001552	2	4
1001553	1	1
1001554	2	1
1001557	3	1
1001560	3	1
1001564	3	2
PV-ID 37	0	1
1001569	1	1
1001574	2	1
1001578	2	2
1001579	2	1
1001580	2	1
1001582	2	1
1001584	3	3
1001588	3	1
1001599	2	1
1001603	1	1
1001606	2	1
1001608	2	4
1001609	1	1
1001610	2	1
1001611	3	1
1001614	3	1

ID	Struktur-stufe	Stück-zahl
1001621	3	2
PV-ID 38	0	1
1001625	1	1
1001631	2	1
1001634	2	2
1001635	2	1
1001637	2	1
1001638	2	1
1001640	3	3
1001648	3	1
1001656	2	1
1001659	1	1
1001662	2	1
1001664	2	4
1001665	1	1
1001666	2	1
1001667	3	1
1001670	3	1
1001678	3	2
PV-ID 39	0	1
1001681	1	1
1001686	2	1
1001690	2	2
1001691	2	1
1001692	2	1
1001694	2	1
1001696	3	3
1001700	3	1
1001711	2	1
1001715	1	1
1001718	2	1
1001720	2	4
1001721	1	1
1001722	2	1
1001724	3	1
1001727	3	1
1001733	3	2
PV-ID 40	0	1
1001737	1	1
1001743	2	1
1001746	2	2
1001747	2	1
1001749	2	1
1001750	2	1
1001752	3	3
1001760	3	1

ID	Struktur-stufe	Stück-zahl
1001768	2	1
1001771	1	1
1001774	2	1
1001776	2	4
1001777	1	1
1001778	2	1
1001780	3	1
1001783	3	1
1001790	3	2
PV-ID 43	0	1
1001793	1	1
1001800	2	1
1001802	2	2
1001803	2	1
1001804	2	1
1001806	2	1
1001808	3	3
1001812	3	1
1001825	2	1
1001827	1	1
1001831	2	1
1001832	2	4
1001833	1	1
1001834	2	1
1001835	3	1
1001838	3	1
1001847	3	2
PV-ID 44	0	1
1001849	1	1
1001857	2	1
1001858	2	2
1001859	2	1
1001861	2	1
1001862	2	1
1001864	3	3
1001872	3	1
1001882	2	1
1001883	1	1
1001887	2	1
1001888	2	4
1001889	1	1
1001890	2	1
1001891	3	1
1001894	3	1
1001904	3	2
PV-ID 45	0	1

ID	Struktur-stufe	Stück-zahl
1001905	1	1
1001912	2	1
1001914	2	2
1001915	2	1
1001916	2	1
1001918	2	1
1001920	3	3
1001924	3	1
1001937	2	1
1001939	1	1
1001943	2	1
1001944	2	4
1001945	1	1
1001946	2	1
1001948	3	1
1001951	3	1
1001959	3	2
PV-ID 46	0	1
1001961	1	1
1001969	2	1
1001970	2	2
1001971	2	1
1001973	2	1
1001974	2	1
1001976	3	3
1001984	3	1
1001994	2	1
1001995	1	1
1001999	2	1
1002000	2	4
1002001	1	1
1002002	2	1
1002004	3	1
1002007	3	1
1002016	3	2
PV-ID 49	0	1
1002017	1	1
1002018	2	1
1002026	2	2
1002027	2	1
1002028	2	1
1002030	2	1
1002033	3	3
1002037	3	1
1002043	2	1
1002051	1	1

ID	Struktur-stufe	Stück-zahl
1002052	2	1
1002056	2	4
1002057	1	1
1002058	2	1
1002059	3	1
1002062	3	1
1002065	3	2
PV-ID 50	0	1
1002073	1	1
1002075	2	1
1002082	2	2
1002083	2	1
1002085	2	1
1002086	2	1
1002089	3	3
1002097	3	1
1002100	2	1
1002107	1	1
1002108	2	1
1002112	2	4
1002113	1	1
1002114	2	1
1002115	3	1
1002118	3	1
1002122	3	2
PV-ID 51	0	1
1002129	1	1
1002130	2	1
1002138	2	2
1002139	2	1
1002140	2	1
1002142	2	1
1002145	3	3
1002149	3	1
1002155	2	1
1002163	1	1
1002164	2	1
1002168	2	4
1002169	1	1
1002170	2	1
1002172	3	1
1002175	3	1
1002177	3	2
PV-ID 52	0	1
1002185	1	1
1002187	2	1

ID	Struktur-stufe	Stück-zahl
1002194	2	2
1002195	2	1
1002197	2	1
1002198	2	1
1002201	3	3
1002209	3	1
1002212	2	1
1002219	1	1
1002220	2	1
1002224	2	4
1002225	1	1
1002226	2	1
1002228	3	1
1002231	3	1
1002234	3	2
PV-ID 55	0	1
1002241	1	1
1002244	2	1
1002250	2	2
1002251	2	1
1002252	2	1
1002254	2	1
1002257	3	3
1002261	3	1
1002269	2	1
1002275	1	1
1002277	2	1
1002280	2	4
1002281	1	1
1002282	2	1
1002283	3	1
1002286	3	1
1002291	3	2
PV-ID 56	0	1
1002297	1	1
1002301	2	1
1002306	2	2
1002307	2	1
1002309	2	1
1002310	2	1
1002313	3	3
1002321	3	1
1002326	2	1
1002331	1	1
1002333	2	1
1002336	2	4

ID	Struktur-stufe	Stück-zahl
1002337	1	1
1002338	2	1
1002339	3	1
1002342	3	1
1002348	3	2
PV-ID 57	0	1
1002353	1	1
1002356	2	1
1002362	2	2
1002363	2	1
1002364	2	1
1002366	2	1
1002369	3	3
1002373	3	1
1002381	2	1
1002387	1	1
1002389	2	1
1002392	2	4
1002393	1	1
1002394	2	1
1002396	3	1
1002399	3	1
1002403	3	2
PV-ID 58	0	1
1002409	1	1
1002413	2	1
1002418	2	2
1002419	2	1
1002421	2	1
1002422	2	1
1002425	3	3
1002433	3	1
1002438	2	1
1002443	1	1
1002445	2	1
1002448	2	4
1002449	1	1
1002450	2	1
1002452	3	1
1002455	3	1
1002460	3	2
PV-ID 59	0	1
1002465	1	1
1002468	2	1
1002474	2	2
1002475	2	1

ID	Struktur-stufe	Stück-zahl
1002476	2	1
1002478	2	1
1002481	3	3
1002485	3	1
1002493	2	1
1002499	1	1
1002501	2	1
1002504	2	4
1002505	1	1
1002506	2	1
1002509	3	1
1002512	3	1
1002515	3	2
PV-ID 60	0	1
1002521	1	1
1002525	2	1
1002530	2	2
1002531	2	1
1002533	2	1
1002534	2	1
1002537	3	3
1002545	3	1
1002550	2	1
1002555	1	1
1002557	2	1
1002560	2	4
1002561	1	1
1002562	2	1
1002565	3	1
1002568	3	1
1002572	3	2
PV-ID 61	0	1
1002577	1	1
1002582	2	1
1002586	2	2
1002587	2	1
1002588	2	1
1002590	2	1
1002593	3	3
1002597	3	1
1002607	2	1
1002611	1	1
1002614	2	1
1002616	2	4
1002617	1	1
1002618	2	1

ID	Struktur-stufe	Stück-zahl
1002619	3	1
1002622	3	1
1002629	3	2
PV-ID 62	0	1
1002633	1	1
1002639	2	1
1002642	2	2
1002643	2	1
1002645	2	1
1002646	2	1
1002649	3	3
1002657	3	1
1002664	2	1
1002667	1	1
1002670	2	1
1002672	2	4
1002673	1	1
1002674	2	1
1002675	3	1
1002678	3	1
1002686	3	2
PV-ID 63	0	1
1002689	1	1
1002694	2	1
1002698	2	2
1002699	2	1
1002700	2	1
1002702	2	1
1002705	3	3
1002709	3	1
1002719	2	1
1002723	1	1
1002726	2	1
1002728	2	4
1002729	1	1
1002730	2	1
1002732	3	1
1002735	3	1
1002741	3	2
PV-ID 64	0	1
1002745	1	1
1002751	2	1
1002754	2	2
1002755	2	1
1002757	2	1
1002758	2	1

ID	Struktur-stufe	Stück-zahl
1002761	3	3
1002769	3	1
1002776	2	1
1002779	1	1
1002782	2	1
1002784	2	4
1002785	1	1
1002786	2	1
1002788	3	1
1002791	3	1
1002798	3	2
PV-ID 67	0	1
1002801	1	1
1002808	2	1
1002810	2	2
1002811	2	1
1002812	2	1
1002814	2	1
1002817	3	3
1002821	3	1
1002833	2	1
1002835	1	1
1002839	2	1
1002840	2	4
1002841	1	1
1002842	2	1
1002843	3	1
1002846	3	1
1002855	3	2
PV-ID 68	0	1
1002857	1	1
1002865	2	1
1002866	2	2
1002867	2	1
1002869	2	1
1002870	2	1
1002873	3	3
1002881	3	1
1002890	2	1
1002891	1	1
1002895	2	1
1002896	2	4
1002897	1	1
1002898	2	1
1002899	3	1
1002902	3	1

ID	Strukturstufe	Stückzahl
1002912	3	2
PV-ID 69	0	1
1002913	1	1
1002920	2	1
1002922	2	2
1002923	2	1
1002924	2	1
1002926	2	1
1002929	3	3
1002933	3	1
1002945	2	1
1002947	1	1
1002951	2	1
1002952	2	4
1002953	1	1
1002954	2	1
1002956	3	1
1002959	3	1
1002967	3	2
PV-ID 70	0	1
1002969	1	1
1002977	2	1
1002978	2	2
1002979	2	1
1002981	2	1
1002982	2	1
1002985	3	3
1002993	3	1
1003002	2	1
1003003	1	1
1003007	2	1
1003008	2	4
1003009	1	1
1003010	2	1
1003012	3	1
1003015	3	1
1003024	3	2
PV-ID 73	0	1
1003025	1	1
1003026	2	1
1003034	2	2
1003035	2	1
1003036	2	1
1003038	2	1
1003042	3	3
1003046	3	1
1003051	2	1
1003059	1	1
1003060	2	1
1003064	2	4
1003065	1	1
1003066	2	1
1003067	3	1
1003070	3	1
1003073	3	2
PV-ID 74	0	1
1003081	1	1
1003083	2	1
1003090	2	2
1003091	2	1
1003093	2	1
1003094	2	1
1003098	3	3
1003106	3	1
1003108	2	1
1003115	1	1
1003116	2	1
1003120	2	4
1003121	1	1
1003122	2	1
1003123	3	1
1003126	3	1
1003130	3	2
PV-ID 75	0	1
1003137	1	1
1003138	2	1
1003146	2	2
1003147	2	1
1003148	2	1
1003150	2	1
1003154	3	3
1003158	3	1
1003163	2	1
1003171	1	1
1003172	2	1
1003176	2	4
1003177	1	1
1003178	2	1
1003180	3	1
1003183	3	1
1003185	3	2
PV-ID 76	0	1
1003193	1	1
1003195	2	1
1003202	2	2
1003203	2	1
1003205	2	1
1003206	2	1
1003210	3	3
1003218	3	1
1003220	2	1
1003227	1	1
1003228	2	1
1003232	2	4
1003233	1	1
1003234	2	1
1003236	3	1
1003239	3	1
1003242	3	2
PV-ID 79	0	1
1003249	1	1
1003252	2	1
1003258	2	2
1003259	2	1
1003260	2	1
1003262	2	1
1003266	3	3
1003270	3	1
1003277	2	1
1003283	1	1
1003285	2	1
1003288	2	4
1003289	1	1
1003290	2	1
1003291	3	1
1003294	3	1
1003299	3	2
PV-ID 80	0	1
1003305	1	1
1003309	2	1
1003314	2	2
1003315	2	1
1003317	2	1
1003318	2	1
1003322	3	3
1003330	3	1
1003334	2	1
1003339	1	1

ID	Struktur-stufe	Stück-zahl
1003341	2	1
1003344	2	4
1003345	1	1
1003346	2	1
1003347	3	1
1003350	3	1
1003356	3	2
PV-ID 81	0	1
1003361	1	1
1003364	2	1
1003370	2	2
1003371	2	1
1003372	2	1
1003374	2	1
1003378	3	3
1003382	3	1
1003389	2	1
1003395	1	1
1003397	2	1
1003400	2	4
1003401	1	1
1003402	2	1
1003404	3	1
1003407	3	1
1003411	3	2
PV-ID 82	0	1
1003417	1	1
1003421	2	1
1003426	2	2
1003427	2	1
1003429	2	1
1003430	2	1
1003434	3	3
1003442	3	1
1003446	2	1
1003451	1	1
1003453	2	1
1003456	2	4
1003457	1	1
1003458	2	1
1003460	3	1
1003463	3	1
1003468	3	2
PV-ID 83	0	1
1003473	1	1
1003476	2	1
1003482	2	2
1003483	2	1
1003484	2	1
1003486	2	1
1003490	3	3
1003494	3	1
1003501	2	1
1003507	1	1
1003509	2	1
1003512	2	4
1003513	1	1
1003514	2	1
1003517	3	1
1003520	3	1
1003523	3	2
PV-ID 84	0	1
1003529	1	1
1003533	2	1
1003538	2	2
1003539	2	1
1003541	2	1
1003542	2	1
1003546	3	3
1003554	3	1
1003558	2	1
1003563	1	1
1003565	2	1
1003568	2	4
1003569	1	1
1003570	2	1
1003573	3	1
1003576	3	1
1003580	3	2
PV-ID 85	0	1
1003585	1	1
1003590	2	1
1003594	2	2
1003595	2	1
1003596	2	1
1003598	2	1
1003602	3	3
1003606	3	1
1003615	2	1
1003619	1	1
1003622	2	1
1003624	2	4
1003625	1	1
1003626	2	1
1003627	3	1
1003630	3	1
1003637	3	2
PV-ID 86	0	1
1003641	1	1
1003647	2	1
1003650	2	2
1003651	2	1
1003653	2	1
1003654	2	1
1003658	3	3
1003666	3	1
1003672	2	1
1003675	1	1
1003678	2	1
1003680	2	4
1003681	1	1
1003682	2	1
1003683	3	1
1003686	3	1
1003694	3	2
PV-ID 87	0	1
1003697	1	1
1003702	2	1
1003706	2	2
1003707	2	1
1003708	2	1
1003710	2	1
1003714	3	3
1003718	3	1
1003727	2	1
1003731	1	1
1003734	2	1
1003736	2	4
1003737	1	1
1003738	2	1
1003740	3	1
1003743	3	1
1003749	3	2
PV-ID 88	0	1
1003753	1	1
1003759	2	1
1003762	2	2
1003763	2	1

ID	Strukturstufe	Stückzahl
1003765	2	1
1003766	2	1
1003770	3	3
1003778	3	1
1003784	2	1
1003787	1	1
1003790	2	1
1003792	2	4
1003793	1	1
1003794	2	1
1003796	3	1
1003799	3	1
1003806	3	2
PV-ID 91	0	1
1003809	1	1
1003816	2	1
1003818	2	2
1003819	2	1
1003820	2	1
1003822	2	1
1003826	3	3
1003830	3	1
1003841	2	1
1003843	1	1
1003847	2	1
1003848	2	4
1003849	1	1
1003850	2	1
1003851	3	1

ID	Strukturstufe	Stückzahl
1003854	3	1
1003863	3	2
PV-ID 92	0	1
1003865	1	1
1003873	2	1
1003874	2	2
1003875	2	1
1003877	2	1
1003878	2	1
1003882	3	3
1003890	3	1
1003898	2	1
1003899	1	1
1003903	2	1
1003904	2	4
1003905	1	1
1003906	2	1
1003907	3	1
1003910	3	1
1003920	3	2
PV-ID 93	0	1
1003921	1	1
1003928	2	1
1003930	2	2
1003931	2	1
1003932	2	1
1003934	2	1
1003938	3	3
1003942	3	1

ID	Strukturstufe	Stückzahl
1003953	2	1
1003955	1	1
1003959	2	1
1003960	2	4
1003961	1	1
1003962	2	1
1003964	3	1
1003967	3	1
1003975	3	2
PV-ID 94	0	1
1003977	1	1
1003985	2	1
1003986	2	2
1003987	2	1
1003989	2	1
1003990	2	1
1003994	3	3
1004002	3	1
1004010	2	1
1004011	1	1
1004015	2	1
1004016	2	4
1004017	1	1
1004018	2	1
1004020	3	1
1004023	3	1
1004032	3	2

A.2.2 Produktvarianten aus interner Perspektive: Produzierte Stückzahlen und Einzelkosten

Tabelle A-3: Produzierte Stückzahlen und Einzelkosten der Kostenträger der Armbanduhren GmbH

ID	Stückzahl produziert	Einzelkosten [EUR]
PV-ID 1	8	2131
PV-ID 2	27	2204
PV-ID 3	12	2203
PV-ID 4	9	2293
PV-ID 5	6	2169
PV-ID 6	11	2241
PV-ID 7	8	2249
PV-ID 8	9	2345
PV-ID 10	14	1443
PV-ID 13	39	2363
PV-ID 14	19	2319
PV-ID 16	96	2472
PV-ID 17	42	2442
PV-ID 18	33	1769
PV-ID 19	30	2317
PV-ID 20	15	2341
PV-ID 22	16	2381
PV-ID 23	11	2432
PV-ID 25	23	2102
PV-ID 26	62	2229
PV-ID 27	13	2075
PV-ID 28	35	2143
PV-ID 31	48	2138
PV-ID 32	185	2206
PV-ID 33	23	2189
PV-ID 34	79	2217
PV-ID 35	21	1347
PV-ID 36	55	1452
PV-ID 37	21	2110
PV-ID 38	53	2235
PV-ID 39	9	2216
PV-ID 40	19	2252
PV-ID 43	7	2218
PV-ID 44	19	2168
PV-ID 45	6	2337
PV-ID 46	8	2245
PV-ID 49	43	2190
PV-ID 50	178	2379
PV-ID 51	20	2205
PV-ID 52	77	2324
PV-ID 55	137	2304
PV-ID 56	508	2407
PV-ID 57	55	2282
PV-ID 58	211	2381
PV-ID 59	38	1533
PV-ID 60	137	1580
PV-ID 61	35	2404
PV-ID 62	136	2302
PV-ID 63	18	2413
PV-ID 64	63	2254
PV-ID 67	18	2394
PV-ID 68	50	2403
PV-ID 69	13	2424
PV-ID 70	20	2349
PV-ID 73	22	2123
PV-ID 74	48	2339
PV-ID 75	9	2104
PV-ID 76	21	2230
PV-ID 79	38	2232
PV-ID 80	139	2394
PV-ID 81	20	2261
PV-ID 82	68	2410
PV-ID 83	10	1394
PV-ID 84	40	1635
PV-ID 85	18	2228
PV-ID 86	41	2343
PV-ID 87	10	2332
PV-ID 88	18	2322
PV-ID 91	3	2296
PV-ID 92	16	2362
PV-ID 93	3	2337
PV-ID 94	10	2344
E174293	14	554
E174294	36	449
E174295	63	623
E174296	31	541
E174297	58	704
E174298	97	529
E174299	255	733
E174300	69	710
E174301	52	502
E174302	92	449
E174303	230	579
E174304	68	503
E174305	171	778
E174306	319	543
E174307	856	678
E174308	247	732
E174309	20	545
E174310	30	481
E174311	53	688
E174312	28	602
E174313	45	597
E174314	72	504
E174315	199	550
E174316	59	639
E174317	18	589
E174318	13	519
E174319	31	621
E174320	6	576
E174321	27	675
E174322	27	468
E174323	70	638
E174324	26	572
E190031	96	1214
E190032	327	1262
E190033	48	1195
E190034	152	1175
E190035	250	1222
E190036	928	1219
E190037	109	1265
E190038	400	1196
E190039	83	435
E190040	265	469
E190041	86	1205
E190042	260	1251
E190043	45	1259

ID	Stückzahl produziert	Einzelkosten [EUR]
E190044	115	1235
E190045	37	1197
E190046	101	1219
E190047	31	1273
E190048	49	1202
E192331	623	342
E192332	2035	431
E192333	506	414
E192334	218	478
E253973	144	64
E253974	479	57
E253975	442	47
E253976	1593	56
E253977	131	37
E253978	375	38
E253979	68	75
E253980	150	57
E256794	13528	81
E265409	3382	20
E272808	6764	96
E274352	623	12
E274353	2035	57
E274354	506	35
E274355	218	65

ID	Stückzahl produziert	Einzelkosten [EUR]
E275694	785	29
E275695	2597	14
E279478	144	10
E279479	479	81
E279480	442	19
E279481	1593	93
E279482	131	76
E279483	375	8
E279484	68	25
E279485	150	14
E296925	2085	1162
E296926	949	1174
E296927	348	381
E296984	104	165
E296985	171	105
E296986	377	263
E296987	133	165
E296988	301	314
E296989	515	135
E296990	1380	273
E296991	401	270
E310533	2085	96
E310534	949	30
E310535	348	57

ID	Stückzahl produziert	Einzelkosten [EUR]
E316591	6068	17
E316592	6068	87
E316593	6764	40
E316594	6764	80
E316595	6068	19
E316596	6068	92
E316597	6068	91
E316598	6068	79
E317175	1215	51
E317176	2058	6
E317177	5271	45
E317178	1602	32
E361114	2085	48
E361115	949	38
E361116	348	51
E389600	104	11
E389601	171	55
E389602	377	96
E389603	133	31
E389604	301	74
E389605	515	55
E389606	1380	97
E389607	401	84
1004032	3	2

A.3 Daten zur Validierung der Methodik bei der Armbanduhren GmbH: Ressourcenbedarfsmatrix

	Gebäude-ressourcen		IT-Ressourcen						Personalressourcen																																
	R1022254	R1022255	R1022256	R1022257	R1022258	R1022259	R1022260	R1022261	R1022262	R1022263	R1022264	R1022265	R1022266	R1022267	R1022268	R1022269	R1022270	R1022271	R1022272	R1022273	R1022274	R1022275	R1022276	R1022277	R1022278	R1022279	R1022280	R1022281	R1022282	R1022283	R1022284	R1022285	R1022286	R1022287	R1022288	R1022289	R1022290	R1022291	R1022292	R1022293	R1022294
R1022254	0	0	0	0	0	0	0	0	0	0	0	0	0	0	800	800	0	0	0	0	0	0	0	0	0	0	0	0	0	0	0	0	0	0	0	0	0	0	0	0	0
R1022255	0	0	0	0	0	0	0	0	0	0	0	0	0	0	800	800	0	0	0	0	0	0	0	0	0	0	0	0	0	0	0	0	0	0	0	0	0	0	0	0	0
R1022256	10	0	0	0	0	0	0	0	0	0	0	0	0	0	0	0	0	0	0	0	0	0	0	0	0	0	0	0	0	0	0	0	0	0	0	0	0	0	0	0	0
R1022257	0	10	0	0	0	0	0	0	0	0	0	0	0	0	0	0	0	0	0	0	0	0	0	0	0	0	0	0	0	0	0	0	0	0	0	0	0	0	0	0	0
R1022258	0,25	0	1760	0	0	0	0	0	0	0	0	0	0	0	0	0	0	0	0	0	0	0	0	0	0	0	0	0	0	0	0	0	0	0	0	0	0	0	0	0	0
R1022259	0,25	0	1760	0	0	0	0	0	0	0	0	0	0	0	0	0	0	0	0	0	0	0	0	0	0	0	0	0	0	0	0	0	0	0	0	0	0	0	0	0	0
R1022260	0	0,25	0	1760	0	0	0	0	0	0	0	0	0	0	0	0	0	0	0	0	0	0	0	0	0	0	0	0	0	0	0	0	0	0	0	0	0	0	0	0	0
R1022261	0	0,25	0	1760	0	0	0	0	0	0	0	0	0	0	0	0	0	0	0	0	0	0	0	0	0	0	0	0	0	0	0	0	0	0	0	0	0	0	0	0	0
R1022262	18	0	0	0	1760	0	0	0	0	0	0	500	100	50	0	0	0	0	0	0	0	0	0	0	0	0	0	0	0	0	0	0	0	0	0	0	0	0	0	0	0
R1022263	22	0	0	0	1680	0	0	0	0	0	0	150	450	50	0	0	0	0	0	0	0	0	0	0	0	0	0	0	0	0	0	0	0	0	0	0	0	0	0	0	0
R1022264	0	25	0	0	0	1720	0	0	0	0	0	0	0	350	0	0	0	0	0	0	0	0	0	0	0	0	0	0	0	0	0	0	0	0	0	0	0	0	0	0	0
R1022265	15	0	0	0	880	0	0	0	0	0	0	0	0	0	0	0	0	0	0	0	0	0	0	0	0	0	0	0	0	0	0	0	0	0	0	0	0	0	0	0	0
R1022266	18	0	0	0	880	0	0	0	0	0	0	0	0	0	0	0	0	0	0	0	0	0	0	0	0	0	0	0	0	0	0	0	0	0	0	0	0	0	0	0	0
R1022267	0	12	0	0	0	880	0	0	0	0	0	0	0	0	0	0	0	0	0	0	0	0	0	0	0	0	0	0	0	0	0	0	0	0	0	0	0	0	0	0	0
R1022268	0	0	0	0	0	0	0	0	0	0	0	0	0	0	0	0	0	0	0	0	0	0	0	0	0	0	0	0	0	0	0	0	0	0	0	0	0	0	0	0	0
R1022269	0	0	0	0	0	0	0	0	0	0	0	0	0	0	0	0	0	0	0	0	0	0	0	0	0	0	0	0	0	0	0	0	0	0	0	0	0	0	0	0	0
R1022270	5	0	0	0	0	0	0	0	0	44	0	0	0	0	0	0	0	0	0	0	0	0	0	0	50	0	0	0	0	0	0	0	0	0	0	0	0	0	0	0	0
R1022271	5	0	0	0	0	0	0	0	0	66	0	0	0	0	0	0	0	0	0	0	0	0	0	0	25	0	0	0	0	0	0	0	0	0	0	0	0	0	0	0	0
R1022272	5	0	0	0	0	0	0	0	0	66	0	0	0	0	0	0	0	0	0	0	0	0	0	0	0	0	0	80	0	0	0	0	0	0	0	0	0	0	0	0	0
R1022273	8	0	0	0	0	0	0	0	0	40	0	0	0	0	0	0	0	0	0	0	0	0	0	0	0	0	0	0	66	0	0	0	0	0	0	0	0	0	0	0	0
R1022274	8	0	0	0	0	0	0	0	0	50	0	0	0	0	0	0	0	0	0	0	0	0	0	0	0	0	0	0	0	0	0	0	0	0	0	0	0	0	0	0	0
R1022275	6	0	0	0	0	0	0	0	0	30	0	0	0	0	0	0	0	0	0	0	0	0	0	0	0	0	0	0	0	0	0	0	0	0	0	0	0	0	0	0	0
R1022276	6	0	0	0	0	0	0	0	0	35	0	0	0	0	0	0	0	0	0	0	0	0	0	0	0	0	0	0	0	0	0	0	0	0	0	0	0	0	0	0	0
R1022277	6	0	0	0	0	0	0	0	0	0	0	0	0	0	0	0	0	0	0	0	0	0	0	0	0	0	0	0	0	0	0	70	0	0	0	0	0	0	0	0	0
R1022278	10	0	0	0	0	0	0	0	44	0	0	0	0	0	0	0	0	0	0	0	0	0	0	0	0	0	0	0	0	0	0	0	0	0	0	0	0	0	0	0	0
R1022279	15	0	0	0	0	0	0	0	44	0	0	0	0	0	0	0	0	0	0	0	0	0	0	0	0	0	0	0	0	0	0	0	0	0	0	0	0	0	0	0	0
R1022280	15	0	0	0	0	0	0	0	44	0	0	0	0	0	0	0	0	0	0	0	0	0	0	0	0	0	0	0	0	0	0	0	0	0	0	0	0	0	0	0	0
R1022281	10	0	0	0	0	0	0	0	66	0	0	0	0	0	0	0	0	0	0	0	0	0	0	0	0	0	0	0	0	0	0	0	0	0	0	0	0	0	0	0	0
R1022282	10	0	0	0	0	0	0	0	66	0	0	0	0	0	0	0	0	0	0	0	0	0	0	0	0	0	0	0	0	0	0	0	0	0	0	0	0	0	0	0	0
R1022283	12	0	0	0	0	0	0	0	80	0	0	0	0	0	0	0	0	0	0	0	0	0	0	0	0	0	0	0	0	0	0	0	0	0	0	0	0	0	0	0	0
R1022284	12	0	0	0	0	0	0	0	85	0	0	0	0	0	0	0	0	0	0	0	0	0	0	0	0	0	0	0	0	0	0	0	0	0	0	0	0	0	0	0	0
R1022285	12	0	0	0	0	0	0	0	45	0	0	0	0	0	0	0	0	0	0	0	0	0	0	0	0	0	0	0	0	0	0	0	0	0	0	0	0	0	0	0	0
R1022286	15	0	0	0	0	0	0	0	50	0	0	0	0	0	0	0	0	0	0	0	0	0	0	0	0	0	0	0	0	0	0	0	0	0	0	0	0	0	0	0	0
R1022287	0	5	0	0	0	0	0	0	0	0	40	0	0	0	0	0	0	0	0	0	0	0	0	0	0	0	0	0	0	0	0	0	0	0	0	0	0	0	0	0	0
R1022288	0	5	0	0	0	0	0	0	0	0	30	0	0	0	0	0	0	0	0	0	0	0	0	0	0	0	0	0	0	0	0	0	0	0	0	0	0	0	0	0	0
R1022289	0	5	0	0	0	0	0	0	0	0	30	0	0	0	0	0	0	0	0	0	0	0	0	0	0	0	0	0	0	0	0	0	0	0	0	0	0	0	0	0	0
R1022290	0	8	0	0	0	0	0	0	0	0	25	0	0	0	0	0	0	0	0	0	0	0	0	0	0	0	0	0	0	0	0	0	0	0	0	0	0	0	0	0	0
R1022291	0	8	0	0	0	0	0	0	0	0	44	0	0	0	0	0	0	0	0	0	0	0	0	0	0	0	0	0	0	0	0	0	0	0	0	0	0	0	0	0	0
R1022292	0	8	0	0	0	0	0	0	0	0	35	0	0	0	0	0	0	0	0	0	0	0	0	0	0	0	0	0	0	0	0	0	0	0	0	0	0	0	0	0	0
R1022293	0	6	0	0	0	0	0	0	0	0	44	0	0	0	0	0	0	0	0	0	0	0	0	0	0	0	0	0	0	0	0	0	0	0	0	0	0	0	0	0	0
R1022294	0	6	0	0	0	0	0	0	0	0	66	0	0	0	0	0	0	0	0	0	0	0	0	0	0	0	0	0	0	0	0	0	0	0	0	0	0	0	0	0	0

Abbildung A-1: Ressourcenbedarfsmatrix bei der Armbanduhren GmbH

A.4 Daten zur Validierung der Methodik bei der Armbanduhren GmbH: Ressourcenkostensätze

Tabelle A-4: Ressourcenkostenrelevante Informationen der Armbanduhren GmbH

R-ID	Aktivität	Mittelbarkeit	Mengenbezug	Initialkosten[EUR/a]	Praktische Kapazität	Kostensatz [EUR/sec]
R1022254	nein	nein	-	30000	243,5	0,06274241
R1022255	nein	nein	-	25000	98,5	0,14100395
R1022256	nein	nein	-	1500	31536000	0,00011919
R1022257	nein	nein	-	2500	31536000	0,00024024
R1022258	ja	ja	-	250	6336000	0,00016756
R1022259	ja	ja	-	350	6336000	0,00018334
R1022260	ja	ja	-	200	6336000	0,00029183
R1022261	ja	ja	-	300	6336000	0,00030762
R1022262	ja	nein	PM	80000	6336000	0,01629663
R1022263	ja	nein	PM	75000	6048000	0,01656343
R1022264	ja	nein	PM	75000	6192000	0,01605844
R1022265	ja	nein	PM	20000	3168000	0,00755016
R1022266	ja	nein	PM	22000	3168000	0,00839537
R1022267	ja	nein	PM	20000	3168000	0,00841925
R1022268	ja	nein	PM	25000	5760000	0,00434028
R1022269	ja	nein	PM	25000	5760000	0,00434028
R1022270	ja	ja	PM	55000	6336000	0,00952774
R1022271	ja	ja	PM	52000	6336000	0,00913387
R1022272	ja	ja	PM	54000	6336000	0,00968891
R1022273	ja	ja	PM	60000	6336000	0,01045171
R1022274	ja	ja	PM	50000	6336000	0,00864716
R1022275	ja	ja	PM	45000	6336000	0,0075985
R1022276	ja	ja	PM	20000	3168000	0,00739969
R1022277	ja	ja	PM	22000	3168000	0,00788322
R1022278	ja	ja	PM	52000	6336000	0,00897098
R1022279	ja	ja	PM	55000	6336000	0,00962271
R1022280	ja	ja	PM	60000	6336000	0,01041185
R1022281	ja	ja	PM	45000	6336000	0,00806989
R1022282	ja	ja	PM	48000	6336000	0,00854337
R1022283	ja	ja	PM	42000	6336000	0,00779733
R1022284	ja	ja	PM	17500	3168000	0,00795367
R1022285	ja	ja	PM	15000	3168000	0,00642378
R1022286	ja	ja	PM	9000	1584000	0,00967265
R1022287	ja	ja	PM	45000	6336000	0,00786782
R1022288	ja	ja	PM	40000	6336000	0,00698743
R1022289	ja	ja	PM	42000	6336000	0,00730309
R1022290	ja	ja	PM	50000	6336000	0,00876044
R1022291	ja	ja	PM	20000	3168000	0,00839791
R1022292	ja	ja	PM	15000	3168000	0,00665539
R1022293	ja	ja	PM	8000	1584000	0,00857913
R1022294	ja	ja	PM	7500	1584000	0,0090664

A.5 Daten zur Validierung der Methodik bei der Armbanduhren GmbH: Einmalige und laufende, isolierte und aggregierte Prozesskosten

Tabelle A- 5:Isolierte und aggregierte Prozesskosten der Kostenträger

	Isolierte Prozesskosten				Aggregierte Prozesskosten			
Kostenträger ID	Einmalig	Frequenz 0,01096±5%	Frequenz 0,038±5%	Frequenz 0,05753±5%	Einmalig	Frequenz 0,01096±5%	Frequenz 0,038±5%	Frequenz 0,05753±5%
PV-ID 1	0	0	0	0	0,198	0	0	0
PV-ID 2	0	0	0	0	0,355	0,001	0	0,141
PV-ID 3	0	0	0	0	0,198	0	0	0
PV-ID 4	0	0	0	0	11352,2	0	0	0
PV-ID 5	0	0	0	0	0,213	0	0	0
PV-ID 6	0	0	0	0	0,507	0,001	0	0,141
PV-ID 7	0	0	0	0	0,213	0	0	0
PV-ID 8	0	0	0	0	11352,2	0	0	0
PV-ID 10	0	0	0	0	0,341	0,001	0	0,141
PV-ID 13	0	0	0	0	0,281	0	0	0
PV-ID 14	0	0	0	0	0,296	0	0	0
PV-ID 16	0	0	0	0	0,479	0,001	0	0,078
PV-ID 17	0	0	0	0	0,494	0,001	0	0,078
PV-ID 18	0	0	0	0	0,465	0,001	0	0,078
PV-ID 19	0	0	0	0	0,389	0	0	0
PV-ID 20	0	0	0	0	0,213	0	0	0
PV-ID 22	0	0	0	0	5,328	0,0299	0,025	0
PV-ID 23	0	0	0	0	5,343	0,0299	0,025	0
PV-ID 25	0	0	0	0	0,254	0	0	0
PV-ID 26	0	0	0	0	0,472	0	0	0
PV-ID 27	0	0	0	0	0,269	0	0	0
PV-ID 28	0	0	0	0	0,487	0	0	0
PV-ID 31	0	0	0	0	0,411	0,001	0	0,141
PV-ID 32	0	0	0	0	0,67	0,001	0	0,078
PV-ID 33	0	0	0	0	0,563	0,001	0	0,141
PV-ID 34	0,06	0	0	0	0,745	0,001	0	0,078
PV-ID 35	0	0	0	0	0,397	0,001	0	0,141

	Isolierte Prozesskosten				Aggregierte Prozesskosten			
Kostenträger ID	Einmalig	Frequenz 0,01096±5%	Frequenz 0,038±5%	Frequenz 0,05753±5%	Einmalig	Frequenz 0,01096±5%	Frequenz 0,038±5%	Frequenz 0,05753±5%
PV-ID 36	0	0	0	0	0,656	0,001	0	0,078
PV-ID 37	0	0	0	0	0,254	0	0	0
PV-ID 38	0	0	0	0	0,58	0	0	0
PV-ID 39	0	0	0	0	0,269	0	0	0
PV-ID 40	0	0	0	0	0,404	0	0	0
PV-ID 43	0	0	0	0	0,254	0	0	0
PV-ID 44	0	0	0	0	5,519	0,0299	0,025	0
PV-ID 45	0	0	0	0	0,269	0	0	0
PV-ID 46	0	0	0	0	5,534	0,0299	0,025	0
PV-ID 49	0	0	0	0	0,198	0	0	0
PV-ID 50	0	0	0	0	0,281	0	0	0
PV-ID 51	0	0	0	0	0,213	0	0	0
PV-ID 52	0	0	0	0	0,296	0	0	0
PV-ID 55	0	0	0	0	0,355	0,001	0	0,141
PV-ID 56	0	0	0	0	0,479	0,001	0	0,078
PV-ID 57	0	0	0	0	0,507	0,001	0	0,141
PV-ID 58	0	0	0	0	0,494	0,001	0	0,078
PV-ID 59	0	0	0	0	0,341	0,001	0	0,141
PV-ID 60	0	0	0	0	0,465	0,001	0	0,078
PV-ID 61	0	0	0	0	0,198	0	0	0
PV-ID 62	0	0	0	0	0,389	0	0	0
PV-ID 63	0	0,09	0	0,056	0,213	0,09	0	0,056
PV-ID 64	0	0	0	0	0,213	0	0	0
PV-ID 67	0	0	0	0	0,198	0	0	0
PV-ID 68	0	0	0	0	5,328	0,0299	0,025	0
PV-ID 69	0	0	0	0	0,213	0	0	0
PV-ID 70	0	0	0	0	5,343	0,0299	0,025	0
PV-ID 73	0	0	0	0	0,198	0	0	0
PV-ID 74	0	0	0	0	0,425	0,1	0	0
PV-ID 75	0	0	0	0	0,213	0	0	0
PV-ID 76	0	0	0	0	0,44	0,1	0	0
PV-ID 79	0	0	0	0	0,355	0,001	0	0,141
PV-ID 80	0	0	0	0	0,623	0,101	0	0,078
PV-ID 81	0	0	0	0	0,507	0,001	0	0,141

Kosten-träger ID	Isolierte Prozesskosten Ein-malig	Frequenz 0,01096±5%	Frequenz 0,038±5%	Frequenz 0,05753±5%	Aggregierte Prozesskosten Einmalig	Frequenz 0,01096±5%	Frequenz 0,038±5%	Frequenz 0,05753±5%
PV-ID 82	0	0	0	0	0,638	0,101	0	0,078
PV-ID 83	0	0	0	0	0,341	0,001	0	0,141
PV-ID 84	0	0	0	0	0,609	0,101	0	0,078
PV-ID 85	0	0	0	0	0,198	0	0	0
PV-ID 86	0	0	0	0	0,533	0,1	0	0
PV-ID 87	0	0	0	0	0,213	0	0	0
PV-ID 88	0	0	0	0	0,357	0,1	0	0
PV-ID 91	0	0	0	0	0,198	0	0	0
PV-ID 92	0	0	0	0	5,472	0,1299	0,025	0
PV-ID 93	175,9	0	0	0	176,11	0	0	0
PV-ID 94	0	0	0	0	5,487	0,1299	0,025	0
E174293	0	0	0	0	0	0	0	0
E174294	0	0	0	0	0,056	0	0	0
E174295	0	0	0	0	0	0	0	0
E174296	0	0	0	0	0	0	0	0
E174297	0	0	0	0	0,083	0	0	0
E174298	0	0	0	0	0,274	0	0	0
E174299	0	0	0	0	0,083	0	0	0
E174300	0	0	0	0	0,227	0,1	0	0
E174301	0	0	0	0	0,018	0	0	0,141
E174302	0	0	0	0	0,074	0	0	0,141
E174303	0	0	0	0	0,018	0	0	0,141
E174304	0	0	0	0	0,018	0	0	0,141
E174305	0	0	0	0	0,142	0	0	0,078
E174306	0	0	0	0	0,333	0	0	0,078
E174307	0	0	0	0	0,142	0	0	0,078
E174308	0	0	0	0	0,286	0,1	0	0,078
E174309	0	0	0	0	0	0	0	0
E174310	0	0	0	0	0,056	0	0	0
E174311	0	0	0	0	0	0	0	0
E174312	0	0	0	0	0	0	0	0
E174313	0	0	0	0	0	0	0	0
E174314	0	0	0	0	0,191	0	0	0
E174315	0	0	0	0	0	0	0	0

	Isolierte Prozesskosten				Aggregierte Prozesskosten			
Kostenträger ID	Einmalig	Frequenz 0,01096±5%	Frequenz 0,038±5%	Frequenz 0,05753±5%	Einmalig	Frequenz 0,01096±5%	Frequenz 0,038±5%	Frequenz 0,05753±5%
E174316	0	0	0	0	0,144	0,1	0	0
E174317	11,352	0	0	0	11352	0	0	0
E174318	0	0	0	0	0,056	0	0	0
E174319	0	0	0	0	0	0	0	0
E174320	0	0	0	0	0	0	0	0
E174321	0	0	0	0	5,13	0,0299	0,025	0
E174322	0	0	0	0	5,321	0,0299	0,025	0
E174323	0	0	0	0	5,13	0,0299	0,025	0
E174324	0	0	0	0	5,274	0,1299	0,025	0
E190031	0	0	0	0	0,198	0	0	0
E190032	0	0	0	0	0,198	0	0	0
E190033	0	0	0	0	0,213	0	0	0
E190034	0	0	0	0	0,213	0	0	0
E190035	0	0	0	0	0,198	0	0	0
E190036	0	0	0	0	0,198	0	0	0
E190037	0,137	0	0	0	0,35	0	0	0
E190038	0	0	0	0	0,213	0	0	0
E190039	0	0	0	0	0,184	0	0	0
E190040	0	0	0	0	0,184	0	0	0
E190041	0	0	0	0	0,198	0	0	0
E190042	0,191	0	0	0	0,389	0	0	0
E190043	0	0	0	0	0,213	0	0	0
E190044	0	0	0	0	0,213	0	0	0
E190045	0	0	0	0	0,198	0	0	0
E190046	0	0	0	0	0,198	0	0	0
E190047	0	0	0	0	0,213	0	0	0
E190048	0	0	0	0	0,213	0	0	0
E192331	0	0	0	0	0	0	0	0
E192332	0,139	0,001	0	0	0,139	0,001	0	0
E192333	0	0	0	0	0	0	0	0
E192334	0	0	0	0	0	0	0	0
E253973	0	0	0	0	0	0	0	0
E253974	0	0	0	0	0	0	0	0

	Isolierte Prozesskosten				Aggregierte Prozesskosten			
Kostenträger ID	Einmalig	Frequenz 0,01096±5%	Frequenz 0,038±5%	Frequenz 0,05753±5%	Einmalig	Frequenz 0,01096±5%	Frequenz 0,038±5%	Frequenz 0,05753±5%
E253975	0	0	0	0	0	0	0	0
E253976	0,142	0	0	0,078	0,142	0	0	0,078
E253977	0	0	0	0	0	0	0	0
E253978	0	0	0	0	0	0	0	0
E253979	0	0	0	0	0	0	0	0
E253980	5,13	0,0299	0,025	0	5,13	0,0299	0,025	0
E256794	0	0	0	0	0	0	0	0
E265409	0	0	0	0	0	0	0	0
E272808	0	0	0	0	0	0	0	0
E274352	0	0	0	0	0	0	0	0
E274353	0	0	0	0	0	0	0	0
E274354	0	0	0	0	0	0	0	0
E274355	0	0	0	0	0	0	0	0
E275694	0	0	0	0	0	0	0	0
E275695	0	0	0	0	0	0	0	0
E279478	0	0	0	0	0	0	0	0
E279479	0,083	0	0	0	0,083	0	0	0
E279480	0,018	0	0	0,141	0,018	0	0	0,141
E279481	0	0	0	0	0	0	0	0
E279482	0	0	0	0	0	0	0	0
E279483	0	0	0	0	0	0	0	0
E279484	0	0	0	0	0	0	0	0
E279485	0	0	0	0	0	0	0	0
E296925	0,112	0	0	0	0,198	0	0	0
E296926	0	0	0	0	0,213	0	0	0
E296927	0	0	0	0	0,184	0	0	0
E296984	0	0	0	0	0	0	0	0
E296985	0	0	0	0	0,056	0	0	0
E296986	0	0	0	0	0	0	0	0
E296987	0	0	0	0	0	0	0	0
E296988	0	0	0	0	0	0	0	0
E296989	0	0	0	0	0,191	0	0	0
E296990	0	0	0	0	0	0	0	0
E296991	0	0	0	0	0,144	0,1	0	0

Kosten-träger ID	Isolierte Prozesskosten Ein-malig	Frequenz 0,01096±5%	Frequenz 0,038±5%	Frequenz 0,05753±5%	Aggregierte Prozesskosten Einmalig	Frequenz 0,01096±5%	Frequenz 0,038±5%	Frequenz 0,05753±5%
E310533	0	0	0	0	0	0	0	0
E310534	0	0	0	0	0	0	0	0
E310535	0	0	0	0	0	0	0	0
E316591	0,018	0	0	0	0,018	0	0	0
E316592	0	0	0	0	0	0	0	0
E316593	0,025	0	0	0	0,025	0	0	0
E316594	0	0	0	0	0	0	0	0
E316595	0	0	0	0	0	0	0	0
E316596	0	0	0	0	0	0	0	0
E316597	0	0	0	0	0	0	0	0
E316598	0	0	0	0	0	0	0	0
E317175	0	0	0	0	0	0	0	0
E317176	0	0	0	0	0	0	0	0
E317177	0	0	0	0	0	0	0	0
E317178	0	0	0	0	0	0	0	0
E361114	0	0	0	0	0	0	0	0
E361115	0,127	0	0	0	0,127	0	0	0
E361116	0,134	0	0	0	0,134	0	0	0
E389600	0	0	0	0	0	0	0	0
E389601	0,056	0	0	0	0,056	0	0	0
E389602	0	0	0	0	0	0	0	0
E389603	0	0	0	0	0	0	0	0
E389604	0	0	0	0	0	0	0	0
E389605	0,191	0	0	0	0,191	0	0	0
E389606	0	0	0	0	0	0	0	0
E389607	0,144	0,1	0	0	0,144	0,1	0	0

A.6 Daten zur Validierung der Methodik bei der Armbanduhren GmbH: Deckungsbeiträge der Produktvarianten

Kostenträger	Aggregierte, laufende Prozessstückkosten	Preise	variable Kosten	Deckungsbeitrag (Reduzierung)	Deckungsbeitrag (Gestaltung)
PV-ID 1	0	6550	6183,4	366,60	366,40
PV-ID 3	0	8250	7676,4	573,60	573,40
PV-ID 4	0	7500	7104,9	395,10	-10957,10
PV-ID 5	0	6600	5862,1	737,90	737,69
PV-ID 7	0	8300	7081,8	1218,20	1217,99
PV-ID 8	0	7550	6557,5	992,50	-10359,71
PV-ID 13	0	7050	6731,9	318,10	317,82
PV-ID 14	0	7100	5998,3	1101,70	1101,40
PV-ID 19	0	8750	8610,3	139,70	139,31
PV-ID 20	0	8800	7617,5	1182,50	1182,29
PV-ID 25	0	5050	4630,3	419,70	419,45
PV-ID 26	0	5550	4790,5	759,50	759,03
PV-ID 27	0	5100	3672,7	1427,30	1427,03
PV-ID 28	0	5600	4279,5	1320,50	1320,01
PV-ID 37	0	6750	5366,3	1383,70	1383,45
PV-ID 38	0	7250	6413,7	836,30	835,72
PV-ID 39	0	6800	6101,3	698,70	698,43
PV-ID 40	0	7300	7236,5	63,50	63,10
PV-ID 43	0	6000	5178,6	821,40	821,15
PV-ID 45	0	6050	5644,8	405,20	404,93
PV-ID 49	0	6550	6247,6	302,40	302,20
PV-ID 50	0	7050	6850,1	199,90	199,62
PV-ID 51	0	6600	5184,9	1415,10	1414,89
PV-ID 52	0	7100	6241,1	858,90	858,60
PV-ID 61	0	8250	8007	243,00	242,80
PV-ID 62	0	8750	7609,5	1140,50	1140,11
PV-ID 64	0	8800	7902,8	897,20	896,99
PV-ID 67	0	7500	6848,4	651,60	651,40
PV-ID 69	0	7550	7196,1	353,90	353,69
PV-ID 73	0	8550	8508,4	41,60	41,40
PV-ID 75	0	8600	7719,6	880,40	880,19
PV-ID 85	0	10250	8947,4	1302,60	1302,40
PV-ID 87	0	10300	9781,4	518,60	518,39
PV-ID 91	0	9500	8051,4	1448,60	1448,40
PV-ID 93	0	9550	8396,7	1153,30	977,19
PV-ID 60	13,20	6600	5291,3	1295,50	1295,03
PV-ID 32	13,20	5350	4994,1	342,70	342,03

PV-ID 34	13,20	5400	4150,7	1236,10	1235,35
PV-ID 16	13,20	6850	5382,2	1454,60	1454,12
PV-ID 17	13,20	6900	6548,3	338,50	338,00
PV-ID 18	13,20	6600	6539,4	47,40	46,93
PV-ID 36	13,20	5100	4484,2	602,60	601,94
PV-ID 56	13,20	6850	5832,4	1004,40	1003,92
PV-ID 58	13,20	6900	6303,3	583,50	583,00
PV-ID 59	23,19	6100	5852,9	223,90	223,56
PV-ID 2	23,19	6350	5580,2	746,60	746,25
PV-ID 6	23,19	6400	5011,7	1365,10	1364,60
PV-ID 10	23,19	6100	5484,8	592,00	591,66
PV-ID 31	23,19	4850	3894,1	932,70	932,29
PV-ID 33	23,19	4900	4175,8	701,00	700,44
PV-ID 35	23,19	4600	4461,1	115,70	115,31
PV-ID 55	23,19	6350	5164,8	1162,00	1161,65
PV-ID 57	23,19	6400	5920	456,80	456,30
PV-ID 79	23,19	8350	7826,1	500,70	500,35
PV-ID 81	23,19	8400	8071,2	305,60	305,10
PV-ID 83	23,19	8100	6977	1099,80	1099,46
PV-ID 22	30,89	8000	6642,2	1326,90	1321,57
PV-ID 23	30,89	8050	7433,7	585,40	580,06
PV-ID 44	30,89	6500	6411,7	57,40	51,88
PV-ID 46	30,89	6550	6287,2	231,90	226,37
PV-ID 68	30,89	8000	7026	943,10	937,77
PV-ID 70	30,89	8050	7644,1	375,00	369,66
PV-ID 74	83,25	9050	8021,3	945,44	945,02
PV-ID 76	83,25	9100	8524,9	491,84	491,40
PV-ID 86	83,25	10750	9460,8	1205,94	1205,41
PV-ID 88	83,25	10800	9703,3	1013,44	1013,09
PV-ID 63	83,81	8300	8196,9	19,29	19,07
PV-ID 80	96,46	8850	7554,7	1198,84	1198,22
PV-ID 82	96,46	8900	8533,2	270,34	269,70
PV-ID 84	96,46	8600	7513,5	990,04	989,43
PV-ID 92	114,15	10000	8655	1230,85	1225,37
PV-ID 94	114,15	10050	8866,3	1069,55	1064,06

In der Reihe **Ergebnisse aus der Produktionstechnik** zuletzt erschienen:

Chavan, Prateek:
Substructuring Methods for Efficient Prediction of Spindle-Holder-Tool Assembly Dynamics
ISBN: 978-3-98555-160-6
Erscheinungsdatum: 05.06.2023

Schneidermann, Dennis:
Orchestration von Vertrauen in interorganisationalen Wissensnetzwerken der Fabrikplanung
ISBN: 978-3-98555-153-8
Erscheinungsdatum: 15.05.2023

Welsing, Martin:
Bewertung der ökologischen Nachhaltigkeit von Produktionsnetzwerkkonfigurationen
ISBN: 978-3-98555-155-2
Erscheinungsdatum: 19.04.2023

Beckers, Alexander:
Auslegung wirtschaftlich-technologisch optimierter Fertigungsprozessfolgen mittels prozessübergreifender Modellierung
ISBN: 978-3-98555-154-5
Erscheinungsdatum: 18.04.2023

Gipperich, Marius:
Untersuchung eines Zweistrahlprozesses als Ansatz zur Prozessstabilitätserhöhung des drahtbasierten Laserauftragschweißens
ISBN: 978-3-98555-151-4
Erscheinungsdatum: 15.03.2023

Ochel, Tim:
Prognostik zur Resilienzsteigerung im Werkzeugbau
ISBN: 978-3-98555-161-3
Erscheinungsdatum: 22.05.2023

Greipel, Jonathan:
Grouping of Inspection Characteristics to Reduce Costs of Adaptive Inspection Planning in Variant Production
ISBN: 978-3-98555-157-6
Erscheinungsdatum: 03.05.2023

Troß, Nico:
Mehrskalenmodellierung der thermomechanischen Werkzeugbelastung beim Trockenwälzfräsen
ISBN: 978-3-98555-158-3
Erscheinungsdatum: 19.04.2023

Nicksch, Christoph:
Konfiguration verteilter Large-Scale Metrology Systeme in rekonfigurierbaren Montageumgebungen
ISBN: 978-3-98555-152-1
Erscheinungsdatum: 20.03.2023

Ahmad, Mubarik:
Anregungsgerechte Auslegung und Tolerierung schnelllaufender Getriebe unter Berücksichtigung kurz- und langwelliger Verzahnungsabweichungen
ISBN: 978-3-98555-130-9
Erscheinungsdatum: 06.03.2023

Edition Wissenschaft
Apprimus

Motschke, Tobias:
Analyse und Modellierung der Dämpfungseigenschaften von Spindellagern
ISBN: 978-3-98555-148-4
Erscheinungsdatum: 06.03.2023

Frye, Maik:
Recommending Data Preprocessing Pipelines for Machine Learning Applications in Production
ISBN: 978-3-98555-147-7
Erscheinungsdatum: 15.02.2023

Schmidhuber, Matthias:
Sozio-technische Problemlösungsfähigkeit von PPS-Systemen
ISBN: 978-3-98555- 143-9
Erscheinungsdatum: 07.02.2023

Schwarberg, Thomas:
Bestimmung der Logik von Innovationsideen für technische Systeme
ISBN: 978-3-98555- 142-2
Erscheinungsdatum: 07.02.2023

Nienheysen, Philipp:
Werkstattgerechte Schadensanalyse in CFK-Strukturbauteilen mit optisch georteter Ultraschallmesstechnik
ISBN: 978-3-98555-136-1
Erscheinungsdatum: 30.01.2023

Kreß, Julian Maximilian:
Erbringung hybrider Leistungsangebote in Wertschöpfungsnetzwerken
ISBN: 978-3-98555-128-6
Erscheinungsdatum: 24.01.2023

Priwisch, Martin:
Kontaktfreie Bahnlaufregelung zur Herstellung funktionaler Mehrlagensysteme in einem kontinuierlichen Laminierprozess
ISBN: 978-3-98555-139-2
Erscheinungsdatum: 27.02.2023

Cremer, Sven:
Controlling der Migration in Produktionsnetzwerken
ISBN: 978-3-98555-145-3
Erscheinungsdatum: 09.02.2023

Ohlert, Marius:
Contact between Abrasive Media and Workpiece in Robot-guided Centrifugal Finishing
ISBN: 978-3-98555- 144-6
Erscheinungsdatum: 07.02.2023

Graberg, Tim:
Operationalisierung von digitalen Schatten im Werkzeugbau
ISBN: 978-3-98555-141-5
Erscheinungsdatum: 06.02.2023

Müller, Tobias:
Modellbildung mittels Symbolischer Regression zur Messunsicherheits-bestimmung komplexer Messprozesse
ISBN: 978-3-98555-146-0
Erscheinungsdatum: 30.01.2023

Behrens, Jan:
Selbstkalibrierung von 5-Achs-Bearbeitungszentren mit Dreh-/Schwenktisch
ISBN: 978-3-98555-124-8
Erscheinungsdatum: 24.01.2023

Edition Wissenschaft
Apprimus

MIX
Papier | Fördert
gute Waldnutzung
FSC® C083411

Zeitfracht Medien GmbH
Ferdinand-Jühlke-Straße 7
99095 Erfurt, Deutschland
produktsicherheit@kolibri360.de